普通高等教育"十一五"国家级规划教材

21世纪计算机科学与技术实践型教程

孙悦红 编著

编译原理及实现

（第2版）

丛书主编 陈明

清华大学出版社

北京

内 容 简 介

本书以通俗易懂的语言介绍编译原理的理论和常用的方法与技术,并着重介绍各种编译方法的实现途径。全书共分 10 章,包括形式语言基础、词法分析、语法分析、语义分析及代码生成、符号表管理、运行时的存储分配,以及代码优化等。考虑目前学计算机专业的学生对 C 语言比较了解,本书以 C 语言为雏形设计了一种 TEST 语言,并在介绍全书内容时,用 TEST 语言进行分析与实现,使编译原理的抽象性通过 TEST 语言编译器的实现而具体化,从而使读者轻松掌握编译原理。

本书理论与实践并重,内容深入浅出,便于自学。每章后都提供了适量的习题。

本书可作为高等学校计算机专业的教材,也可供从事计算机应用和开发的人员使用。本书还配有教学辅助课件及书中所有程序示例,需要者可与作者(sun_yh@tom.com)联系。

图书在版编目(CIP)数据

编译原理及实现/孙悦红编著. --2 版.--北京:清华大学出版社,2011.11(2023.8 重印)
(21 世纪计算机科学与技术实践型教程)
ISBN 978-7-302-26584-9

Ⅰ. ①编… Ⅱ. ①孙… Ⅲ. ①编译程序-程序设计-高等学校-教材 Ⅳ. ①TP314

中国版本图书馆 CIP 数据核字(2011)第 175407 号

责任编辑:谢 琛 战晓雷
责任校对:白 蕾
责任印制:丛怀宇

出版发行:清华大学出版社
       网　　址:http://www.tup.com.cn, http://www.wqbook.com
       地　　址:北京清华大学学研大厦 A 座　　　　邮　　编:100084
       社 总 机:010-83470000　　　　　　　　　邮　　购:010-62786544
       投稿与读者服务:010-62776969, c-service@tup.tsinghua.edu.cn
       质量反馈:010-62772015, zhiliang@tup.tsinghua.edu.cn
印 装 者:三河市龙大印装有限公司
经　　销:全国新华书店
开　　本:185mm×260mm　　　印　　张:17　　　字　　数:402 千字
版　　次:2011 年 11 月第 2 版　　　　　　　印　　次:2023 年 8 月第 13 次印刷
定　　价:49.00 元

产品编号:043044-05

21 世纪计算机科学与技术实践型教程

序

21 世纪影响世界的三大关键技术：以计算机和网络为代表的信息技术；以基因工程为代表的生命科学和生物技术；以纳米技术为代表的新型材料技术。信息技术居三大关键技术之首。国民经济的发展采取信息化带动现代化的方针，要求在所有领域中迅速推广信息技术，导致需要大量的计算机科学与技术领域的优秀人才。

计算机科学与技术的广泛应用是计算机学科发展的原动力，计算机科学是一门应用科学。因此，计算机学科的优秀人才不仅应具有坚实的科学理论基础，而且更重要的是能将理论与实践相结合，并具有解决实际问题的能力。培养计算机科学与技术的优秀人才是社会的需要、国民经济发展的需要。

制定科学的教学计划对于培养计算机科学与技术人才十分重要，而教材的选择是实施教学计划的一个重要组成部分，《21 世纪计算机科学与技术实践型教程》主要考虑了下述两方面。

一方面，高等学校的计算机科学与技术专业的学生，在学习了基本的必修课和部分选修课程之后，立刻进行计算机应用系统的软件和硬件开发与应用尚存在一些困难，而《21 世纪计算机科学与技术实践型教程》就是为了填补这部分空白。将理论与实际联系起来，使学生不仅学会了计算机科学理论，而且也学会应用这些理论解决实际问题。

另一方面，计算机科学与技术专业的课程内容需要经过实践练习，才能深刻理解和掌握。因此，本套教材增强了实践性、应用性和可理解性，并在体例上做了改进——使用案例说明。

实践型教学占有重要的位置，不仅体现了理论和实践紧密结合的学科特征，而且对于提高学生的综合素质，培养学生的创新精神与实践能力有特殊的作用。因此，研究和撰写实践型教材是必需的，也是十分重要的任务。优秀的教材是保证高水平教学的重要因素，选择水平高、内容新、实践性强的教材可以促进课堂教学质量的快速提升。在教学中，应用实践型教材可以增强学生的认知能力、创新能力、实践能力以及团队协作和交流表达能力。

实践型教材应由教学经验丰富、实际应用经验丰富的教师撰写。此系列教材的作者不但从事多年的计算机教学，而且参加并完成了多项计算机类的科研项目，他们把积累的经验、知识、智慧、素质融合于教材中，奉献给计算机科学与技术的教学。

我们在组织本系列教材过程中，虽然经过了详细的思考和讨论，但毕竟是初步的尝试，不完善甚至缺陷不可避免，敬请读者指正。

本系列教材主编　　陈明
2005 年 1 月于北京

前　　言

编译原理是高等学校计算机专业的必修专业课之一,是一门理论与实践并重的课程。编译原理介绍程序设计语言翻译的原理、技术及实现,对引导学生进行科学思维、提高学生解决实际问题的能力有重要作用。

在我国高等教育逐步实现大众化后,越来越多的高等学校将会面向国民经济发展的第一线,为行业、企业培养各类高级应用型专门人才。而受我国传统历史文化思想的影响,重理论、轻实践的观念在高教界仍较普遍,使我们培养的很多人才不适应社会需求,造成毕业生的结构性就业困难,这也迫使很多高等学校走向应用型教育,培养应用型人才。目前国内的编译原理教材大多偏重于理论,对实现技术介绍得较少,使学习者感到抽象、难以理解;而且教材篇幅厚重,由于授课时数的限制,以及学生接受能力的差异,教科书的内容往往不能充分发挥作用。根据这种现状,我们编写了本书,目的在于加强对学生应用能力的培养,使学生不仅具备理论知识,更要具备应用能力,使所学能为所用,以适应新经济时代对人才的需要,满足就业要求。

本书以通俗易懂的语言介绍编译原理,包括词法分析、语法分析、语义分析及代码生成、符号表管理、运行时的存储分配、代码优化等,并着重介绍各种编译方法的实现途径。考虑到目前计算机专业的学生对 C 语言比较了解,书中以 C 语言为基础设计了一种TEST 语言,建立该语言的词法、语法、语义文法规则,系统介绍编译过程的各个部分。包括词法分析、语法分析、语义分析及代码生成、符号表的建立及存储分配、错误处理都用具体的实例进行分析与实现。并针对 TEST 语言中的典型语句,深入讲解如何具体用 C 语言编程实现词法分析、语法分析以及语义分析和代码生成,摆脱以往编译教材的抽象性以及理论与实际的脱节,使编译原理的抽象性通过 TEST 语言的编译器实现而具体化,从而使学习者轻松掌握编译原理。

全书共分 10 章,大约需要 70 课时,其中包括 20 课时的上机。第 1 章对编译过程、编译程序的逻辑结构以及编译程序各组成部分的功能进行概述;第 2 章介绍文法和语言,它为后面各章的学习奠定了理论基础;第 3 章介绍词法分析程序的设计原理,包括适合手工设计和自动生成词法分析程序的方法,以及 TEST 语言的词法分析程序的具体编程实现;第 4 章、第 5 章分别介绍自顶向下和自底向上的语法分析方法,主要介绍递归下降分析法、LL(1)分析法以及 LR 分析法,同时介绍 TEST 语言的递归下降分析实现;第 6 章介绍语法制导翻译的概念以及属性翻译文法;第 7 章介绍符号表的组织与管理;第 8 章介绍存储组织与分配技术;第 9 章介绍语义分析及代码生成的概念和技术,并以 TEST 语言为范例,实现语义分析并同时生成抽象机汇编目标代码;第 10 章主要介绍局部优化和循环优化常采用的方法。另外,附录中列出了 TEST 语言的文法规则、词法分析程序、语法分析程序、语义及代码生成程序以及 TEST 抽象机模拟器的完整程序。每章后都提供适量的习题,使学习者通过适量的练习掌握书中的内容。

　　本书是作者多年教学实践的汇集和提炼,同时也参考了许多国内外的参考书,第 2 版除了修改第 1 版的部分内容外,还增加了实例。在第 2 版的编写中,司慧琳、曹建、陈红倩参与了本书第 3、4、6、9 章的部分内容的编写和示例程序的设计与调试,陈谊参加了本书的内容编排和资料收集工作,并提出了许多宝贵意见。本书还配有相应的教学辅助课件,以及词法分析、语法分析和语义分析方法的演示程序(包括递归下降、LL(1)、LR 分析法和可在 DOS 环境下运行的 LEX 与 YACC),有需要者可与作者联系,E-mail 地址为:sun_yh@tom.com。

　　鉴于作者水平有限,书中难免有错误和不妥之处,恳请读者批评指正。

作　者

目　　录

第1章 编 译 概 述

程序设计语言之所以能由专用的机器语言发展到现今通用的多种高级语言,就是因为有了编译技术。编译技术是计算机专业人员必须具备的专业基础知识,它涉及程序设计语言、形式语言与自动机、计算机体系结构、数据结构、算法分析与设计、操作系统以及软件工程等各个方面。现在程序员大多数使用各种高级程序设计语言编写程序,而计算机只能识别用二进制数 0 和 1 表示的指令和数所构成的机器语言程序,用高级语言编写的程序不能直接在机器上运行,要想让它运行并得到预期的结果,必须将源程序转换成等价的目标程序,这个转换过程就是所谓的编译。

本章主要介绍程序设计语言编译程序的组成和结构以及编译程序的工作环境,以便读者对编译的基本概念和工作过程有所了解。

1.1 程序设计语言

在计算机发展的初期,人们直接使用机器语言编写程序。机器语言由二进制数字 0 和 1 表示的机器指令组成,很不直观,而且难写、难读、难记,容易出错,调试极不方便,程序员在程序设计及检查错误时需要花很大的精力;更由于不同类型的计算机使用不同的机器指令,程序员必须针对某种类型的机器编程,编写的程序不适于移植,因此限制了计算机的推广与使用。

为了便于记忆、阅读和检查,人们用较直观的符号来代替机器指令,进一步发展成为汇编语言。汇编语言采用比较直观且具有含义的指令助记符表示每条机器指令,同时为了方便编程,还提供了若干宏指令对应一组机器指令,从而完成一些特定的功能。但是汇编指令依赖于机器,对问题的描述处于低层次,没有高级语言中的条件、循环等控制结构,编程人员必须考虑寄存器和内存的分配,使用仍不方便,程序设计的效率依然很低。

为了解决这些问题,提高编程效率,人们又发展出了更接近自然语言的高级程序设计语言,如 BASIC、C、Pascal 语言等。这类语言完全摆脱了机器指令的约束,用它编写的程序接近自然语言和习惯上对算法的描述,故称为面向用户的语言或面向过程的语言。后来,又相继出现许多专门用于某个应用领域问题的专业语言。例如用于数据库操作的 SQL(Structured Query Language,结构化查询语言)语言,这类语言称为面向问题的语言。

　　汇编语言和机器语言依赖于机器，称为低级语言；而面向用户的语言称为高级语言。高级语言与低级语言相比较具有以下优点：

　　（1）高级程序设计语言不依赖于具体的机器，对计算机了解较少的人也可以学习和使用，有良好的可移植性，在一种类型的机器上编写的程序不做很大改动就能在别的机器上运行；

　　（2）编写高级语言程序时，不用考虑具体的寄存器和内存的分配，不用知道如何实现将数据的外部形式转换成计算机内部形式，也不必了解机器的硬件；

　　（3）每条高级语言语句对应于多条汇编指令或机器指令，编程效率高；

　　（4）高级语言提供了丰富的数据结构和控制结构，提高了问题的表达能力，降低了程序的复杂性；

　　（5）高级语言接近于自然语言，编程更加容易，编写出的程序有良好的可读性，便于交流和维护。

　　尽管高级语言有这么多优点，但是使用高级语言编写的程序是不能立即在计算机上执行的，它必须经过翻译程序翻译成机器语言程序，计算机才能执行。这种翻译程序就称为编译程序。虽然汇编语言不是高级语言，但是也不能在计算机上直接执行，仍需要翻译程序将汇编语言编制的程序翻译成机器语言程序，这种翻译程序称为汇编程序。对高级语言来说，其编译程序再加上一些相应的支持用户程序运行的子程序就构成了该语言的编译系统。编译系统是计算机的重要组成部分。本书主要介绍构造编译系统的原理、技术及其实现方法。

1.2　翻　译　程　序

　　翻译程序扫描所输入的源程序，然后将源程序转换成目标程序。翻译程序的源程序分高级语言源程序和汇编语言源程序两种。

　　（1）如果要翻译的源程序是汇编语言编写的，而目标语言是机器语言，则翻译程序称为汇编程序；

　　（2）如果要翻译的源程序是用高级语言编制的，其翻译后的目标程序是某种具体机器的机器语言或汇编语言，那么这种翻译程序称为编译程序，而实现源程序到目标程序的转换所花费的时间叫做编译时间。

　　在高级语言程序的编译和运行过程中，源程序和数据是在不同时间处理的。源程序的处理在编译阶段进行，而数据则在程序的运行阶段处理。有的编译程序的目标程序是机器语言，则源程序从编译到被执行的过程如图 1-1 所示。

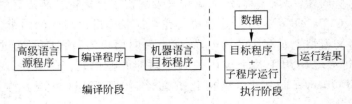

图 1-1　生成机器语言目标程序的编译方式

如果编译程序翻译得到的目标程序是汇编语言程序,则还要经过汇编程序翻译成机器语言程序,这种编译方式的源程序从编译到被执行的过程如图 1-2 所示。

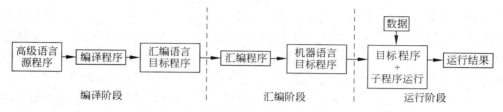

图 1-2　生成汇编语言目标程序的编译方式

还有一种高级语言翻译程序,从源程序的编译到执行只有一个阶段——解释执行阶段,它同时处理源程序和数据,按源程序中语句的动态顺序,逐句地进行分析解释,并立即予以执行,这种翻译程序称为解释程序,运行过程如图 1-3 所示。最常见的高级语言 BASIC 就是在解释环境下运行的。在解释方式下,最终并不生成目标程序,这是编译方式与解释方式的根本区别。解释方式很适合于程序调试,易于查错,在程序执行中可以修改程序,但与编译方式相比,执行效率太低。现在有些语言的集成开发环境提供了两种方式,如 Visual Basic,调试期间可解释执行源程序,而调好的程序可以编译生成目标程序。

图 1-3　高级语言的解释方式

本书虽然主要介绍编译技术及其实现,但同样的技术也适合于解释程序。掌握了编译技术,就不难设计和实现解释程序,而汇编程序的设计与实现和编译程序相比则更为简单。

1.3　编译程序的组成

为了将高级语言程序翻译成目标程序,编译程序首先必须对高级语言源程序进行分析,然后产生目标程序。因此,编译程序分成前后两个阶段:分析阶段和综合阶段。分析阶段根据源语言的定义,分析源程序的结构,检查源程序是否符合语言的规定,确定源程序所表示的对象和规定的操作,并以某种中间代码形式表示出来。词法分析、语法分析、语义分析和中间代码生成都属于分析阶段。综合阶段根据分析结果构造所要求的目标代码程序,包括代码优化和目标代码生成。为了记录分析过程中识别出的标识符及有关信息,还需要使用符号表。如果在编译过程中发现源程序有错,不仅要报告错误,还要进行错误处理,使编译能继续进行。基本的编译程序模型见图 1-4。

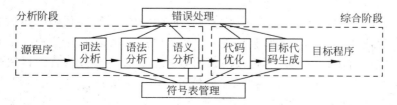

图 1-4　典型的编译程序模型

1.3.1 词法分析

词法分析程序又称扫描器。进行词法分析时，依次读入源程序中的每个字符，依据语言的构词规则，识别出一个个具有独立意义的最小语法单位，即"单词"，并用某个单词符号来表示每个单词的词性是标识符、分界符还是数。表示单词词性的单词符号可采用整数类码或有意义的记号来表示。例如，表达式 $a=10+c*20$ 经词法分析后的结果见表 1-1。在表 1-1 中，整数类码 100 表示标识符，21 表示单词＝，22 表示单词＋，25 表示单词＊，200 代表无符号整数等。如果采用记号，ID 代表标识符，NUM 代表整数。词法分析就好比在自然语句中挑出句子中的各种词汇并给出词性。如猴子吃香蕉，词法分析结果为：猴子（名词）、吃（动词）、香蕉（名词）。在编译程序的词法分析中，同样是识别各种单词，只是单词的词性用某种记号或整数类码来表示。

表 1-1 词法分析结果

整数类码	记号	单词
100	ID	a
21	＝	＝
200	NUM	10
22	＋	＋
100	ID	c
25	＊	＊
200	NUM	20

1.3.2 语法分析

语法分析程序的功能是：对词法分析的结果，根据语言规则，将一个个单词符号组成语言的各种语法类。分析时如发现有不合语法规则的符号，要把这些出错的符号及错误性质报告给程序员。语法分析与语文中分析句子成分相类似，根据句子是由主语、谓语组成，谓语是由动词、宾语组成等语言规则，可对句子"猴子吃香蕉"进行分析，分析过程常用语法树来表示句子。如"猴子吃香蕉"的语法分析树如图 1-5 所示。

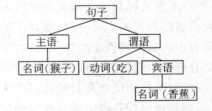

图 1-5 句子"猴子吃香蕉"的语法分析树

从图 1-5 可以看到，分析中将代表猴子的名词归类到主语，将代表香蕉的名词归类到宾语，又将代表吃的动词和宾语归类到谓语，最后将主语、谓语归类到句子，表示该句语法正确。在编译程序的语法分析中，也按同样的方式依据程序设计语言的语法规则进行语法归类。如表达式 $a=10+c*20$，经词法分析可得出 a 为标识符、10 为整数等，其语法树如图 1-6 所示。如果在分析过程中无法将某个单词符号进行语法归类，则表示该表达式有语法错误。

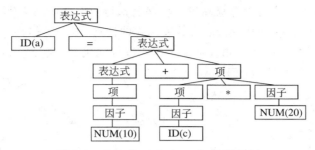

图 1-6　表达式 a＝10＋c＊20 的语法树

1.3.3　语义分析及中间代码生成

语义分析的功能是确定源程序的语义是否正确。句子"猴子吃香蕉"语义正确,而写成"香蕉吃猴子"语义就错了。在程序设计中,语义错误有很多,编译程序不能都识别出来,只能尽力而为。语义分析主要能识别的语义错误有变量未经声明就使用,变量重复声明,运算对象类型是否匹配,等等。例如,分析表达式 A＋B 时,当分析到＋操作时,语义分析程序就要分析 A 和 B 是否已经声明,是否具有兼容的类型、是否已经有值。为了识别出这些语义错误,语义分析要使用编译程序中建立的许多表。语义分析程序通常将源程序生成一种中间表示形式,即中间代码。中间代码具有易于产生、易于翻译成目标程序的特点,可看成是一种抽象机的指令代码。

例如,表达式(a＋b)＊(c＋d)翻译成四元的中间代码如下:

```
(+,a,b,t1)
(+,c,d,t2)
(*,t1,t2,t3)
```

或翻译成某个抽象机的汇编指令代码:

```
LOAD  a    将 a 的内容加载到操作数栈
LOAD  b    将 b 的内容加载到操作数栈
ADD        将操作数栈顶的两个单元的内容相加
STO   t1   将操作数栈顶的内容存入单元 t1
LOAD  c    将 c 的内容加载到操作数栈
LOAD  d    将 d 的内容加载到操作数栈
ADD        将操作数栈顶的两个单元的内容相加
STO   t2   将操作数栈顶的内容存入单元 t2
LOAD  t1   将 t1 的内容加载到操作数栈
LOAD  t2   将 t2 的内容加载到操作数栈
MULT       将操作数栈顶的两个单元的内容相乘
STO   t3   将操作数栈顶的内容存入单元 t3
```

1.3.4　代码优化

经过语义分析后,编译程序将源程序生成中间代码,这时的中间代码往往有些重复和冗余。对代码进行优化的目的是提高目标程序的执行效率。代码优化首先在中间代码上进行。在局部范围可能做的优化有：常数表达式的计算；根据操作符的某些性质，如可结合性、可交换性和分配性以及检测公共子表达式进行优化。

例如，有四元式指令代码如下：

```
(*,3.14,2,t1)
(=,t1, ,x)
(*,2,5,t2)
(*,t2,a,t3)
(=,t3, ,y)
(+,x,1,t4)
(=,t4, ,z)
```

而优化后的代码如下：

```
(=,6.28, ,x)
(*,10,a,y)
(=,7.28, ,z)
```

代码优化不是编译程序的必要组成部分，不同的编译程序所进行的代码优化程度差别很大，能够完成代码优化的编译程序称为"优化编译程序"。有的编译程序花费在代码优化上的时间较长，而有的编译程序只做简单的优化。

1.3.5　目标代码生成

编译的最后一步是将中间代码生成特定机器上的机器语言代码。这一过程与机器类型有关，为程序中的每个变量指定存储单元，把中间代码的指令翻译成等价的某种类型机器的机器指令代码或汇编指令代码。

目标代码的形式可以是绝对指令代码、可重定位的机器指令代码或汇编指令代码。如果目标代码是绝对指令代码，则可立即执行。如果是汇编指令代码，还需经过汇编程序的翻译，然后才能运行。现在多数编译程序产生的是可重定位的机器指令代码。这种目标代码在运行前必须借助于一个连接装配程序把各个目标模块（包括系统提供的库模块）连接在一起，确定程序中的变量在内存中的位置，装入内存中指定起始地址，使之成为一个可以运行的绝对指令代码程序。

1.3.6　符号表管理

编译过程中要记录源程序中出现的标识符，并收集每个标识符的各种属性信息。在词法分析中，对所有的标识符都用一个统一的符号表示，那么这个符号代表的标识符是变量名、函数名还是其他对象名称呢？如果是变量名，那么变量的类型是什么？如果是函数名，那么编译程序怎么知道参数的个数、类型及函数返回值的类型等信息呢？为此需要建立一个符号表来记录有关标识符的各种信息。符号表是由若干记录组成的数据结构，每个标识符在表中有一条记录，每条记录有多个域，每个域记载标识符的一个属性。例如，表1-2中的符号表记录了标识符 aaa 是整型变量及为该标识符分配的内存地址。

表 1-2 符号表

标识符名	标识符类型	类型	地址
aaa	1(表示变量)	1(表示整型)	0001

标识符的各种属性是在编译的不同阶段填入符号表的。词法分析阶段只能分析出标识符名；语法分析阶段只能判断标识符在语句中出现是否合法；只有到了语义分析阶段，才能将标识符的各种属性填入符号表并使用这些属性生成中间代码。

1.3.7 错误处理

编译的各个阶段都可能发现源程序中的错误。发现错误后如果立即停止编译，往往会降低调试程序的效率，所以应对出现的错误做适当的处理，从而使编译能够继续进行。词法分析可以检测出源程序中的非法符号，就好比自然语言语句中出现的错字和错词。语法分析能够发现程序语句中的各种语法错误，如括号不匹配等。语义分析能够判断运算对象的类型是否匹配，变量是否重复声明或未经声明就使用等错误。任意时刻发现错误，都应该报告错误信息，包括错误出现的位置和错误性质等，为程序员调试程序提供方便。由此可见，错误处理也是编译程序中的一项重要工作。

1.4 编译程序的结构

在设计和实现编译程序时，要考虑编译程序分"遍"的问题。所谓一"遍"是指编译程序在编译时把源程序或中间形式从头到尾扫描一遍，并做相关的处理，生成新的中间形式或目标代码。在一遍扫描中，可以完成编译程序 5 个任务中的一个或几个。采用不同的分遍方式，编译程序的结构也有所不同。

1.4.1 单遍编译程序

单遍编译程序只对源程序进行一遍扫描，就完成编译的各项任务，产生目标代码。在单遍编译程序中不产生中间代码，往往以语法分析程序为中心，词法分析和语义分析作为语法分析的子程序。其工作过程如下。

(1) 当语法分析需要读进一个新单词时，就调用词法分析子程序。词法分析子程序则从源程序中依次读入字符，组合成单词符号，并将单词符号返回给语法分析程序。

(2) 当语法分析程序识别出一个语法成分时，就调用语义分析子程序进行语义分析，并生成目标程序。

(3) 当源程序处理完后，进行善后处理，优化目标程序。

典型的单遍编译程序结构如图 1-7 所示。

1.4.2 多遍编译程序

有的编译程序把编译程序的 5 项任务分几遍来进行，每遍只完成部分任务。典型的多遍编译程序结构如图 1-8 所示。

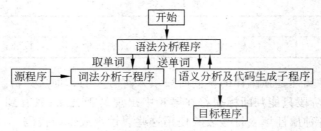

图 1-7　单遍编译程序结构

图 1-8　典型的多遍编译程序结构

多遍编译程序的工作过程如下：

（1）调用词法分析程序将高级语言源程序转换成用单词符号表示的程序，即将字符串源程序转换成单词符号串源程序；

（2）调用语法分析程序对单词符号串源程序进行语法归类检查；

（3）调用语义分析程序进行语义检查，并生成中间代码程序；

（4）调用代码优化程序对中间代码程序进行优化；

（5）调用目标生成程序将优化后的中间代码程序转换成目标代码程序。

1.4.3　编译程序分遍的优缺点

编译程序是否分遍，如何分遍，要根据计算机内存大小、源程序语言的复杂性和目标程序的质量要求而定。

编译程序分为多遍的优点如下：

（1）可以减少内存容量的需求，分遍后，以遍为单位分别调用编译的各个子程序，各遍程序可以相互覆盖；

（2）可使各遍的编译程序相互独立，结构清晰；

（3）能够进行充分的优化，产生高质量的目标程序；

（4）可将编译程序分为"前端"和"后端"，有利于编译程序的移植。

但分遍也有缺点。每遍都要读符号、送符号，增加了许多重复性工作，降低了编译效率。目前的编译程序有单遍的，也有两遍的、三遍的，还有多到十几遍的。

1.4.4　"端"的概念

根据编译程序的各部分涉及的内容，还可将编译的组成部分划分成"前端"和"后端"。前端主要与源语言有关，包括词法分析、语法分析、语义分析和中间代码生成、符号表的建立，以及相应的错误处理和符号表操作。后端主要与目标机器有关，包括代码优化、目标代码生成,以及相应的错误处理和符号表操作。

把编译程序分为前端和后端的优点是便于移植和编译程序的构建。比如有 M 种高级语言、N 种目标机器,如果不分前端和后端,就需要建立 M 乘以 N 套编译程序。若分成前端和后端,则可先建立 M 套前端编译程序将 M 种高级语言翻译成相同的中间语言,再建立 N 套后端翻译程序将中间语言翻译成 N 种机器的目标语言,这样只需要建立 M 套前端编译程序和 N 套后端编译程序,不仅程序个数减少,而且每端只包含编译程序的部分任务,更加易于实现。

1.5 编译程序的前后处理器

源程序往往分为许多模块并保存在不同的文件中,编译前应将这些不同文件中保存的程序连接起来。有些语言为了提高编程效率还提供一些"预处理命令"。例如,C 语言的宏定义 ♯define、文件包含 ♯include 等。这样在进行编译前就需要有一个预处理器将各种源文件连接起来,将宏扩展成源语言语句。图 1-9 显示了一个语言处理系统的各个部分。通常人们把由程序员编制的程序称为框架源程序,经过预处理后的程序称为标准源程序。

1.5.1 预处理器

编译之前,预处理器对源程序进行处理,产生标准源程序。不同语言的预处理功能有所不同,C 语言编译系统的预处理器主要完成以下 3 个功能。

(1) 宏处理。C 语言允许用户在程序中定义宏,以便提高编程效率,如:

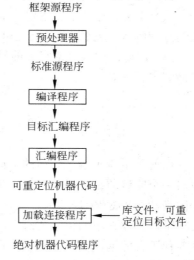

图 1-9 从框架源程序到可运行程序

♯define PI,3.1415926

是一个宏定义,那么在编译之前,预处理器要将源程序中的所有符号 PI 换成 3.1415926。

(2) 文件包含。如果 C 源程序中含有 ♯include "stdio.h",那么预处理器处理到这条语句时,就用 stdio.h 的实际内容替换该语句。

(3) 条件编译。并非源程序的每一行都要进行编译,有时情况不同要编译不同的语句。C 语言预处理器处理条件编译,将真正要编译的语句组成标准源程序。

1.5.2 汇编程序

有些编译程序直接产生可重定位的机器语言目标代码,而有些编译程序只产生汇编语言目标代码,这样就需要汇编程序做进一步翻译,生成可重定位的机器代码。可重定位的机器代码可以装载到内存的任何地方,这种代码采用相对地址,起始地址为 0,各条指令及所访问的地址都是相对于 0 的逻辑地址。如果加载到内存单元 L 处,则所有指令地址及访问的地址都要加上 L。

汇编语言采用助记符表示操作码，用标识符表示存储地址，如完成 y＝x＋2 的 80x86 汇编语言程序如下：

```
MOV   x, R1
ADD   #2,R1
MOV   R1,y
```

其中 x,y 表示存储地址，R1 表示寄存器，♯2 表示立即常数。有些汇编语言还提供宏指令来提高汇编语言编程效率，这种汇编语言称为宏汇编语言。

1.5.3 连接加载程序

连接加载程序完成两个主要任务。

（1）连接。把几个可重定位的机器代码文件连接成一个可执行的程序，这些文件可能是分别编译得到的，也可能是由系统提供的库文件。

（2）加载。读入可重定位的机器代码，根据装入地址将相对地址转换成绝对地址，并存储到内存中。

1.6   TEST 语言与编译器

任何一本关于编译结构的书如果不包括编译过程步骤的示例就不能算完整。因此，写出一个完整的编译器并对其操作进行注释仍是很有必要的。但要描述真实的编译器非常困难，"真正的"编译器内容太复杂，不易通过一本教材掌握。为了解决上述问题，本书设计了一种非常小的语言 TEST，一旦能明白 TEST 语言的编译技术，就能够很容易地理解各种语言的编译器了。在第 3 章、第 4 章和第 9 章里，将以这种小语言为示例，介绍编译技术的具体实现，而且在附录中列出该语言完整的编译程序代码。

1.6.1   TEST 语言

TEST 语言的程序结构很简单，它在语法上相当于 C 的函数体，即由一对大括号括起来的语句序列，没有过程或函数。声明语句、表达式语句以及控制语句的写法都与 C 语言类似，但规定：一条声明语句只能声明一个整型简单变量，没有数组；控制语句只是 if、while 和 for 三个语句，这三个控制语句本身也可包含语句序列；表达式仅局限于布尔表达式和整型算术表达式，布尔表达式由对两个算术表达式的比较组成，该比较使用＜、＜＝、＞、＞＝、＝＝和!＝比较算符；算术表达式可以包括整型常数、变量以及＋、－、＊、／这 4 个运算符。另外，还可以有复合语句。为了能实现输入输出，又添加了 read 语句和 write 语句。TEST 语言还可以有注释，注释用"/＊"和"＊/"括起来，但注释不能嵌套。

例如，下列程序就是采用 TEST 语言编制的计算阶乘的程序。

```
{
```

```
int i;
int n;
int j;
j=1;
read n;
for(i=1;i<=n;i=i+1)
  j=j * i;
write j;
}
```

虽然 TEST 缺少真正的程序设计语言所需要的许多特征,如过程、数组以及各种类型的数据处理,但它足可以用来体现编译器的主要特征。

1.6.2 TEST 编译器

TEST 编译器包括以下的 C 文件(完整的程序见附录 D)。

TESTmain.c:主程序,先后调用词法分析、语法分析及语义分析和代码生成。

TESTscan.c:词法分析,接收用 TEST 语言编写的程序,输出的单词符号程序将作为语法分析的输入。

TESTparse.c:语法、语义分析及 TEST 机的汇编代码生成,如果分析中发现有错误,则报告错误。

1.6.3 TEST 机

本书用一个抽象机的汇编语言作为 TEST 编译器的目标语言。TEST 机的指令仅能作为 TEST 语言的目标。实际上,TEST 机具有精简指令集计算机的一些特性。TEST 机的模拟程序直接从一个文件中读取汇编代码并执行它,因此避免了由汇编语言翻译为机器代码的过程。此外,为了避免与外部的输入输出例程连接的复杂性,TEST 机有内部整型的 I/O 设备;在模拟时,它们都对标准设备读写。附录 E 列出了用 C 语言编写的 TEST 机模拟程序。

习 题

1. 高级程序设计语言有哪些特点?

2. 典型的编译程序可划分为几部分? 各部分的主要功能是什么? 每部分都是必不可少的吗?

3. 解释方式和编译方式的区别是什么?

4. 论述多遍扫描编译程序的优缺点。

第 2 章　文法和语言

编译过程的核心就是翻译,这是一个十分复杂的信息加工过程,其加工的对象是用某种高级语言编写的程序。对于英文翻译来说,首先必须对英文有很深的了解,熟悉大量的词汇,掌握英文的语法结构,并理解每条语句在不同上下文环境下的含义,才能进行翻译。而编译程序的任务就是将高级语言编写的程序翻译成机器语言程序,因此,在学习和掌握编译技术之前,就需要对高级语言有深刻的了解。首先要了解如何确切地描述或定义一种程序设计语言,掌握程序设计语言的构词规则、语法结构以及语句的含义;其次才能识别和分析这种语言。20 世纪 50 年代,语言学家 Noam Chomsky(乔姆斯基)提出了一个用来描述语言的数学系统,把用一组数学符号和规则来描述语言的方式叫做形式描述,而把能用数学符号和规则描述的语言称为形式语言。这种理论对程序设计语言的设计和编译程序的构造有着重大的作用。程序设计语言就是形式语言,本章将初步介绍形式语言中与编译技术密切相关的一些术语和概念。

2.1　字母表和符号串

介绍文法和语言之前,首先介绍符号、符号串等基本概念。任何一种语言都是由该语言的基本符号所组成的符号串集合的子集。例如,英语的基本符号有 26 个字母和一些标点符号,由这些基本符号所组成的各种可能序列的符号串构成一个无穷的集合,但这些符号串不都是正确的英文句子,英语只是这个集合的子集。同理,C 语言的基本符号有 if、while、for、字母、数字和＋、－、、(、)、＞＝等,由这些符号组成的各种可能序列的符号串构成一个无穷的集合,而 C 语言就是这个集合的子集。任何一个 C 语言程序都是定义在这个集合上的符号串,即任何一个 C 语言程序都是由这些基本符号所组成的序列。

2.1.1　字母表

字母表是元素的非空有穷集合。字母表中的每个元素称为符号,因此字母表也可称为符号集。典型的符号有字母、数字、各种标点符号和各种运算符。

例如,集合{a,b,c,＋,＊}是一个含有 5 个符号的字母表,而字母表{0,1}只有两个符号。

2.1.2　符号串

符号串是由字母表上 0 个或多个符号所组成的任何有穷序列。例如,有字母表{a,b, c,＋,＊},则 a、b、c、＋、＊、aa、ab、ac、a＋、a＊、ba、bb、bc、b＋、b＊、aaa、bbb 等都是该字母表上的符号串,而所有二进制数都是定义在字母表{0,1}上的符号串。要注意 ε 也是字母表上的符号串,它由 0 个符号组成。显然,一个字母表上的全部符号串所组成的集合是无穷的。

2.1.3　符号串及其集合的运算

符号串及其集合的运算规则如下。

(1) 符号串的长度。若 x 是字母表 Σ 上的符号串,那么,其长度指 x 中所含符号的个数,记为 $|x|$。例如:$|abc|=3$,$|abc＋＊abc|=8$,而 $|\varepsilon|=0$。

(2) 符号串相等。若 x、y 是字母表 Σ 上的两个符号串,那么当且仅当组成 x 的各符号与组成 y 的各符号依次相等时,则符号串 x 与符号串 y 相等,记作 $x=y$。

例如:当 $x=abbc$,$y=abbc$ 时,则 $x=y$;而当 $x=ab$,$y=ba$ 时,则 $x\neq y$。

(3) 符号串的前缀。指从符号串 x 的末尾删除 0 个或多个符号后得到的符号串,如 u、uni、university 都是 university 的前缀。

(4) 符号串的后缀。指从符号串 x 的开头删除 0 个或多个符号后得到的符号串,如 ty、sity、university 都是 university 的后缀。

(5) 符号串的子串。指从符号串 x 的开头和末尾删除 0 个或多个符号后得到的符号串,如 ver 是 university 的子串,符号串的前缀、后缀都是它的子串。

(6) 符号串的连接。若 x、y 是两个符号串,则 xy 表示连接,是将符号串 y 连接在符号串 x 的后面。若 x、y 是字母表 Σ 上的两个符号串,则 xy 也是字母表 Σ 上的符号串。

例如:$x=ab$,$y=ba$,那么 $xy=abba$。

注意:连接没有交换率,即 $xy \neq yx$;而对于空串 ε 有 $\varepsilon x=x\varepsilon=x$。

(7) 集合的乘积运算。令 A、B 为两个符号串集合,A 和 B 的乘积 AB 定义为:

$$AB = \{xy \mid x \in A, y \in B\}$$

例如:$A=\{a,b\}$,$B=\{c,d\}$,则 $AB=\{ac,ad,bc,bd\}$。

对于空集合 $\{\varepsilon\}$,有 $\{\varepsilon\}A=A\{\varepsilon\}=A$。

(8) 符号串的幂运算。若 x 是符号串,则 x 的幂运算定义为:

$$x^0=\varepsilon, x^1=x, x^2=xx, \cdots, x^n=xx\cdots x=xx^{n-1}=x^{n-1}x, \quad \text{其中 } n>0$$

例如:$x=abc$,$x^0=\varepsilon$,$x^1=abc$,$x^2=abcabc$,$\cdots$

(9) 集合的幂运算。设 A 为符号串集合,则 A 的幂运算定义为:

$$A^0=\{\varepsilon\}, A^1=A, A^2=AA, \cdots, A^n=AA\cdots A=AA^{n-1}=A^{n-1}A, \quad \text{其中 } n>0$$

例如:$A=\{a,b\}$,则 $A^0=\{\varepsilon\}$,$A^1=\{a,b\}$,$A^2=\{aa,ab,ba,bb\}$,$\cdots$

(10) 集合的正闭包和集合的闭包。

设 A 为一个集合,则集合 A 的正闭包用 A^+ 表示,定义为:

$$A^+ = A^1 \bigcup A^2 \bigcup \cdots \bigcup A^n \bigcup \cdots$$

集合 A 的闭包用 A^* 表示，定义为：

$$A^* = A^0 \bigcup A^+$$

例如：$A = \{a, b\}$，则

$$A^+ = \{a, b, aa, ab, ba, bb, aaa, aab, \cdots\}$$

$$A^* = \{\varepsilon, a, b, aa, ab, ba, bb, aaa, aab, \cdots\}$$

一个集合的闭包比正闭包多一个 ε。

2.2　文　　法

在英语中，句子由主语和谓语组成，主语由冠词、形容词及名词组成等，这就是说明句子结构的语法规则。而在形式语言里，这种规则可采用"＜句子＞∷＝＜主语＞＜谓语＞"、"＜主语＞∷＝＜冠词＞＜形容词＞＜名词＞"的形式来表示。众多这样的规则就形成了文法，它们能描述语言中各语句的语法结构。分析一个句子是否正确，就是根据这些规则进行的。因此说文法实际上就是描述语言语法结构的一系列形式规则。

2.2.1　文法形式定义

在表示文法时，要说明语言句子中的符号、语法成分以及语法成分之间的关系。例如，能够描述句子"the monkey ate the banana"的文法如下：

＜句子＞ ∷＝＜主语＞ ＜谓语＞

＜主语＞ ∷＝＜冠词＞ ＜名词＞

＜冠词＞ ∷＝＜the＞

＜谓语＞ ∷＝＜动词＞ ＜直接宾语＞

＜动词＞ ∷＝＜ate＞

＜直接宾语＞ ∷＝＜冠词＞ ＜名词＞

＜名词＞ ∷＝＜banana＞

＜名词＞ ∷＝＜monkey＞

这些规则说明句子由主语和谓语组成，主语由冠词和名词组成等，而冠词由 the 构成，名词由 banana 或 monkey 构成。在这个文法里，一共有 8 条规则，每条规则中在"∷＝"左边的符号起语法成分的作用，它们可用"∷＝"右边的符号代替。而像 the、ate、banana 这样的符号只在规则中"∷＝"的右边出现，这些符号不能用其他符号代替。下面介绍文法的形式定义。

文法可表示为一个四元式 $G = (V_n, V_t, P, Z)$，具体含义如下：

（1）V_n 是一个非空有穷集合，该集合中的每个元素称为非终结符号。它们至少在规则中"∷＝"的左边出现一次。如上例中的符号＜句子＞、＜主语＞、＜谓语＞等。

（2）V_t 是一个非空有穷集合，该集合中的每个元素只能在规则中"∷＝"的右边出现，称为终结符号。如上例中的符号 the、ate、banana 等都是终结符号。而 V_t 和 V_n 的并

集 $V=V_t \bigcup V_n$ 就是该文法的字母表，并且 $V_t \bigcap V_n = \varnothing$，即 V_t 集合与 V_n 集合的交集为空。

（3）P 是一个非空的有穷集合，它的每个元素叫做产生式或规则。产生式的形式为：

$\alpha \rightarrow \beta$ 或 $\alpha ::= \beta$

其中 α 是产生式的左部且不能为空集，β 是产生式的右部，并且 α、$\beta \in (V_t \bigcup V_n)^*$，"$\rightarrow$"或"$::=$"含义相同，表示"定义为"或"由…组成"。

（4）Z 是 V_n 集合的一个特殊的非终结符号，称为文法的识别符号或开始符号。它至少必须在某个产生式的左部出现一次。<句子>就是上例文法的识别符号。

文法分 4 种类型（见 2.13 节），程序设计语言文法主要为 2 型文法，这种文法也叫上下文无关文法，本书后面说的文法都是指这种文法。在上下文无关文法中，产生式的左部 α 是一个非终结符号，而右部 β 是由终结符号和非终结符号组成的有穷符号串。这样只要给出产生式集合，所有产生式的左部符号就构成了非终结符号集合 V_n，而只出现在产生式右部的那些符号构成终结符号集合 V_t。因此，在表示文法时只需给出规则集合，并指定识别符号即可。为了进一步简化，在给出规则集时，可约定将左部符号为识别符号的规则作为规则集合的第一条规则，这样表示文法时只需给出规则的集合即可。显然，上例就是一个简化的文法表示。

【例 2-1】 按文法形式定义表示上例文法。

解：根据文法的形式定义，文法 $G_1 = (V_n, V_t, P, Z)$。其中，

非终结符号集合：$V_n = \{$句子，主语，谓语，冠词，名词，动词，直接宾语$\}$

终结符号集合：$V_t = \{$the，ate，banana，monkey$\}$

产生式集合 P 由下面 8 条规则组成：

<句子>→<主语><谓语>

<主语>→<冠词><名词>

<冠词>→the

<谓语>→<动词><直接宾语>

<动词>→ate

<直接宾语>→<冠词><名词>

<名词>→banana

<名词>→monkey

识别符号 Z：<句子>

【例 2-2】 有如下简化表示文法，只给出规则集，写出该文法的终结符号集合、非终结符号集合和识别符号。

（1）<无符号整数>→<数字串>

（2）<数字串>→<数字串><数字>

（3）<数字串>→<数字>

（4）<数字>→0

（5）<数字>→1

（6）<数字>→2

（7）＜数字＞→3

（8）＜数字＞→4

（9）＜数字＞→5

（10）＜数字＞→6

（11）＜数字＞→7

（12）＜数字＞→8

（13）＜数字＞→9

解：根据简化约定，可确定

非终结符号集合：$V_n = \{$＜无符号整数＞，＜数字串＞，＜数字＞$\}$

终结符号集合：$V_t = \{0,1,2,3,4,5,6,7,8,9\}$

识别符号 Z：＜无符号整数＞

2.2.2　文法的 EBNF 表示

上面表示文法的方式称为 BNF（Backus Normal Form，巴科斯-诺尔范式）。所谓文法的 EBNF（Extended BNF，扩充的 BNF）表示，就是为了提高文法规则的表达能力，增加了一些特殊的符号"|"、"{"和"}"、"＜"和"＞"、"（"和"）"、"["和"]"来表示文法，这些符号称为元符号。其中"{"和"}"、"＜"和"＞"、"（"和"）"、"["和"]"这些元符号总是成对出现。下面介绍各种元符号的含义。

（1）元符号"|"。表示"或"。对于具有相同左部的那些规则，如 $\alpha \to \beta_1, \alpha \to \beta_2, \cdots, \alpha \to \beta_n$ 可以缩写为：$\alpha \to \beta_1 | \beta_2 | \cdots | \beta_n$。

【**例 2-3**】　对例 2-2 文法的 13 条规则进行缩写。

解：利用元符号"|"，可将例 2-2 文法缩写成：

① ＜无符号整数＞::=＜数字串＞

② ＜数字串＞::=＜数字串＞＜数字＞|＜数字＞

③ ＜数字＞::=0|1|2|3|4|5|6|7|8|9

（2）元符号"＜"和"＞"。用于括起由中文字组成的非终结符号或由多个字母组成的符号。例如，＜数字串＞、＜数字＞、＜monkey＞等。

（3）元符号"{"和"}"。表示可重复连接，$\{t\}_n^m$ 表示符号串 t 可重复连接 $n \sim m$ 次，而 $\{t\}$ 表示符号串 t 可重复连接 0 到无穷次。

例如：＜无符号整数＞→$\{$＜数字＞$\}_1^3$ 与 ＜无符号整数＞→＜数字＞|＜数字＞＜数字＞|＜数字＞＜数字＞＜数字＞ 相同；$E \to E+T | T$ 与 $E \to T\{+T\}$ 相同；而以字母开头，后面可跟数字或字母的不超过 8 个字符的标识符文法则为：

＜标识符＞→＜字母＞$\{$＜字母＞|＜数字＞$\}_0^7$。

（4）元符号"["和"]"。$[t]$ 表示其中的符号串 t 可有可无。例如：

＜if 语句＞→if ＜布尔表达式＞ then ＜语句＞

＜if 语句＞→if ＜布尔表达式＞ then ＜语句＞ else ＜语句＞

可写成：

＜if 语句＞→if ＜布尔表达式＞ then ＜语句＞ [else ＜语句＞]

（5）元符号"("和")"。表示括号内的成分优先。常用于在规则中提取公因子。例如：

$U \rightarrow xy \mid xw \mid \cdots \mid xz$

可写成：

$U \rightarrow x(y \mid w \mid \cdots \mid z)$

从上述有关元符号的定义和例子可看出,这些元符号为表示文法提供了很大方便。

2.3　推　　导

给定了文法,就可以从文法的开始符号并根据文法规则进行推导。通过推导可以产生文法定义的句子。例如,根据例 2-1 文法的规则<句子>→<主语><谓语>,可从开始符号<句子>推出<主语><谓语>;又根据规则<主语>→<冠词><名词>,可从<主语>推出<冠词><名词>,这个推导过程可表示成如下：

　　　<句子>⇒<主语><谓语>⇒<冠词><名词><谓语>

其中"⇒"表示一步推导,上述推导过程表示经过两步推导,从<句子>可推导出符号串<冠词><名词><谓语>。

2.3.1　直接推导定义

假定 G 是一个文法, $\alpha \rightarrow \beta$ 是该文法的一个产生式,现有一含非终结符号 α 的符号串 $x\alpha y$,其中 x 和 y 是该文法的任意符号串（可为空）,推导就是利用产生式 $\alpha \rightarrow \beta$ 将符号串 $x\alpha y$ 中的非终结符号 α 用 β 替换,从而得到符号串 $x\beta y$。这一过程表示为： $x\alpha y \Rightarrow x\beta y$,称 $x\alpha y$ 直接推导出 $x\beta y$,或 $x\alpha y$ 直接产生 $x\beta y$。若从反方向看,则称 $x\beta y$ 直接归约到 $x\alpha y$。例如,有文法：

（1）<无符号整数>::=<数字串>

（2）<数字串>::=<数字串><数字>|<数字>

（3）<数字>::=0|1|2|3|4|5|6|7|8|9

对符号串<无符号整数>利用规则(1)可直接推导出<数字串>：

<无符号整数>⇒<数字串>

对符号串<数字串>利用规则(2)可直接推导出<数字串><数字>：

<数字串>⇒<数字串><数字>

对符号串<数字串><数字>利用规则(3)可直接推导出<数字串>2：

<数字串><数字>⇒<数字串>2

将上述 3 个推导连接起来,可得如下推导过程：

<无符号整数>⇒<数字串>⇒<数字串><数字>⇒<数字串>2

在这个推导过程中,<无符号整数>直接推导出<数字串>,<数字串>直接推导出<数字串><数字>,<数字串><数字>直接推导出<数字串>2。

2.3.2 推导定义

如果存在一个直接推导序列 $\alpha_0 \Rightarrow \alpha_1 \Rightarrow \cdots \Rightarrow \alpha_n$，其中 $n>0$，那么称 α_0 产生 α_n 或 α_n 归约到 α_0，并记作 $\alpha_0 \overset{+}{\Rightarrow} \alpha_n$，推导长度为 n。

如果有 $\alpha_0 \overset{+}{\Rightarrow} \alpha_n$ 或 $\alpha_0 = \alpha_n$，即 $n \geqslant 0$，则记作 $\alpha_0 \overset{*}{\Rightarrow} \alpha_n$。

例如，从＜无符号整数＞开始，分别利用规则(1)、(2)、(2)、(3)、(3)，可产生如下推导过程：

＜无符号整数＞$\Rightarrow$＜数字串＞$\Rightarrow$＜数字串＞＜数字＞$\Rightarrow$＜数字＞＜数字＞
$\Rightarrow$2＜数字＞$\Rightarrow$23

这个推导过程可记作：

＜无符号整数＞$\overset{+}{\Rightarrow}$23

表示＜无符号整数＞产生 23，或 23 归约到＜无符号整数＞，其推导长度 $n=5$。

而从＜无符号整数＞到＜无符号整数＞的推导无须使用任何规则，可记作：

＜无符号整数＞$\overset{*}{\Rightarrow}$＜无符号整数＞

其推导长度 $n=0$。

2.3.3 规范推导

规范推导也叫最右推导，即每步推导只变换符号串中最右边的非终结符号。其形式定义为：

对于直接推导 $x\alpha y \Rightarrow x\beta y$ 来说，如果 y 只包含终结符号或为空，那么就把这种推导称为规范推导或最右推导，且记作：$x\alpha y \Rightarrow x\beta y$，其中 $y \in V_t^*$。

如果推导 $\alpha_0 \overset{+}{\Rightarrow} \alpha_n$ 的每一步都是规范的，那么推导 $\alpha_0 \overset{+}{\Rightarrow} \alpha_n$ 称为规范的，且记作：

$\alpha_0 \overset{+}{\underset{}{\Rightarrow}} \alpha_n$

相反，如果 x 只包含终结符号或为空，那么就把这种推导称为最左推导。例如，有如下推导序列：

＜无符号整数＞$\Rightarrow$＜数字串＞$\Rightarrow$＜数字串＞＜数字＞
$\Rightarrow$＜数字串＞3$\Rightarrow$＜数字＞3$\Rightarrow$23

该推导序列中的每步推导变换的是最右边的非终结符号，所以是规范推导，且可记作：

＜无符号整数＞$\overset{+}{\underset{}{\Rightarrow}}$23

2.4 句型和句子

推导产生的结果可能是句型，也可能是句子。

假设文法 G 的识别符号为 Z，记为 $G[Z]$，其字母表 $V=V_t \cup V_n$，则句型和句子的定义如下：

(1) 如果 $Z \overset{*}{\Rightarrow} x$，且 $x \in V^*$，则称 x 是文法 $G[Z]$ 的一个句型；

（2）如果 $Z \overset{*}{\Rightarrow} x$，且 $x \in V_t^*$，则称 x 是文法 $G[Z]$ 的一个句子。

句型是从识别符号开始经过 0 步或多步推导出的，可由终结符号和非终结符号组成的符号串。而句子是从文法的识别符号推导出来的完全由终结符号组成的符号串。句子是特殊的句型，它是完全由终结符号组成的句型。从文法的开始符号利用规则进行推导，一旦推导出句子，推导过程就不能再继续进行，因为句子中没有非终结符号。假设符号串 x 是某一推导的结果，那么，x 是句子的必要条件是从 Z 到 x 的推导长度大于等于 1，即 $Z \overset{+}{\Rightarrow} x$，而不可能是 $Z \overset{*}{\Rightarrow} x$。这是因为识别符号 Z 是非终结符号，而 x 是终结符号串，显然，Z 不可能与 x 相等，所以 Z 不可能经过 0 步推导就等于 x。

在句型中，有一类句型叫做规范句型，它是能用规范推导产生的句型。每一个句子都有一个规范推导，但并非每一个句型都有规范推导，只有那些能用规范推导产生的句型才是规范句型。例如，对于例 2-3 中的文法，有句型"2<数字>"，其推导过程如下：

<无符号整数>⇒<数字串>⇒<数字串><数字>
⇒<数字><数字>⇒2<数字>

其中，第 4 步推导变换的不是最右边的非终结符号，不满足规范推导的要求，所以句型"2<数字>"不是规范句型。而对于句型"<数字>3"，其推导过程如下：

<无符号整数>⇒<数字串>⇒<数字串><数字>⇒<数字串>3⇒<数字>3

其中的每一步推导都变换的是最右边的非终结符号，所以，句型"<数字>3"是规范句型。

2.5　语　　言

一个文法 $G[Z]$ 所产生的所有句子的集合 $L(G[Z])$ 称为文法 $G[Z]$ 所定义的语言，即

$$L(G[Z]) = \{x \mid x \in V_t^*, 且 Z \overset{+}{\Rightarrow} x\}$$

一个文法所定义的语言是该文法的终结符号集合 V_t 上的所有符号串组成的集合的一个子集，该子集中的每个符号串都可从识别符号开始，经过至少一步推导出来，即

$$L(G[Z]) \subseteq V_t^*$$

例如，对例 2-1 的文法 $G[<句子>]$，其语言只有下面 4 个句子：

```
the monkey ate the banana
the banana ate the monkey
the monkey ate the monkey
the banana ate the banana
```

而例 2-3 中的文法，其语言是所有无符号整数，这个集合是无穷的。

文法和语言有如下关系。

（1）给定一个文法，就能从结构上唯一地确定其语言，即 $G \rightarrow L(G)$。

（2）给定一种语言，能确定其文法，但不唯一，即 $L \rightarrow G_1$ 或 G_2 或…。

例如，对例 2-3 的文法 $G[<无符号整数>]$，其语言为所有无符号整数组成的集合，即 $L(G[<无符号整数>]) = V_t^+$，它是包括允许以"0"开头的所有正整数。

【例 2-4】　已知文法 $G[Z]$ 为：

(1) $Z{\rightarrow}aZb$

(2) $Z{\rightarrow}ab$

求该文法确定的语言。

解：从识别符号开始推导，反复用规则(1)可得：

$$Z{\Rightarrow}aZb{\Rightarrow}a^2Zb^2{\Rightarrow}{\cdots}{\Rightarrow}a^{n-1}Zb^{n-1}$$

最后用规则(2)可得：

$$Z{\Rightarrow}aZb{\Rightarrow}a^2Zb^2{\Rightarrow}{\cdots}{\Rightarrow}a^{n-1}Zb^{n-1}{\Rightarrow}a^nb^n$$

所以该文法确定的语言为：

$$L(G[Z])=\{a^nb^n\mid n{\geqslant}1\}$$

【例 2-5】　已知语言为 $L(G)=\{ab^na\mid n{\geqslant}1\}$，构造产生该语言的文法。

解：根据语言的形式，可构造其文法 G 为：

$Z{\rightarrow}aBa$

$B{\rightarrow}Bb\mid b$

还可以构造文法 G_1 为：

$Z{\rightarrow}aBa$

$B{\rightarrow}bB\mid b$

从例 2-5 中可以看出，根据一个语言可构造出两个不同的文法 G 和 G_1，但它们都可以描述语言 $\{ab^na\mid n{\geqslant}1\}$。

如果两个不同的文法可描述相同的语言，那么称这两个文法为等价文法。例 2-5 的文法 G 和文法 G_1 就是等价文法。等价文法的存在，对编译技术的实现有很大帮助，使人们能在不改变文法所确定的语言前提下，为了某种目的而改写文法。

2.6　递归规则与递归文法

给定了文法，就确定了语言。再看例 2-1 和例 2-3 中的文法，发现例 2-1 文法只产生 4 个句子，而例 2-3 的文法却产生无数个句子。句子的个数是有穷还是无穷取决于文法是否是递归的。

2.6.1　递归规则

递归规则是指那些在规则的右部含有与规则左部相同符号的规则。

例如，$U::=xUy$，右部含有与规则左部相同符号 U，那么就是递归规则。

如果这个相同的符号出现在右部的最左端，则为左递归规则，如 $U::=Uy$；

如果这个相同的符号出现在右部的最右端，则为右递归规则，如 $U::=xU$。

2.6.2　递归文法

若文法中至少包含一条递归规则，则称文法是直接递归的。显然，例 2-3 中的＜无符号整数>文法就是直接递归文法。

有些文法,表面看上去没有递归规则,但经过几步推导,也能造成文法的递归性,则称为间接递归。

例如,有文法为:

$U::=Vx, V::=Uy|v$

表面上看,该文法的每条规则都不是递归规则,但有推导过程 $U \Rightarrow Vx \Rightarrow Uyx$,所以该文法为间接递归文法。

对文法中的任一非终结符号,若能建立一个推导过程,推导所得的符号串中又出现了该非终结符号,则称文法是递归的,否则就是无递归的。递归文法使人们能够用有穷的文法刻画无穷的语言。例如,有文法 $G[S]$: $S::=aB|bB, B::=a|b$,该文法产生的语言为 $L(G[S])=\{aa, ab, ba, bb\}$,只有 4 个句子,因为该文法不是递归的。例 2-1 的文法所描述的语言只有两个句子,也是因为它不是递归文法。而文法 $G[<$无符号整数$>]$有递归规则,属于递归文法,所以它所描述的语言为所有无符号整数,是无穷的。

【例 2-6】 判定如下文法所描述的语言是否是有穷的。

$Z \rightarrow aBa$

$B \rightarrow bB|b$

解:因为文法中的第二条规则 $B \rightarrow bB|b$ 是递归规则,所以该文法描述的语言是无穷的。该文法描述的语言为 $\{ab^n a|n \geqslant 1\}$。

2.7 短语、简单短语和句柄

短语、简单短语和句柄在分析中有着重要的作用,在后面介绍自底向上的语法分析时就可看到如何找句柄是非常关键的。短语是句型的子串,但不是句型的任意子串都是短语,只有在句型的推导过程中能由某个非终结符号推导出的子串才是短语,而简单短语则是能由某个非终结符号直接推导出的子串。它们的形式定义如下。

(1) 短语。设 $G[Z]$ 是一文法,$w=xuy$ 是一句型,如果有 $Z \overset{*}{\Rightarrow} xUy$ 且 $U \overset{+}{\Rightarrow} u$。其中,$U \in V_n, u \in V^+$,那么,称 u 是一个相对于非终结符号 U 的句型 w 的短语。

(2) 简单短语。若有 $Z \overset{*}{\Rightarrow} xUy$ 且 $U \Rightarrow u$,那么,称 u 是一个相对于非终结符号 U 的句型 w 的简单短语。

(3) 句柄。任一句型的最左简单短语称为该句型的句柄。

【例 2-7】 对于文法 $G[<$无符号整数$>]$,确定句型<数字串>1 的短语、简单短语和句柄。

解:首先构造句型<数字串>1 的推导过程如下:

<无符号整数>⇒<数字串>⇒<数字串><数字>⇒<数字串>1

(1) 由于<无符号整数> $\overset{*}{\Rightarrow}$ <无符号整数>,而<无符号整数> $\overset{+}{\Rightarrow}$ <数字串>1,对照定义,子串<数字串>1 是由非终结符号<无符号整数>推出的,所以是相对于<无符号整数>的短语。

（2）由于<无符号整数>$\stackrel{*}{\Rightarrow}$<数字串>，而<数字串>$\stackrel{+}{\Rightarrow}$<数字串>1，所以子串<数字串>1是相对于<数字串>的短语。

（3）由于<无符号整数>$\stackrel{*}{\Rightarrow}$<数字串><数字>，而<数字>$\Rightarrow$1，且1是由非终结符号<数字>直接推出的，所以子串1是相对于<数字>的短语，而且是简单短语。

在句型<数字串>1中，只有一个简单短语1，所以它就是该句型的句柄。

从例2-7的求解过程来看，按照定义的方式来确定短语不太直观，比较麻烦。下面介绍语法树的概念，而通过语法树找短语、简单短语和句柄则比较容易。

2.8　语　法　树

推导过程可用图来表示，这就是语法树，也叫推导树。语法树是一棵有序有向树，每个结点都有标记。根结点代表文法的识别符号；每个内部结点（非叶结点）表示一个非终结符号，其子结点由这个非终结符号在这次推导中所用产生式的右部各个符号代表的结点组成；每个末端结点（叶结点）代表终结符号或非终结符号，它们从左向右组合起来，构成句型。如果叶结点都是终结符号，则从左向右构成句子。推导过程不同，生成语法树的过程也不同，但最终生成的语法树是相同的。

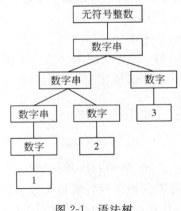

【例2-8】　根据如下推导过程，构造语法树。

<无符号整数>$\Rightarrow$<数字串>

$\qquad\Rightarrow$<数字串><数字>

$\qquad\Rightarrow$<数字串>3

$\qquad\Rightarrow$<数字串><数字>3

$\qquad\Rightarrow$<数字串>23

$\qquad\Rightarrow$<数字>23$\Rightarrow$123

图 2-1　语法树

解：构造出的语法树如图2-1所示。

2.9　子树与短语

语法树的子树是由该树的某个结点（子树的根）连同它所有的后裔构成。子树与短语一一对应。要找一个句型的短语，可先画出该句型的语法树。若句型中某些符号按从左到右的顺序组成某棵子树的末端结点，那么由这些末端结点组成的符号串就是相对于子树根的短语。判明语法树中的每棵子树，那么每棵子树的末端结点自左向右组成的符号串，就是相对于子树根符号的短语。原则上，语法树中有多少棵子树，就有多少个短语。

【例2-9】　根据文法 G［<无符号整数>］，找句子123的短语、简单短语和句柄。

解：首先画出产生句子123的语法树，见图2-1。该语法树共有7棵子树。

子树1：树根<无符号整数>，末端结点1、2、3，短语为123；

子树2：树根<数字串>,末端结点1、2、3,短语为123;

子树3：树根<数字串>,末端结点1、2,短语为12;

子树4：树根<数字串>,末端结点1,短语为1;

子树5：树根<数字>,末端结点1,短语为1,且为简单短语、句柄;

子树6：树根<数字>,末端结点2,短语为2,且为简单短语;

子树7：树根<数字>,末端结点3,短语为3,且为简单短语。

在这7棵子树中,只有子树5、6、7的根结点与末端结点都是父子关系,所以这几棵子树的末端结点形成的短语1、2、3都是简单短语。而子树5位于其中的最左端,所以短语1还是句柄。而子树4和子树5的短语相同,所以,句子123含有的短语为123、12、1、2和3,23是句子123的子串,但它不能由某个非终结符号推导出来,所以,23不是短语。

2.10 由树构造推导过程

根据已有的语法树,既可从上而下,也可从下到上建立推导。如果按从上而下的方式建立推导,则从树根开始由上而下逐层地用子结点代替父结点。当一层中有两棵以上子树根时,原则上先选哪一棵树根替换都可以,而每步都对最右边的树根符号替换,则构造出的推导是规范推导(最右推导)。

还可以由下而上逐层地修剪子树末端结点来建立推导。当有两棵以上子树时,原则上修剪哪一棵都可以,如果每次总是修剪最左边的子树,即相当于每步都对归约句型的句柄归约,则称为"最左归约"或"规范归约"。规范推导(最右推导)与规范归约(最左归约)互为逆过程。

【例2-10】 对图2-1所示的语法树,自底向上逐层地修剪子树末端结点来建立推导。

解：语法树的末端结点形成的符号串为123,句柄1,归约为数字,变成句型<数字>23,此时,句柄 <数字>可归约为<数字串>,变成句型<数字串>23,继续进行,直到归约成<无符号整数>,归约过程如下(逆序)：

<无符号整数>⇒<u><数字串></u>⇒<u><数字串><数字></u>⇒<数字串><u>3</u>

⇒<数字串><u><数字></u>3⇒<数字串><u>23</u>

⇒<u><数字></u>23⇒123

上述归约过程中的画线部分为当前句型的句柄。

2.11 文法的二义性

算术表达式的运算规则是乘除高于加减,if语句规定else就近配对,就是为了解决文法的二义性问题。前面介绍语法树时曾说过,推导过程不同,生成语法树的过程也不同,但最终生成的语法树是相同的,这是在文法没有二义的条件下才成立的。如果一个文法所定义的句子中有某个句子或句型,它存在两棵不同的语法树,那么这个句子或句型是二义性的,该文法是二义性文法。

【例 2-11】 有文法 $G[E]$: $E::=E+E|E*E|(E)|i$,分析该文法是否为二义性文法。

解:为了判断该文法是否为二义性文法,考虑句子 i+i∗i,如果能够构造出两棵不同的语法树,则说明该文法是二义性文法。图 2-2(a)和图 2-2(b)是为句子 i+i∗i 构造的两棵语法树。由于这两棵语法树不同,所以可以肯定文法 $G[E]$ 是二义性文法。

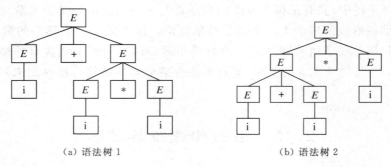

(a) 语法树 1   (b) 语法树 2

图   2-2

二义性产生的后果会导致分析结果不同,对句子的理解也不同。

在图 2-2(a) 语法树 1 中,根据规范归约构造的归约过程为:

$E \Rightarrow E+E \Rightarrow E+E*E \Rightarrow E+E*i \Rightarrow E+i*i \Rightarrow i+i*i$

在图 2-2(b) 语法树 2 中,根据规范归约构造的归约过程为:

$E \Rightarrow E*E \Rightarrow E*i \Rightarrow E+E*i \Rightarrow E+i*i \Rightarrow i+i*i$

由于图 2-2(a)语法树 1 中的 $E*E$ 先作为句柄归约,可理解成 $E*E$ 优先于 $E+E$ 进行运算;而图 2-2(b)语法树 2 中的 $E+E$ 先作为句柄归约,表示 $E+E$ 优先于 $E*E$ 进行运算。由于文法的二义性会造成不同的分析结果,所以算术表达式规定乘除高于加减,从而避免二义性。而程序设计语言中的嵌套 if 语句都要求 else 与最近的 if 配对,也是因为 if 语句的文法存在二义性。

【例 2-12】 if 语句文法如下:

<语句>::=if<布尔表达式>then<语句>

　　　　|if<布尔表达式>then<语句>else<语句>

　　　　|<其他>

说明该文法是二义性文法。

解:假设有一个嵌套的 if 语句句型为:

if < 布尔表达式 > then if < 布尔表达式 > then < 语句 > else < 语句 >

根据文法可构造两棵语法树,如图 2-3(a)、(b)所示。

由于这两棵语法树不同,所以该文法是二义性文法。图 2-3(a) if 语句的语法树意味着 else 和第 2 个 then 配对(就近配对),而图 2-3(b) if 语句的语法树表示 else 和第 1 个 then 配对。

文法的二义性是不可判定的,即不存在一种算法,它能够在有限步内确切地判定一个

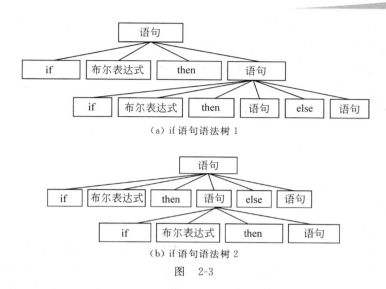

（a）if语句语法树1

（b）if语句语法树2

图　2-3

文法是否是二义性的。但常常能找到一些句型,通过构造不同的语法树来判定文法的二义性;而且还能找到一些十分简单并且不琐碎的条件,当文法满足这些条件时,就使人们确信文法是无二义性的。这些条件是无二义性的充分条件,不是必要条件。如在 if 语句中,要求 else 与最近的 if 配对,在算术表达式中,规定乘除高于加减,就避免了其二义性。有时,还可以把一个二义性文法变换成一个等价的无二义性文法。

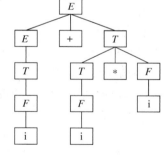

图 2-4　语法树

【例 2-13】　改写文法 $G[E]$:

$$E::=E+E|E*E|(E)|i$$

使其无二义性。

解:新添非终结符号 T 和 F,将文法写成:

$$E::=T|E+T$$

$$T::=F|T*F$$

$$F::=(E)|i$$

这样,就避免了二义性。用改写后的文法给出句子 i+i*i 的语法树如图 2-4 所示。此时的语法树是唯一的。

2.12　有关文法的实用限制

实用限制就是从实用的观点出发,对文法做一些必要的限制。首先,文法不能是二义性的,这是一种对文法的实用限制。其次,还有下面列出的一些限制条件。

（1）不能有 $U::=U$ 这样的有害规则。

（2）不能有多余规则:一是推导中始终用不到的规则;二是一旦使用某规则后无法推出终结符号串的规则。

检查有害规则比较容易,而要检查多余规则,则要检查文法中每一条规则左部的每个

非终结符号 U 是否满足下述两个条件：

（1）U 必须在某个句型中出现，即 $Z \stackrel{*}{\Rightarrow} xUy$；

（2）必须能够从 U 推导出终结符号串，即 $U \stackrel{+}{\Rightarrow} t, t \in V_t^*$。

不满足这两个条件的规则就是多余规则。

【例 2-14】 有文法：

$Z ::= Aa$

$A ::= Ca \mid Bb$

$B ::= Ba \mid a$

$C ::= Cb$

$D ::= b$

去掉有害规则和多余规则。

解：该文法中，由于非终结符号 D 不出现在任何规则的右部且 D 不是开始符号，所以在句子的推导中不可能用到规则 $D ::= b$，因此是多余规则，应该去掉。另外，规则 $C ::= Cb$ 也是一条多余规则，因为一旦使用了这条规则，将使推导无穷地进行下去，即 $C \Rightarrow Cb \Rightarrow Cbb \Rightarrow Cbbb \Rightarrow \cdots$，无法推出终结符号串。而规则 $A ::= Ca$ 因为会产生 C，所以也要去掉。最后得到的文法为：

$Z ::= Aa$

$A ::= Bb$

$B ::= Ba \mid a$

从例 2-14 中可看出，文法中有的多余规则对文法描述的语言集合不产生影响，例 2-14 中的 $D ::= b$ 规则是名副其实的多余规则。而有的多余规则会导致不能最终产生终结符号串的错误，因此，检查并去掉这种多余规则也是必要的。

2.13　文法和语言分类

著名的语言学家乔姆斯基在 1956 年对形式语言进行了定义。他把文法定义为四元组：

$$G = (V_n, V_t, P, Z)$$

其中，V_n 为非终结符号集合；V_t 为终结符号集合；P 为有穷规则集合；Z 为识别符号，且 $Z \in V_n$。

文法所描述的语言为：

$$L(G) = \{x \mid x \in V_t^*, Z \stackrel{+}{\Rightarrow} x\}$$

根据文法中的规则的形式，可定义如下 4 类文法和相应的 4 种形式语言。

1. 0 型文法

0 型文法有如下形式的规则：

$\alpha \rightarrow \beta$，其中 $\alpha \in V^+, \beta \in V^*, V = V_n \cup V_t$。

即规则左部 α 可以是符号集合 V 上的符号序列但不能为空，而规则右部 β 也是 V 上的符号序列，而且可以是空。例如：

$aSb{\rightarrow}cAd$

0 型文法描述的语言为 0 型语言,用 L_0 表示。

2. 1 型文法

1 型文法有如下形式的规则:

$\alpha U\beta {\rightarrow} \alpha u\beta$,其中 $U \in V_n$,$\alpha 、\beta \in V^*$,$u \in V^+$,$V = V_n \bigcup V_t$

即规则左部可为符号序列,其中 U 为非终结符号且只有在左右为 α 和 β 的情况下 U 可变为 u。因为规则中的 α 和 β 不发生变化,所以这种文法也叫上下文有关文法。例如:

$aUb{\rightarrow}aABBaab$

1 型文法描述的语言为 1 型语言,用 L_1 表示。

3. 2 型文法

2 型文法中的规则都具有如下形式:

$U {\rightarrow} u$,其中 $U \in V_n$,$u \in V^*$,$V = V_n \bigcup V_t$

2 型文法中的规则左部必须是一个非终结符号,规则右部 u 是 V 上的符号序列。该文法相当于对 1 型文法中的规则形式加以限制,即要求 α 和 β 必须为空。2 型文法也称做上下文无关文法,所描述的语言为 2 型语言,用 L_2 表示。2 型文法是描述程序设计语言语法部分的主要文法。

4. 3 型文法

3 型文法中的规则都具有如下形式:

$U{\rightarrow}a$ 或 $U::=Wa$(左线性)或 $U{\rightarrow}aW$(右线性)

其中,$U,W \in V_n$,$a \in V_t$。即规则右部或是终结符号或是非终结符号与终结符号。3 型文法描述的语言为 3 型语言,用 L_3 表示。高级程序设计语言的单词符号,如标识符、无符号整数等都是采用 3 型文法来描述的。

例如,左线性 3 型文法:

$N{\rightarrow}N0|N1|N2|N3|N4|N5|N6|N7|N8|N9$

$N{\rightarrow}0|1|2|3|4|5|6|7|8|9$

这个文法定义的语言就是无符号整数。

在上述 4 类文法中,从 0 型到 3 型文法对规则的限制逐渐增加,产生的语言类却逐步缩小,即 0 型语言包含 1 型语言,1 型语言包含 2 型语言,2 型语言包含 3 型语言。因此,可以说 3 型文法是 2 型文法的特例,2 型文法是 1 型文法的特例,1 型文法又是 0 型文法的特例。

习　　题

1. 设字母表 $A=\{a\}$,符号串 $x=aaa$,写出下列符号串及其长度:x^0,xx,x^5 以及 A^+ 和 A^*。

2. 令 $\Sigma=\{a,b,c\}$,又令 $x=abc$,$y=b$,$z=aab$,写出如下符号串及它们的长度:xy,

$xyz, (xy)^3$。

3. 设有文法 $G[S]$：$S::=SS*|SS+|a$，写出符号串 aa+a* 规范推导，并构造语法树。

4. 已知文法 $G[Z]$：$Z::=U0|V1, U::=Z1|1, V::=Z0|0$，请写出全部由此文法描述的只含有 4 个符号的句子。

5. 已知文法 $G[S]$：

$S::=AB$

$A::=aA|\varepsilon$

$B::=bBc|bc$

写出该文法描述的语言。

6. 已知文法

$E::=T|E+T|E-T$

$T::=F|T*F|T/F$

$F::=(E)|i$

写出该文法的开始符号、终结符号集合 V_t、非终结符号集合 V_n。

7. 对第 6 题的文法，写出句型 $T+T*F+i$ 的短语、简单短语以及句柄。

8. 设有文法 $G[S]$：$S::=S*S|S+S|(S)|a$，该文法是二义性文法吗？

9. 写一文法，使其语言是奇正整数集合。

10. 给出语言 $\{a^n b^m | n, m \geq 1\}$ 的文法。

第 3 章 词法分析

词法分析程序又称词法分析器或扫描器,它是编译过程的第一步,也是下一步进行语法分析的基础。本章首先介绍用手工方式设计并实现词法分析的方法和步骤,主要内容包括词法分析的功能、词法分析的输入与输出、单词符号的描述及识别、词法分析程序的设计与实现。然后介绍自动机理论及词法分析程序的自动生成工具 LEX。

3.1 词法分析的功能

在第 1 章中,已对词法分析做过简单的介绍。词法分析的功能是:扫描源程序字符流,按照源语言的词法规则识别出各类单词符号,并产生用于语法分析的符号序列,即将字符串源程序转换成符号串源程序。程序设计语言的保留字或关键字、标识符、常数、各种运算符等都是单词符号的例子。词法分析程序要做的工作是:从源程序的第一个字符开始,顺序读字符,一次读一个,根据所读进的字符识别各类单词,同时去掉源程序中的空白和注释。词法分析检查的错误主要是挑出源程序中出现的非法符号。所谓非法符号是指不是程序设计语言中允许出现的符号,就像自然语句中的错字。

词法分析与语法分析之间的关系通常有两种形式。

(1) 词法分析作为独立的一遍。这种词法分析的输出存入一个中间文件供语法分析使用。这样,通过词法分析就可以将字符串源程序转换成符号串源程序,如图 3-1 所示。

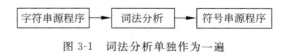

图 3-1   词法分析单独作为一遍

(2) 词法分析程序作为语法分析程序的子程序。有些编译程序将词法分析和语法分析安排在同一遍中,此时词法分析作为语法分析程序的一个子程序。每当语法分析需要一个新的符号时,就调用词法分析子程序,词法分析子程序从字符串源程序中识别出一个具有独立意义的单词,将其符号返回给语法分析。这种方法避免了中间文件,省去了存取符号文件工作,有利于提高编译程序的效率,如图 3-2 所示。

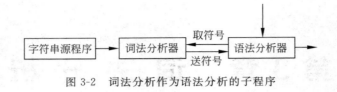

图 3-2　词法分析作为语法分析的子程序

3.2　程序语言的单词符号种类及词法分析输出

词法分析的功能是识别出具有独立意义的单词，而输出的就是这些单词的符号。在程序设计语言中，单词符号是最基本的语法单位，具有确定的语法意义。通常程序语言的单词符号有如下 5 种。

（1）保留字。if、while、for 等保留字在程序语言中具有固定的意义，是编译程序识别各类语法成分的依据，用户不能用它们作标识符。

（2）标识符。由用户定义，用来表示各种名字，如变量名、函数名、数组名等。

（3）无符号数。如 125、0.788、15.2 等为无符号数。

（4）单分界符。如＋、－、*、/、;、(、)等为单分界符。

（5）双分界符。如＞=、＜=、!=、==等为双分界符。

词法分析的输出常采用二元式，如图 3-3 所示。

单词类别	单词值

图 3-3　词法分析程序的输出形式

单词类别通常用一个整数类码或单词记号表示，单词记号比整数类码含义明确。例如，保留字 for，可直接用同样的字符串 for 作为单词记号来表示，如果用整数类码，含义就不直观。用汇编语言编写词法分析程序时，单词类别常用整数类码表示，因为用单词记号处理起来比较麻烦。而如果用高级语言编写词法分析程序，那么采用单词记号则更自然些，因为高级语言提供了字符串处理函数，处理助记符号不再烦琐。一个语言的单词类别如何分类，分成几类，怎样编码，主要取决于技术处理上的方便。标识符一般归为一类。常数则按类型（整数、实数等）分类。保留字既可将全体定为一类，也可以一字一类。分界符可单独作为一类，也可以一符一类的分法。采用一字一类或一符一类的分法处理起来更方便一些。因为，如果一个类别只含一个单词符号，那么，对于这个单词符号，类别编码就完全代表它自身的值，词法分析就不必输出其值了。

单词值的输出也主要取决于今后处理上的方便。对于保留字和分界符，若要输出单词值（不是采用一符一类时），则可采用整数形式的内部编码或其自身字符串的编码。对于标识符，则用自身的字符串编码表示。常数既可用自身的值表示，也可用字符串的形式表示。

有的编译程序在词法分析阶段就建立符号表（第 7 章介绍），这样对于标识符和常数，其单词值可用标识符在符号表中的地址以及常数在常数表中的地址表示。

3.3 正则文法及状态图

程序设计语言的单词符号可用 3 型文法来描述,3 型文法也称为正则文法。对于正则文法所描述的语言可以用一种有穷自动机来识别。为了简化问题,我们直接介绍这种自动机的非形式表示,即状态图。使用状态图是设计词法分析程序的一种好途径。要构造词法分析程序,首先要根据文法生成状态图;然后根据状态图设计和实现词法分析程序就很容易了。

3.3.1 状态图

所谓"状态图",就是一张有穷的有向图。图中的结点代表状态,用圆圈表示。状态间用有向弧线连接,连接弧上标记有符号,表示在弧线射出端的状态下,读入弧线上标记的符号可转换到弧线指向的状态。状态图只有有穷个状态,其中有一个是开始状态,旁边加"$\Rightarrow$"表示。至少有一个状态是结束状态,结束状态常用双圈(◎)表示。

正则文法形式为:$U \rightarrow a$ 或 $U::=Wa$,

其中:$U, W \in V_n$(非终结符号集),$a \in V_t$(终结符号集)

正则文法的状态图画法如下:

(1) 文法中的每个非终结符号对应状态图中的一个结点,即图中的每个结点代表一个非终结符号;

(2) 增设一个结点代表开始状态 S,而文法中的开始符号对应的结点为结束状态;

(3) 对于文法中的每一条形如 $U \rightarrow a$ 的规则,画一条从结点 S 指向结点 U 的弧线,并在弧线上标记 a;

(4) 对于文法中每一条形如 $U::=Wa$ 的规则,画一条从结点 W 指向结点 U 的弧线,并在弧线上标记 a。

【例 3-1】 设有正则文法 $G[Z]$:

$Z \rightarrow U0 \mid V1$

$U \rightarrow Z1 \mid 1$

$V \rightarrow Z0 \mid 0$

画出该文法对应的状态图。

解:根据状态图的画法,首先确定状态图的结点。文法中有三个非终结符号 Z、U、V,加上代表开始状态 S 的结点,因此共有 4 个结点,其中 S 结点为开始状态,Z 结点为结束状态。对于规则 $Z \rightarrow U0 \mid V1$,则分别从结点 U 和结点 V 画指向结点 Z 的弧线,并分别在弧线上标记 0 和 1;对于规则 $U \rightarrow Z1 \mid 1$,从 Z 画指向 U 的弧线,从 S 画指向 U 的弧线,并分别在弧线上标记为 1;对于规则 $V \rightarrow Z0 \mid 0$,分别从 Z 和 S 画指向 V 的弧线,并分别在弧线上标记 0。最终,可以画出该文法的状态图,如图 3-4 所示。

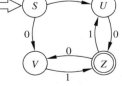

图 3-4 状态图

3.3.2 状态图的用法

状态图画好后,就可以利用它来分析和识别字符串,其方法如下。

(1) 设置初始状态 S 为当前状态。从输入串的最左端开始重复步骤(2),直到到达输入串的右端为止。

(2) 扫描输入串的下一个字符,在当前状态所射出的弧线中,找出标记有该字符的弧线,并沿此弧线前进,过渡到下一个状态;如果找不到标记有该字符的弧线,则说明输入串不是合法的句子,分析过程失败而结束。如果扫描的字符是输入串的最后一个字符,并从当前状态出发沿着标记有该字符的弧线到达结束状态,则表示输入串是该文法的合法句子,识别过程成功而结束;但如果到达的不是结束状态,则表示输入串不是该文法的合法句子,识别过程失败而结束。

利用状态图识别句子的方法是一种自底向上的分析方法。分析开始时,当前状态为开始状态,此时句柄是随后扫描的字符,即输入串的第一个符号,所要归约的符号就是从开始状态经过标记有句柄符号的弧线到达的下一个状态的名字。以后每一步(除第1步外)的句柄是当前状态的名字和随后扫描的字符,而句柄所要归约的符号就是下一个状态的名字。

【例 3-2】 根据图 3-4 对句子 0110 进行分析。

解:根据上面介绍的状态图的使用方法,在图 3-5(a)列出分析的每一步。由于这些规则很简单,所以分析也非常简单。首先,在开始状态 S 下扫描的第一个符号是 0,转到状态 V,表示 0 是句柄,归约到 V。其次,在状态 V 扫描 1,转到状态 Z,此时句柄为 $V1$,归约成 Z。第三,再往下扫描 1,由状态 Z 转到状态 U,表示句柄为 $Z1$,归约为 U。最后,扫描 0,转到状态 Z,此时句柄为 $U0$,归约为 Z,分析成功结束。从而形成如图 3-5(b)所示的语法树。

步骤	状态	扫描的字符	余留部分
1	S	0	110
2	V	1	10
3	Z	1	0
4	U	0	
5	Z		

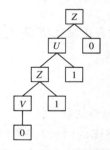

(a) 输入串 0110 的分析过程   (b) 输入串 0110 的语法树

图 3-5   输入串 0110 的分析过程和语法树

从例 3-2 的分析过程可以看出,因为非终结符号仅作为规则右部第一个符号出现,所以,第一步总是把句子的第一个符号作为句柄归约成一个非终结符号。其后各步总是应用形式为 $U::=Wa$ 的规则,把句型 Wat 的头两个符号归约成一个非终结符号 U。在执行这个归约时,当前状态的名字是 W,扫描的字符是 a,下一个状态是 U,t 为余留部分。

3.4 词法分析程序的设计与实现

掌握了状态图的画法及用法后,就可以考虑词法分析程序的设计。高级程序设计语言中出现的单词符号可用正则文法来描述。程序语言的常用单词符号有保留字、标识符、无符号整数、分界符等。相邻的标识符、整数或保留字之间至少用一个空格分开。为了简化并能容易实现词法分析,本节将以小而简单的 TEST 语言为例来说明如何编写词法分析程序。首先,我们给出用以描述 TEST 语言单词符号的词法规则,然后画出相应的状态图,最后根据状态图构造词法分析程序。

3.4.1 TEST 语言的词法规则及状态图

TEST 语言是本书中专门设计的一种程序语言,它在语法上与 C 语言类似,但比 C 语言要简单得多。它的所有变量都是整型变量,具有 if、while、for 等控制语句。注释用/ * 和 * /括起来,但注释不能嵌套。TEST 的表达式局限于布尔表达式和算术表达式。

TEST 语言的单词符号有:

标识符:字母开头,后接字母或数字。

保留字(它是标识符的子集):if、else、for、while、do、int。

无符号整数:由 0~9 数字组成。

分界符:如＋、－、＊、/、(、)、;、,等单分界符;还有双字符分界符>=、<=、!=、==等。

注释符:用/ * 和 * /括起。

词法分析程序并不输出注释,在词法分析阶段,注释的内容将被删掉。为了从源程序字符流中正确识别出各类单词符号,相邻的标识符、整数或保留字之间至少要用一个空格分开。

TEST 语言的各类单词符号的正则文法规则如下:

$<$identifier$>$::=$<$letter$>$|$<$identifier$><$letter$>$|$<$identifier$><$digit$>$

$<$number$>$::=$<$digit$>$|$<$number$><$digit$>$

$<$letter$>$::=a|b|$\cdots$|z|A|B|$\cdots$|Z

$<$digit$>$::=1|2|$\cdots$|9|0

$<$singleword$>$::=+|-| * |/|=|(|)|{|}|:|,|;|$<$|$>$|!

$<$doubleword$>$::=>=|<=|!=|==

$<$comment_first$>$::=/ *

$<$comment_last$>$::= * /

上述规则中,标识符、无符号整数、双字符分界符以及注释规则表面看不是正则文法,但只要一转换即可变成正则文法。如将标识符规则中的字母分别用实际字母代入,就是正则文法,如下所示:

$<$identifier$>$::=a|b|$\cdots$|z

$\qquad$|$<$identifier$>$a|$\cdots$|$<$identifier$>$z

$\qquad$|$<$identifier$>$0|$\cdots$|$<$identifier$>$9

<number>::=0|1|…|9|<number>0|…|<number>9

<doubleword>::=<greater>=|…

<greater>::=>

<equal>::==

上述各条词法规则的状态图如图 3-6 所示。

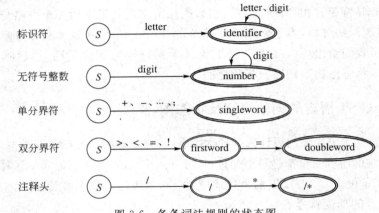

图 3-6　各条词法规则的状态图

　　由于部分单分界符与双分界符或注释的头符号相同,如＞、＜、＝、＊ 和 /,所以这些单分界符要在双分界符或注释中处理。考虑到词法分析程序作为一个子程序能用来识别和分析各类单词符号,并且在识别一个单词后将返回调用程序,因此,可将上述状态图合并为一张状态图,具有共同的入口初始状态 S,在识别出一个单词后有一个共同的出口。某些单分界符和双分界符的第一个符号相同,符号"/"和注释的第一个符号也相同,因此必须做特殊处理。另外,除上述单词符号规则定义的符号外,如果源程序中出现有其他符号,则认为是非法符号,因此,状态图中还添加了错误状态。当分析处在 S 状态,扫描的字符不属于从 S 射出的弧上标记的字符集时,就进入错误状态。根据以上考虑,词法分析的状态图如图 3-7 所示。

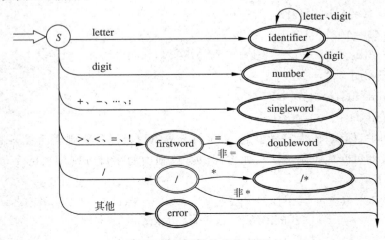

图 3-7　单词符号的状态图

3.4.2 TEST 语言词法分析程序的构造

有了状态图后,根据分析的相应动作就可以构造出词法分析程序的算法流程图,如图 3-8 所示。

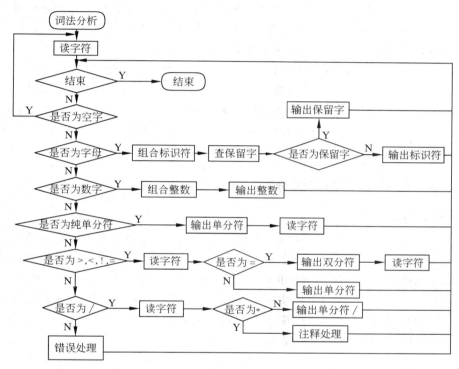

图 3-8 词法分析程序流程图

在程序开始时,首先读入一个字符,若为空字符,则继续读,直到读进一个非空字符。读进的字符有如下 6 种情况,要进行不同的处理。

(1) 字母。继续读,直到遇见空格、分界符、非字母数字字符或到文件尾。组合标识符,查保留字表。若为保留字,输出相应单词记号;若不是,输出标识符的单词记号及单词值(标识符)。

(2) 数字。继续读,直到遇见空格或非数字字符出现或到文件尾。输出无符号整数的单词记号及数字串。

(3) =、<、>、!。读下一个字符,判断是否为双字符分界符,若是,组成双字符分界符,输出相应单词记号及双分界符;若不是,输出单分界符记号。

(4) 非=、<、>、/等与双分界符首字符不同的单分界字符。输出相应单词记号及单分界符。

(5) /。读下一个字符。若不是 * ,输出/的单词记号;若是 * ,进行注释处理。词法分析不输出"/ * ",并要跳过整个注释内容直到遇到" * /"为止,然后返回开始状态,继续识别下一个单词符号。

（6）非法字符。如果读进的字符不属于上面任一情况,则说明词法分析程序从源程序读入了一个不合法的字符,即该字符不属于程序语言所定义的所有单词符号的首字符集合。词法分析程序在遇到不合法字符时要进行错误处理,报告错误信息,跳过这个字符,然后转入开始状态,继续识别下一个单词符号。

注意：在设计词法分析程序时,为了识别标识符、无符号整数及与双分界符首字符相同的单分界符时,需要向前多读一个字符。因此,在具体实现词法分析程序时,遇到这种情况在返回开始状态识别下一个单词符号时,需要回退一个字符。如果不回退,也可约定,识别出一个单词符号后返回开始状态时,已将下一个字符读进,这时就要在识别那些不需要超前读字符就可识别的单词符号后,需要再读一个字符,以保证每次返回开始状态识别下一个单词时已经读进了下一个字符。本节介绍的程序就采用这种方式,因此,在纯单分符处理分支、双分符处理分支后都要读下一个字符。同样,在处理了注释后,也要注意将下一个字符读进来。

3.4.3　TEST 语言的词法分析程序实现

1. 输出形式

为了使词法分析的输出含义明确、易于理解,本程序对识别出的每个单词符号输出两项内容：一是单词记号,二是单词值。对于保留字、分界符直接输出相同的字符串作为单词记号,此时,单词记号与单词值相同,为了统一输出形式,两者一同输出。对于标识符,其单词记号用“ID”表示,单词值是实际标识符。对于无符号整数,单词记号用“NUM”表示,具体的无符号整数以数字字符串形式作为单词值输出。

对于如下的一段 TEST 语言程序：

```
{
    int a;
    a=100;
}
```

词法分析识别出{后,输出“{,{”;识别出 int,输出“int,int”;而识别出标识符 a 后,应输出“ID,a”;识别出无符号整数 100 后,应输出“NUM,100”。

2. 词法分析程序

该词法分析程序采用 C 语言编制,程序中的变量及有关过程均在程序注释中说明。为了便于与后面的语法分析及语义分析相连接,在此将词法分析程序设置为一个函数,名为 TESTscan(),而保留字表用一个字符指针数组保存,名为 * keyword[keywordSum]。词法分析的完整程序见附录 B。

将附录 B 的词法分析程序和主程序分别存入不同的文件,用 Visual C++ 6.0 编译后,即可产生词法分析程序的可执行文件。

在这个词法分析程序中,为了简化程序设计,使初学者能尽快掌握词法分析的设计,程序中使用的语句、设计思想及实现方法都比较简单,极容易实现。程序中将保留字保存在一个指针数组中,可随时增加和修改。分界符有单分界符和双分界符之分。对于那些和双分界符或其他符号没有冲突的单分界符,将它们连接起来,作为一个字符串并保存在字符数组 singleword 中,这样,通过判断读入的字符是否是 singleword 中的字符,就可识别出单分界符。双分界符需要单独处理,本程序处理的双分界符第二个字符都相同,所以可将所有双分界符的第一个符号连接成字符串并保存在字符数组 doubleword 中,当判断字符是 doubleword 中的字符时,要再读入一个字符。如果这个字符是＝,则识别出双分界符;如果不是则输出相应的单分界符。对于注释和单分界符/要特别处理。当读入的字符是/时,要读入下一个字符,如果不是＊,则输出单分界符/;如果是＊,则进行注释处理。处理方法是:增加一个新变量 ch1,ch 保存前一个字符,ch1 为新读入的字符。如果 ch 是＊且 ch1 是/,则遇到注释尾,否则令 ch＝ch1,ch1 则读下一个字符,再判断,直到遇到注释尾,这样就可将注释去掉。如果还想加入其他的双分界符甚至三分界符,就需要单独处理。不过,掌握了处理双分界符的方法,处理其他形式的分界符应该不再是难事。本词法分析程序处理的保留字不区分大小写,但标识符区分大小写,如果想不区分大小写,可在组合标识符结束后统一转换成大写或小写字母即可。词法分析函数返回值为整型,当返回值为 0 时表示词法分析没有发现错误,返回值为 1、2 时表示输入或输出文件有错误,返回值为 3 表示有非法符号。该词法分析程序处理的源程序文件名和输出文件名保存在字符数组 Scanin 和 Scanout 中,执行词法分析程序前,首先要建立词法分析的源程序。并在运行词法分析程序时按提示输入源程序文件名和输出文件名。如果输入或输出文件与词法分析程序在同一目录下,直接输入文件名即可,否则应输入包含路径的文件名。词法分析程序运行后,屏幕提示词法分析是否成功,然后可用任意文本编辑器打开输出文件查看词法分析结果。

【例 3-3】　假设输入文件 AAA.T 中程序如下,运行词法分析程序,给出输出结果。

```
{
    int a;
    a=10;
}
```

解:最好将 AAA.T 文件与编译好的词法分析程序放在同一目录下,这样词法分析程序运行时可以省略路径。运行词法分析程序,屏幕提示输入文件名:(输入 AAA.T)和输出文件名:(输入 BBB.T)。运行结束后,屏幕提示词法分析成功。打开 BBB.T 文件,看到词法分析结果如下:

```
{           {
int         int
ID          a
;           ;
ID          a
=           =
NUM         10
;           ;
}           }
```

其中第一列是单词记号,第二列是单词值。

3.5 正则表达式

由于各种高级程序设计语言的单词形式基本上差不多,人们就希望能够构造一个自动生成系统,只要给出程序设计语言的各类单词描述,以及识别出各类单词后应输出的结果,这种自动系统便能自动产生此程序设计语言的词法分析程序。词法分析程序自动生成系统的实现涉及正则表达式和有限自动机理论,所以,下面介绍正则表达式。

3.5.1 正则表达式定义

假设有一字母表 $\Sigma = \{0,1\}$,那么,字母表上的每个元素都是正则表达式,这样的正则表达式表示的语言只有一个句子。例如,0 是一个正则表达式,表示的语言为 $\{0\}$,该语言只有一个句子 0。如果想表示更加复杂的语言,就必须使用运算符组成复杂的正则表达式,这一点很像用加减乘除运算符构造算术表达式。在正则表达式中,可使用的运算符有连接、选择和重复。

设有两个正则表达式 R_1 和 R_2,它们分别产生语言 L_1 和 L_2,则正则表达式运算符的操作定义如下:

连接 · 。$R_1 \cdot R_2 = \{xy \mid x \in L_1, y \in L_2\}$

选择 | 。$R_1 \mid R_2 = \{x \mid x \in L_1$ 或 $x \in L_2\}$

重复 {} 。$\{R_1\} = \{x \mid x \in L_1^*, L_1^* = L_1^0 \bigcup L_1^1 \bigcup L_1^2 \bigcup \cdots\}$

【例 3-4】 有正则表达式 $R_1 = 1, R_2 = 1, R_3 = 0$,所描述的语言分别为 $L_1 = \{1\}$, $L_2 = \{1\}, L_3 = \{0\}$,求正则表达式 $R_1 \cdot R_2 \cdot R_3$、$R_1 \mid R_3$、$\{R_1\}$ 描述的语言。

解:根据正则表达式运算符的操作定义,可得如下结果:

$R_1 \cdot R_2 \cdot R_3$ 是一个正则表达式,描述的语言为 $\{110\}$,该语言有一个句子 110。

$R_1 \mid R_3$ 是一个正则表达式,描述的语言为 $\{1,0\}$,该语言有两个句子 1 和 0。

$\{R_1\}$ 是一个正则表达式,描述的语言为 $\{1^n \mid n = 0,1,2,\cdots\}$,该语言有无穷多个句子,如 1、11、11111 等。

对于程序设计语言中最常见的标识符,其正则表达式为:

{标识符} = 字母{字母|数字}

而带有符号的实数的正则表达式为:

{数} = (ε|+|-)({数字}.数字{数字})

定义了运算符后,下面给出正则表达式的形式定义。

设 Σ 是有限字母表,在 Σ 上的正则表达式及所描述的语言可递归定义如下。

(1) $\varnothing$ 是一个表示空集的正则表达式。

(2) ε 是一个正则表达式,它所表示的语言仅含一个空符号串,即 $\{\varepsilon\}$。

(3) a 是一个正则表达式,$a \in \Sigma$,它所表示的语言 $\{a\}$ 只有一个句子 a。

(4) 如果 R_1 和 R_2 是正则表达式,其表示的语言分别为 L_1 和 L_2,则有

① $R_1|R_2$ 或 R_1+R_2 是一个表示语言 $L_1\cup L_2$ 的正则表达式;

② $R_1\cdot R_2$ 或 R_1R_2 是一个表示语言 L_1L_2 的正则表达式("·"可以省略);

③ $\{R_1\}$ 或 R_1^* 是一个表示语言 L_1^* 的正则表达式;

④ (R) 是一个表示语言仍是 L_1 的正则表达式,但调整优先权,使括号内的运算符优先权高于括号外的。

(5) 所有 Σ 上的正则表达式可由上述 4 条规则构造出来。

注意:不要混淆 $\varnothing$ 和 ε,正则表达式 ε 描述的语言只含一个空字符串 ε,而 $\varnothing$ 表示的语言不含有任何字符串。另外,在正则表达式的运算符中,重复优先级高于连接,而连接高于选择,因此,$(p)|((p)\cdot(q))$ 可写成 $p|pq$,但表达式 $(p|q)r$ 中的括号则不能去掉。

【例 3-5】 设字母表 $\Sigma=\{a,b\}$,则 a、b、$\varnothing$ 和 ε 都是 Σ 上的正则表达式,所描述的语言为 $\{a\}$、$\{b\}$、$\{\}$、$\{\varepsilon\}$,求表达式 $\{a\}\{b\}$、$\{a|b\}$ 和 $\{aa|ab|ba|bb\}$ 定义的语言。

解:根据正则表达式的形式定义,可得如下结果:

表达式 $\{a\}\{b\}$ 定义的语言为 $\{a^m b^n|m\geqslant0,n\geqslant0\}$;

表达式 $\{a|b\}$ 定义的语言为 $\{x|x\in\{a,b\}^*\}$。

而表达式 $\{aa|ab|ba|bb\}$ 表示的语言由字母 a 或 b 组成的所有偶长度字符串。

【例 3-6】 设字母表 $\Sigma=\{0\}$,求表达式 $0\{0\}$ 与 $00\{0\}|0$ 定义的语言。

解:表达式 $0\{0\}$ 定义的语言是 $\{0^n|n\geqslant1\}$;

表达式 $00\{0\}|0$ 定义的语言是 $\{0^n|n\geqslant1\}$。

例 3-6 给出了两个不同的正则表达式,但描述的语言却相同,这说明不同的正则表达式可描述相同的语言。如果两个正则表达式表示相同的语言,则称这两个表达式等价。显然,例 3-6 的表达式 $0\{0\}$ 和 $00\{0\}|0$ 是等价的。

正则表达式的部分运算符满足结合律、交换律和分配律。即

$(ab)c=a(bc)$

$(a|b)|c=a|(b|c)$

$a|b=b|a$

$a(b|c)=ab|ac$

注意:连接不满足交换律,即 $ab\neq ba$。

3.5.2 正则文法到正则表达式的转换

正则文法可以转换成等价的正则表达式。用正则文法表示的标识符文法规则如下:

<identifier>::= a|b|…|z|<identifier>a|<identifier>b|…|<identifier>z
                |<identifier>0|<identifier>1|…|<identifier>9

采用正则表达式如下:

<identifier>=(a|b|c|…|z){a|b|…|z|0|1|…|9}

或简写成

<identifier>=<letter>{<letter>|<digit>}

由此可见，正则表达式在描述语言时比正则文法更为简洁。

【例 3-7】 有正则文法如下，将其换成等价的正则表达式。

$S \to aS$

$S \to aB$

$B \to bC$

$C \to aC$

$C \to a$

解：先用元符号"{"和"}"将文法改写成如下：

$S = \{a\}aB$

$B = bC$

$C = \{a\}a$

然后按解方程组的方法可得：

$C = \{a\}a$

$B = b\{a\}a$

$S = \{a\}ab\{a\}a$

最终转成正则表达式

$S = \{a\}ab\{a\}a$

可以验证，它表示的语言与原来的正则文法描述的语言相同。

3.6 有穷自动机

FA(Finite Automata，有穷自动机)不是一台具体的机器，而是一种具有离散输入与输出系统的数学模型。在这种数学模型中有有限个状态，状态间存在着转换关系。系统可以处于有限个状态中的任意一个之中，系统的当前状态概括了有关过去输入的信息，这些信息对于确定系统在以后的输入上的行为是必须的。当系统处于某个状态之下读入一个字符时，会使系统所处的状态发生变化，从而形成状态转换。改变后的状态称为后继状态。在状态转换中，后继状态可能为一个，也可能为多个。有穷自动机分确定的和不确定的，所谓"确定的有穷自动机"是指在当前的状态下，输入一个符号，有穷自动机将转换到唯一的一个后继状态；而"不确定的有穷自动机"在当前状态下输入一个符号，可能有两种或两种以上可选择的后继状态。

3.6.1 确定的有穷自动机

在 3.3.1 节中曾非形式化地介绍过状态图，实际上状态图就是一个确定的有穷自动机。现在介绍确定的有穷自动机的概念和定义，并将状态图形式化。

1. 确定的有穷自动机定义

一个确定的有穷自动机 M（记作 DFA M）是一个五元式：

$$M = (Q, \Sigma, q_0, F, \delta)$$

其中：

    Q 是一个有穷的状态集合；

    Σ 是一个字母表，它的每个元素称为一个输入符号；

    $q_0 \in Q$，是唯一的初始状态，即开始状态；

    $F \subseteq Q$，称为结束状态集合；

    δ 是状态转换函数，是一个 $Q \times \Sigma \rightarrow Q$ 的单值映射。

    在确定的有穷自动机中，状态转换函数的具体形式如下：

$$\delta(q,a) = q', \text{ 其中 } q \in Q, q' \in Q, a \in \Sigma$$

这是一个单值函数，表示在当前状态 q 下，当输入符号为 a 时，自动机将从状态 q 转换到下一个状态 q'，q' 称为 q 的后继状态。

2. 确定的有穷自动机状态图

确定的有穷自动机 $M = (Q, \Sigma, q_0, F, \delta)$ 可以用状态图来表示。状态图中的结点代表状态，用圆圈表示，它与自动机 M 中的状态集合 Q 相对应，其中包括初始状态 q_0 和结束状态集合 F，结束状态用双圈表示。状态间用有向弧线连接，连接弧上标记有符号，每条弧线对应一个状态转换函数，弧线上标记的符号集合就是字母表 Σ。

【例 3-8】 设有 DFA $M = (\{0,1,2,3\}, \{a,b\}, 0, \{3\}, \delta)$，

    $\delta(0,a) = 1$ $\delta(0,b) = 2$

    $\delta(1,a) = 3$ $\delta(1,b) = 2$

    $\delta(2,a) = 1$ $\delta(2,b) = 3$

    $\delta(3,a) = 3$ $\delta(3,b) = 3$

画出该自动机对应的状态图。

解：该自动机对应的状态图如图 3-9 所示。

3. 确定的有穷自动机状态转换矩阵

确定的有穷自动机 $M = (Q, \Sigma, q_0, F, \delta)$ 还可以用关系矩阵即状态转换矩阵来表示。矩阵中的第一列元素与自动机 M 中的状态集合 Q 一一对应，且初始状态 q_0 是第一列的第一个元素，右上角标记"＊"的元素对应结束状态。状态转换矩阵的第一行元素与字母表中的每个符号相对应。矩阵中的元素对应每个状态转换函数。如果有状态转换函数 $\delta(q,a) = q'$，其中 $q \in Q, q' \in Q, a \in \Sigma$，那么，就在矩阵中状态 q 对应的行和符号 a 对应的列单元中填入 q'。例 3-8 中的状态转换矩阵如图 3-10 所示。

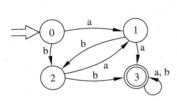

图 3-9　状态图

S ＼ Σ	a	b
0	1	2
1	3	2
2	1	3
3*	3	3

图 3-10　状态转换矩阵

4. 确定的有穷自动机接受的语言

为了介绍确定的有穷自动机如何接受或识别字符串，首先，对状态转换函数作如下的

补充定义：

$\delta(q,at)=\delta(\delta(q,a),t)$，其中 $a\in\Sigma,t\in\Sigma^*$，即 t 是 Σ 上的字符串。

例如，有 $\delta(0,a)=1$ 且 $\delta(1,b)=2$，则 $\delta(0,ab)=\delta(\delta(0,a),b)=\delta(1,b)=2$。

对一个确定的有穷自动机 $M=(\Sigma,Q,q_0,F,\delta)$ 以及某个字符串 $x(x\in\Sigma^*)$，如果有 $\delta(q_0,x)=p$，且 $p\in F$，则字符串 x 就被该自动机 M 所接受。也就是从自动机开始状态开始，在读完全部输入串以后，自动机刚好到达结束状态，那么该输入串将被该自动机所接受。从状态图上看，如果一个字符串能被自动机接受，那么从初始状态出发，则存在一条到达某一结束状态的路径，且组成这条路径的弧线上标记的符号连接起来，正好就是字符串 x。

一个确定的有穷自动机 M 所接受的语言就是所能接受的所有输入串构成的集合，用 $L(M)$ 表示，可定义为：

$$L(M)=\{t\mid\delta(q_0,t)\in F,t\in\Sigma^*\}$$

【例 3-9】 设计能接受偶数个 0 和偶数个 1 组成的数字串的有穷自动机，画出其状态图及状态转换矩阵，并判别 110101、11101 能否被该自动机接受。

解：首先设计能接受偶数个 0 和偶数个 1 组成的数字串的有穷自动机如下：

$M_1=(\{S,A,B,C\},\{0,1\},S,\{S\},\delta)$

$\delta(S,0)=B$ $\delta(S,1)=A$

$\delta(A,0)=C$ $\delta(A,1)=S$

$\delta(B,0)=S$ $\delta(B,1)=C$

$\delta(C,0)=A$ $\delta(C,1)=B$

其状态图及状态转换矩阵分别如图 3-11(a) 和图 3-11(b) 所示。

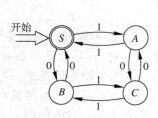

Σ 状态	0	1
S^*	B	A
A	C	S
B	S	C
C	A	B

(a) 有穷自动机 M_1 的状态图   (b) 有穷自动机 M_1 的状态矩阵

图   3-11

下面判别 110101、11101 能否被该自动机接受：

$\delta(S,110101)=\delta(A,10101)=\delta(S,0101)=\delta(B,101)$

$\qquad=\delta(C,01)=\delta(A,1)=S(接受)$

$\delta(S,11101)=\delta(A,1101)=\delta(S,101)=\delta(A,01)$

$\qquad=\delta(C,1)=B(拒绝)$

3.6.2　不确定的有穷自动机

不确定的有穷自动机与确定的有穷自动机的区别主要有两点：一是状态转换函数 δ

为多值函数;二是输入符号可允许为 ε。

1. 不确定的有穷自动机定义

一个不确定的有穷自动机 NFA M' 是一个五元式

$$M' = (Q, \Sigma \bigcup \{\varepsilon\}, q_0, F, \delta)$$

其中:

Q 是有穷状态集;

$\Sigma \bigcup \{\varepsilon\}$ 是输入字母表与空串组成的集合,输入可以是字母表中的字符,也可以是空串;

q_0 为开始状态,$q_0 \in Q$;

F 为结束状态集,$F \subseteq Q$;

δ 为状态转换函数,为 $Q * \Sigma \bigcup \{\varepsilon\}$ 到 Q 的子集的映射。

不确定的有穷自动机同样可以用状态图和状态转换矩阵来表示,表示方法与确定的有穷自动机相同。

2. 不确定的有穷自动机接受的语言

与确定的有穷自动机一样,为了判别一个字符串 x 能否被 NFA 接受,还需要对状态转换函数做如下补充定义:

设 $\delta(q, a) = \{p_1, p_2, \cdots, p_n\}$,其中 $a \in \Sigma \bigcup \{\varepsilon\}$,而 $q, p_1, p_2, \cdots, p_n \in Q$。

(1) $\delta(q, \varepsilon) = \varepsilon\text{-closure}(q)$,其中 $\varepsilon\text{-closure}(q)$ 表示从状态 q 出发,沿着 ε 弧到达的后继状态集合,以及再从这些后继状态沿着 ε 弧所能到达的所有状态集合。

(2) $\delta(q, at) = \delta(p_1, t) \bigcup \delta(p_2, t) \bigcup \cdots \bigcup \delta(p_n, t)$,其中 $a \in \Sigma \bigcup \{\varepsilon\}, t \in \Sigma^*$。

(3) $\delta(\{q_1, q_2, \cdots, q_n\}, x) = \delta(q_1, x) \bigcup \delta(q_2, x) \bigcup \cdots \bigcup \delta(q_i, x)$,其中 $x \in \Sigma^*$,表示从不确定自动机的状态集出发,扫描字符串 x 后,所到达的状态集等于从当前状态集的每一个状态出发,扫描字符串 x 后所到达的状态集之和。

对某台不确定的有穷自动机 NFA $M' = (Q, \Sigma \bigcup \{\varepsilon\}, q_0, F, \delta)$ 及某个字符串 $x(x \in \Sigma^*)$,若有 $\delta(q, x) = Q'$,且 $Q' \bigcap F \neq \varnothing$,则 x 为 M' 所接受。也就是从自动机开始状态开始,在读完全部输入串以后,自动机能够到达某个结束状态,那么该输入串被该自动机接受。从状态图上看,如果一个字符串能被自动机接受,那么从初始状态出发,则存在一条到达某一结束状态的路径,且组成这条路径的弧线上标记的符号连接起来,正好就是字符串 x。如果初始状态也是结束状态,或是存在一条从初始状态到达某个结束状态的路径,路径上的所有标记都是 ε,则 ε 可被 NFA 接受。

M' 所接受的语言为 $L(M') = \{x \mid x \in \Sigma^*, \delta(q_0, x) = Q', Q' \bigcap F \neq \varnothing\}$

【例 3-10】 有 NFA $M' = (\{0, 1, 2\}, \{a, b\} \bigcup \{\varepsilon\}, 0, \{2\}, \delta)$

其中: $\delta(0, a) = \{2\}, \delta(0, \varepsilon) = \{1\}$,

$\delta(1, b) = \{1, 2\}, \delta(2, a) = \{2\}, \delta(2, b) = \{2\}$

画出其状态图及状态转换矩阵,确定该自动机接受的语言。

解:不确定的有穷自动机用状态图和状态转换矩阵来表示,如图 3-12(a)、(b)所示。

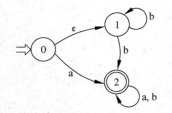

Σ 状态	a	b	ε
0	{2}		{1}
1		{1,2}	
2*	{2}	{2}	

（a）不确定的有穷自动机 M' 的状态图 　　　（b）状态转换矩阵

图 3-12

该自动机接受的语言为 $L(M')=\{(a|b^m)(a|b)^n|m\geqslant 1,n\geqslant 0\}$

3.6.3 NFA 到 DFA 的转化

不确定的有穷自动机与确定的有穷自动机从功能上来说是等价的，它们所接受的语言类相同。给定任一不确定的有穷自动机 NFA M'，就能构造一个确定的有穷自动机 DFA M，使得 $L(M')=L(M)$。为了实现 NFA 到 DFA 的转化，首先要介绍两个状态子集的计算方法，它们是从 NFA 到 DFA 的转化过程中需要计算的状态子集。

1. 状态集 P 的 ε 闭包

若 P 是 NFA M' 的状态集 Q 的一个子集，则 $\varepsilon\text{-closure}(P)$ 称为状态集 P 的 ε 闭包。ε 闭包也是状态集 Q 的一个子集，其计算方法如下：

（1）若 $q\in P$，则 $q\in\varepsilon\text{-closure}(P)$，即 P 的所有成员都是 P 的 ε 闭包的成员；

（2）若 $q\in P$，那么从 q 出发经过任意条 ε 弧而能到达的任何状态都属于 $\varepsilon\text{-closure}(P)$。

【例 3-11】 对图 3-13 所示的 NFA M'，求 $P=\{1\}$、$P=\{2\}$、$P=\{1,2\}$ 的 ε 闭包。

解：当 $P=\{1\}$ 时，有

$\delta(1,\varepsilon)=3$

$\delta(3,\varepsilon)=6$

$\delta(3,\varepsilon)=4$

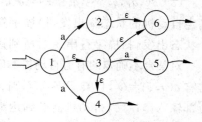

图 3-13 例 3-11 的 NFA M' 状态图

所以 $\varepsilon\text{-closure}(\{1\})=\{1,3,4,6\}$。

当 $P=\{2\}$ 时，有

$\delta(2,\varepsilon)=6$

$\varepsilon\text{-closure}(\{2\})=\{2,6\}$

所以 $P=\{1,2\}$，有

$$\varepsilon\text{-closure}(\{1,2\})=\varepsilon\text{-closure}(\{1\})\bigcup\varepsilon\text{-closure}(\{2\})$$
$$=\{1,3,4,6\}\bigcup\{2,6\}$$
$$=\{1,2,3,4,6\}$$

2. 状态集 P 的 a 弧转换集

设 P 仍是自动机 M' 的状态集的子集，$P=\{P_1,P_2,\cdots,P_n\}$，$a\in\Sigma$，则 P a 弧转换集为：

$P_a=\varepsilon\text{-closure}(J)$

其中 $J=\delta(P_1,a)\bigcup\delta(P_2,a)\bigcup\cdots\bigcup\delta(P_n,a)$

即 J 是从状态子集 P 中的每一个状态出发，沿着标记为 a 的弧到达的状态所组成的集合。

从定义可知，状态集 P 的 a 弧转换集 P_a 也是状态子集，其集合元素为从 P 的每个状态出发，沿着标记为 a 的弧所到达的后继状态集合；再加上这些后继状态集合中的每个状态的 ε 闭包，即从这些后继状态集合中的每个状态出发，沿着 ε 弧所能到达的状态的集合。

【例 3-12】 对图 3-13 所示的 NFA M'，若 $P=\{1\}$，求 P_a。

解：因为 $\delta(1,a)=2, \delta(1,a)=4$，所以

$$
\begin{aligned}
P_a &= \varepsilon\text{-closure}(J) = \varepsilon\text{-closure}(\delta(1,a)) \\
&= \varepsilon\text{-closure}(\{2,4\}) \\
&= \{2,4,6\}
\end{aligned}
$$

3. 根据 NFA 构造 DFA

下面通过一个例子来介绍根据 NFA 构造 DFA 的方法。

假设有一个不确定的有穷自动机

NFA $M'=(Q',\Sigma'\cup\{\varepsilon\},q_0',F',\delta')$，

其中 $Q'=\{1,2,3,4\}$，$\Sigma'=\{a,b,c\}$，$q_0'=1$，$F'=\{4\}$，状态图如图 3-14 所示，接受的语言

$L(M')=\{a^m b \mid m\geqslant 1\}\cup\{ac^n \mid n\geqslant 1\}\cup\{\varepsilon\}$，

构造一个 DFA $M=(Q,\Sigma,q_0,F,\delta)$，使 $L(M)=L(M')$。构造确定的有穷自动机的过程如下。

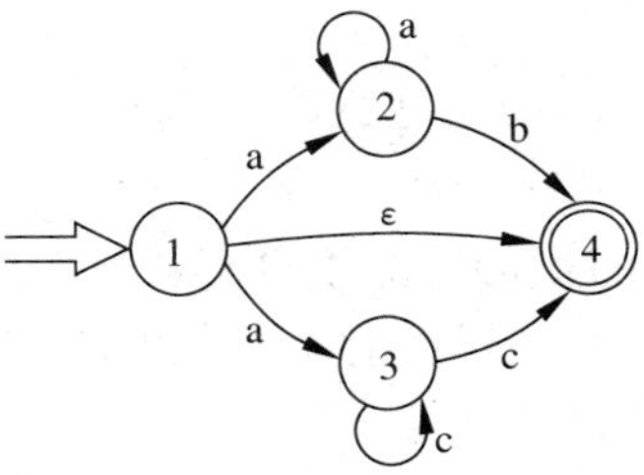

图 3-14　NFA M'的状态图

(1) 首先根据 ε 闭包的计算方法求 NFA M'的开始状态 q_0'的 ε 闭包，从而确定 DFA M 的开始状态 q_0。

$$q_0 = \varepsilon\text{-closure}(\{q_0'\}) = \varepsilon\text{-closure}(\{1\}) = \{1,4\}$$

(2) 根据弧转换集的计算方法求开始状态 q_0 对每个输入符号的弧转换集 q_{0a}、q_{0b} 和 q_{0c}，从而确定与开始状态 q_0 有关的状态转换函数。

$$
\begin{aligned}
\delta(q_0,a) &= q_{0a} = \varepsilon\text{-closure}(\delta(1,a)\cup\delta(4,a)) \\
&= \varepsilon\text{-closure}(\{2,3\}\cup\varnothing) = \{2,3\}
\end{aligned}
$$

将 $\{2,3\}$ 作为新状态，并令 $q_1=\{2,3\}$，即得到

$$\delta(q_0,a)=q_1$$

$$
\begin{aligned}
\delta(q_0,b) &= q_{0b} = \varepsilon\text{-closure}(\delta(1,b)\cup\delta(4,b)) \\
&= \varepsilon\text{-closure}(\varnothing) = \varnothing
\end{aligned}
$$

$$
\begin{aligned}
\delta(q_0,c) &= q_{0c} = \varepsilon\text{-closure}(\delta(1,c)\cup\delta(4,c)) \\
&= \varepsilon\text{-closure}(\varnothing) = \varnothing
\end{aligned}
$$

由于 $\delta(q_0,b)=\varnothing$，$\delta(q_0,c)=\varnothing$，说明没有新状态产生。至此，得到有关开始状态 q_0 的全部状态转换函数只有一个，即 $\delta(q_0,a)=q_1$。

(3) 按过程(2)的方法，对每个新状态计算相关的状态转换函数。

计算状态 q_1 的状态转换函数：

$\delta(q_1,a)=q_{1a}=\{2\}$，将$\{2\}$作为新状态，并令$q_2=\{2\}$；

$\delta(q_1,b)=q_{1b}=\{4\}$，将$\{4\}$作为新状态，并令$q_3=\{4\}$；

$\delta(q_1,c)=q_{1c}=\{3,4\}$，将$\{3,4\}$作为新状态，并令$q_4=\{3,4\}$。

至此，得到有关开始状态q_1的全部状态转换函数：

$\delta(q_1,a)=q_2$

$\delta(q_1,b)=q_3$

$\delta(q_1,c)=q_4$

接下来，计算状态q_2、q_3、q_4的有关状态转换函数如下：

$\delta(q_2,a)=\{2\}=q_2$

$\delta(q_2,b)=\{4\}=q_3$

$\delta(q_2,c)=\varnothing$

$\delta(q_3,a)=\varnothing$

$\delta(q_3,b)=\varnothing$

$\delta(q_3,c)=\varnothing$

$\delta(q_4,a)=\varnothing$

$\delta(q_4,b)=\varnothing$

$\delta(q_4,c)=\{3,4\}=q_4$

计算到此，不再有新状态出现。

（4）根据上面求出的各个状态确定结束状态集$F=\{p\mid p\bigcap F'\neq\varnothing\}$，其中$p$为$M$的每个状态子集：

因为$q_0=\{1,4\}$，$q_1=\{2,3\}$，$q_2=\{2\}$，$q_3=\{4\}$，$q_4=\{3,4\}$，而$F'=\{4\}$，q_0、q_3、q_4与F'相交不为空，所以确定结束状态集$F=\{q_0,q_3,q_4\}$，最后得到确定的有穷自动机如下：

DFA $M=(\{q_0,q_1,q_2,q_3,q_4\},\{a,b,c\},q_0,\{q_0,q_3,q_4\},\delta)$

其中状态转换函数为：

$\delta(q_0,a)=q_1$

$\delta(q_1,a)=q_2$，　$\delta(q_1,b)=q_3$，　$\delta(q_1,c)=q_4$

$\delta(q_2,a)=q_2$，　$\delta(q_2,b)=q_3$

$\delta(q_4,c)=q_4$

转换后确定的有穷自动机的状态图及状态转换矩阵如图 3-15(a)和图 3-15(b)所示。

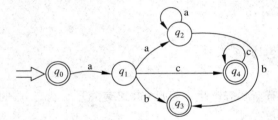

Σ 状态	a	b	c
q_0*	q_1		
q_1	q_2	q_3	q_4
q_2	q_2	q_3	
q_3*			
q_4*			q_4

（a）转换后的 DFA M 的状态图　　　　　　（b）转换后的 DFA M 的状态转换矩阵

图 3-15　转换后的有穷自动机的状态图和状态转换矩阵

3.6.4 正则表达式与有穷自动机的等价性

正则表达式与有穷自动机等价性由以下两点说明：

（1）若给定一个正则表达式 R，那么就可构造一个 DFA M，并有 $L(M)=L(R)$；

（2）若给定一个 DFA M，M 接受的语言为 $L(M)$，则必然存在一正则表达式 R，且 $L(R)=L(M)$。

1. 根据正则表达式构造有穷自动机

根据正则表达式的组成规则，可采用下列构造分解规则来构造 NFA。

（1）基本正则表达式 $\varnothing$、ε 和 a（$a\in\Sigma$）：$\varnothing$ 描述的语言为空集，ε 和 a 所定义的语言分别为 $\{\varepsilon\}$ 和 $\{a\}$，可构造的 NFA 如图 3-16 所示。

（2）连接。设 R_1 和 R_2 都是基本正则表达式，则构造与正则表达式 $R_1 \cdot R_2$ 等价的 NFA 如图 3-17 所示。

（3）选择。设 R_1 和 R_2 都是正则表达式，则构造与正则表达式 $R_1 | R_2$ 等价的 NFA 如图 3-18 所示。

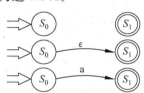

图 3-16 $\varnothing$、ε 和 a 的状态转换图

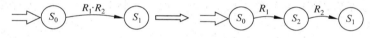

图 3-17 $R_1 \cdot R_2$ 的状态转换图

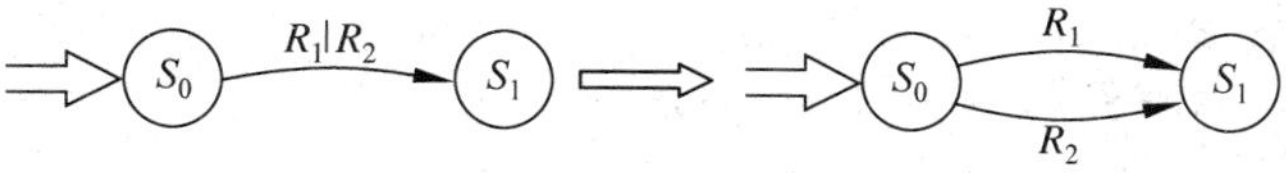

图 3-18 $R_1 | R_2$ 的状态转换图

（4）重复。设 R 是正则表达式，则构造与正则表达式 $\{R\}$ 等价的 NFA 如图 3-19 所示。

图 3-19 $\langle R\rangle$ 的状态转换图

对于任何正则表达式，都可根据上述构造规则构造出等价的 NFA。

【例 3-13】 有正则表达式 $R=(a)^*(\varepsilon|bb)(a|b)^*$，构造出等价的 NFA，然后转化成 DFA。

解：构造过程如下：

设初始状态为 0，目标状态为 1，将整个正则表达式 $(a)^*(\varepsilon|bb)(a|b)^*$ 看成一个整体，则状态转换图如图 3-20 所示。

因 $(a)^*(\varepsilon|bb)(a|b)^*$ 由 $(a)^*$、$(\varepsilon|bb)$ 和 $(a|b)^*$ 连接而成，所以展开连接后如图 3-21 所示。

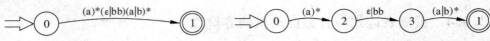

图 3-20 正则表达式到 NFA 转换图 1　　　　图 3-21 正则表达式到 NFA 转换图 2

将重复展开后如图 3-22 所示。

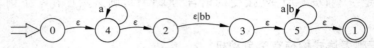

图 3-22 正则表达式到 NFA 转换图 3

将选择展开后，最终得到的 NFA 状态图如图 3-23 所示。

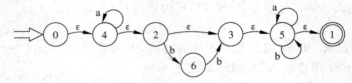

图 3-23 正则表达式到 NFA 转换图 4

构造出 NFA 后，接下来可按 3.6.3 节介绍的方法将其转化成 DFA，其过程如下：

设 DFA $M = (Q, \Sigma, q_0, F, \delta)$

$q_0 = \varepsilon\text{-closure}(0) = \{0, 4, 2, 3, 5, 1\}$

$q_{0a} = \varepsilon\text{-closure}(\{4, 5\}) = \{4, 2, 3, 5, 1\} \cdots q_1$

$q_{0b} = \varepsilon\text{-closure}(\{6, 5\}) = \{6, 5, 1\} \cdots q_2$

$q_{1a} = \varepsilon\text{-closure}(\{4, 5\}) = \{4, 2, 3, 5, 1\} \cdots q_1$

$q_{1b} = \varepsilon\text{-closure}(\{6, 5\}) = \{6, 5, 1\} \cdots q_2$

$q_{2a} = \varepsilon\text{-closure}(\{5\}) = \{5, 1\} \cdots q_3$

$q_{2b} = \varepsilon\text{-closure}(\{3, 5\}) = \{3, 5, 1\} \cdots q_4$

$q_{3a} = \varepsilon\text{-closure}(\{5\}) = \{5, 1\} \cdots q_3$

$q_{3b} = \varepsilon\text{-closure}(\{5\}) = \{5, 1\} \cdots q_3$

$q_{4a} = \varepsilon\text{-closure}(\{5\}) = \{5, 1\} \cdots q_3$

$q_{4b} = \varepsilon\text{-closure}(\{5\}) = \{5, 1\} \cdots q_3$

至此，不再有新状态产生。由于 q_0、q_1、q_2、q_3、q_4 都含有状态 1，所以都是结束状态。转化后的 DFA 如图 3-24 所示。

2. 将 NFA 转换成正则表达式

若给定一个 NFA，构造正则表达式 R 相比之下更加容易，处理方法与上面的由正则表达式构造 NFA M 的方法是互逆的。其具体方法如下。

（1）添加两个新的结点 S 和 T，将结点 S 与

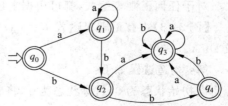

图 3-24 NFA 状态图

NFA 上的开始状态结点连接，将每个结束状态结点与 T 结点用弧线连接，所有连接弧线上均标记为 ε，从而使 NFA 只有一个开始状态 S 和一个结束状态 T。

（2）逐步去掉 NFA 中的结点，直到只剩下结点 S 和 T。在去掉结点的过程中，逐步用正则表达式来标记弧线。去掉结点的规则如下：

① 连接。设 R_1 和 R_2 都是基本正则表达式，去掉结点，用弧线直接连接结点 1 和结点 3，弧线上标记 $R_1 \cdot R_2$，如图 3-25 所示。

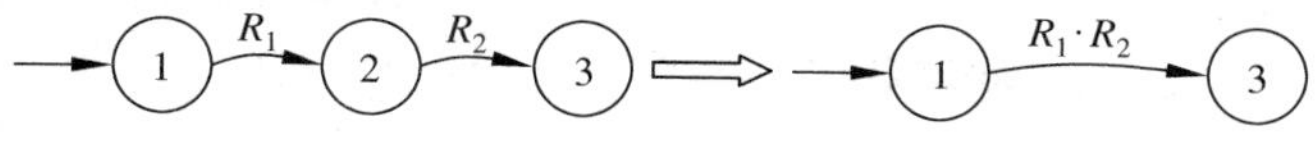

图 3-25 由 NFA 构造正则表达式 $R_1 \cdot R_2$

② 选择。设 R_1 和 R_2 都是正则表达式，去掉标记为 R_1 和 R_2 的弧线，用一根弧线直接连接结点 1 和结点 2，弧线上标记 $R_1 | R_2$，如图 3-26 所示。

图 3-26 由 NFA 构造正则表达式 $R_1 | R_2$

③ 重复。设 R 是正则表达式，则构造与正则表达式 $\{R\}$ 等价的 NFA，如图 3-27 所示。

图 3-27 由 NFA 构造正则表达式 $\{R\}$

例如，从例 3-13 中得到的 NFA M（图 3-23）反向看，图 3-23、图 3-22、图 3-21 和图 3-20 就是构造正则表达式的过程。

3.6.5 确定的有穷自动机的化简

如果有两个确定的有穷自动机 DFA M_1 和 DFA M_2 所接受的语言完全一样，则这两个自动机是等价的。但如果 DFA M_1 的状态个数比 DFA M_2 的状态个数少，那么，DFA M_1 更加简洁。在设计词法分析程序时，效率是很重要的一个因素。如果可能的话，应该构造尽可能小的 DFA。3.6.3 节中曾介绍了将 NFA 转化成 DFA 的方法，但这一方法有个缺点：就是生成的 DFA 可能比较复杂。自动机理论中有一个很重要的结论：对于任何给定的 DFA，都有一个含有最少状态的等价的 DFA，而且这个最少状态的 DFA 是唯一的，从任何 DFA 中都可以得到这个最少状态的 DFA。本节首先介绍等价状态和多余状态的概念，因为它们是简化 DFA 的基础；然后再介绍化简方法。

1. 等价状态与不等价状态

在一个确定的有穷自动机里，如果从 S_1 状态出发接受的所有符号串集合与从 S_2 状态出发接受的所有符号串集合一样，那么称状态 S_1 和 S_2 是等价的；否则是不等价的。

【例 3-14】 观察图 3-28 所示的状态图，判断状态 1 和状态 2 是否等价。

解：因为有 $\delta(1,a)=3$，$\delta(2,a)=3$，从状态 1 出发接受的字符串为 ab，从状态 2 出发也是 ab，因此，

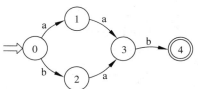

图 3-28 有等价状态的状态图

状态 1 和状态 2 是等价的。

2. 多余状态

多余状态有两种：一是指从初始状态出发，输入任何输入串也无法到达的状态，即从初始状态到该状态之间没有通路；二是指从初始状态出发能够到达的状态，但从它出发却无法到达结束状态的状态，即从该状态到结束状态之间没有通路。多余状态是无用的，应该删除。删除多余状态的方法很简单，从状态图上看，就是直接将多余状态结点以及相关的弧线删除，即可得到等价的自动机。

【例 3-15】 在图 3-29(a)所示的状态图中，判断哪些状态是多余状态。

解： 根据多余状态的定义，可发现从初始状态 0 出发，无法到达状态 1，所以状态 1 是多余状态。而从状态 5 无法到达结束状态 4，所以状态 5 也是多余状态。删除多余状态后的状态如图 3-29(b)所示。

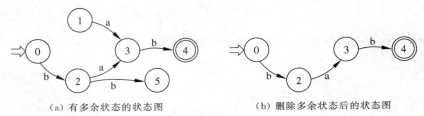

（a）有多余状态的状态图　　　　　（b）删除多余状态后的状态图

图　3-29

3. DFA 化简算法

设 DFA $M=(Q,\Sigma,q_0,F,\delta)$，化简算法如下。

（1）先将自动机的状态划分成结束状态集合 S_1 和非结束状态集合 S_2：$Q=S_1\cup S_2$。

（2）对各状态集合按下面的方法划分，直到所有状态集合不再产生新的划分为止。设第 m 次划分将 Q 分成 n 个状态集合，即 $Q=S_1\cup S_2\cup\cdots\cup S_n$。对状态集合 $S_i(i=1,2,\cdots,n)$ 中的各个状态逐一检查，设状态 q_1 和 q_2 是状态集合 S_i 中的两个状态，对于输入符号 $a(a\in\Sigma)$，有 $\delta(S_1,a)=S'$，$\delta(S_2,a)=S''$，若状态 S' 和 S'' 属于同一状态集合，则将状态 q_1 和 q_2 放在同一状态集合中；否则将状态 q_1 和 q_2 分为两个集合。

（3）重复（2）的方法，直到所有状态集合都不能划分。此时，每个状态集合中的状态都是等价的。

（4）将每个状态集合中的等价状态合并成一个等价状态作为代表。将状态函数中的所有状态用相应的等价代表状态表示。从状态图上看，要将一个状态集合中的等价状态结点合并成一个结点。

（5）删除多余状态。

【例 3-16】 对图 3-30 所示的有穷自动机进行化简。状态函数为：

图 3-30　等待化简的有穷自动机

$$\delta(0,a)=1, \quad \delta(1,a)=3, \quad \delta(2,a)=1, \quad \delta(3,a)=3, \quad \delta(4,a)=4$$
$$\delta(0,b)=2, \quad \delta(1,b)=2, \quad \delta(2,b)=4, \quad \delta(3,b)=4, \quad \delta(4,b)=3$$

解：首先将状态集合分成结束状态集合 S_1 和非结束状态集合 S_2。

$S_1 = \{0,1,2\}$，$S_2 = \{3,4\}$

对 $S_1 = \{0,1,2\}$ 划分：

因为 $\delta(0,a)=1$，$\delta(1,a)=3$，$\delta(2,a)=1$

状态 1 和状态 3 不属于同一状态集，所以将 S_1 分成 $S_3 = \{0,2\}$，$S_4 = \{1\}$

对 $S_2 = \{3,4\}$ 划分：

因为 $\delta(3,a)=3$，$\delta(4,a)=4$

$\delta(3,b)=4$，$\delta(4,b)=3$

状态 3 和状态 4 属于同一状态集，所以 S_2 不能划分，说明状态 3 和状态 4 等价。

对 $S_3 = \{0,2\}$ 划分：

因为 $\delta(0,a)=1$，$\delta(2,a)=1$

$\delta(0,b)=2$，$\delta(2,b)=4$

所以将 S_3 分成 $S_5 = \{0\}$，$S_6 = \{2\}$

至此，不能再继续划分，最终得到不能划分的状态集有

$S_2 = \{3,4\}$，$S_4 = \{1\}$，$S_5 = \{0\}$，$S_6 = \{2\}$

每个状态集留一个状态得：$S_2 = \{3\}$，$S_4 = \{1\}$，$S_5 = \{0\}$，$S_6 = \{2\}$

将原来的转换函数中的状态 4 改成状态 3，得到

$\delta(0,a)=1$，$\delta(1,a)=3$，$\delta(2,a)=1$，$\delta(3,a)=3$，$\delta(3,a)=3$

$\delta(0,b)=2$，$\delta(1,b)=2$，$\delta(2,b)=3$，$\delta(3,b)=3$，$\delta(3,b)=3$

去掉重复的，最终得到化简后的状态函数如下，对应的状态图如图 3-31 所示。

$\delta(0,a)=1$，$\delta(1,a)=3$，$\delta(2,a)=1$，$\delta(3,a)=3$

$\delta(0,b)=2$，$\delta(1,b)=2$，$\delta(2,b)=3$，$\delta(3,b)=3$

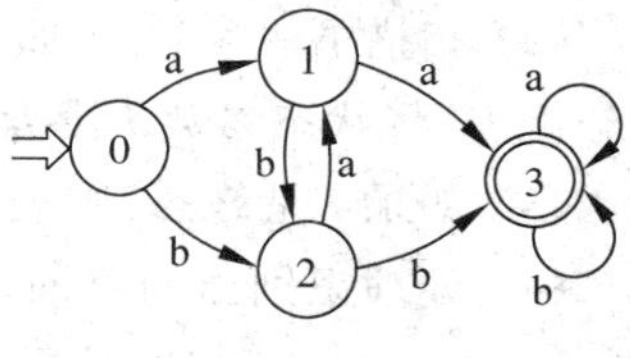

图 3-31　化简后的有穷自动机

3.6.6　根据 DFA 构造词法分析程序

根据 DFA 来构造词法分析程序有两种方法。

1. 直接编程的词法分析器

所谓直接编程的词法分析器，是将 DFA 识别过程转化为程序，即用程序来模拟 DFA 的行为。在这种方法里，首先将 DFA 用状态图表示，然后按下列步骤根据状态图画出词法分析程序流程图：

(1) 初始状态对应程序的开始；

(2) 结束状态对应程序的结束；

(3) 状态转移对应条件语句或多分支选择语句；

(4) 状态图的环对应循环语句；

(5) 终态返回时，应满足最长匹配原则。

其中最长匹配原则指识别出的单词有混淆时，按长度最长的来确定。例如，符号串 <= 认为是一个单词，而不是 < 和 =。

　　这种设计方法适合手工实现，编写出的词法分析程序比较简洁，分析速度快，在 3.4 节中所介绍的词法分析程序采用的就是这种方法。但这种词法分析程序与要识别的语言单词密切相关，通过程序的控制流转移来完成对输入字符的响应，程序中的每一条语句都与要识别的单词符号有关，一旦语言的单词符号集即词法规则发生变化，则要重新编写程序。一般来讲，这种方法适合编写词法比较简单的词法分析程序。

2. 表驱动的词法分析程序

　　表驱动的词法分析程序的模型如图 3-32 所示。它由输入字符序列、分析表和控制程序组成。分析表就是 DFA 的状态转换矩阵，如图 3-33 所示。控制程序有两个参数，一个参数接受扫描的字符 a，另一个参数为 DFA 的状态 i。其控制程序的算法如下。

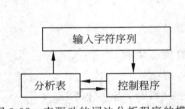

$\diagdown^{\Sigma}_{状态}$	0	1
S^*	B	A
A	C	S
B	S	C
C	A	B

图 3-32　表驱动的词法分析程序的模型　　　　图 3-33　分析表

　　（1）在输入字符序列后面加一个字符♯，称为结束符。将扫描指针设在输入序列的最左端，状态参数 i 设为开始状态。

　　（2）扫描下一字符 a，如果是结束符♯则停止；否则，根据状态参数 i 和输入的字符 a 查分析表，将状态参数 i 设为查分析表 (i,a) 后得到的状态。

　　（3）如果 i 是终态，则表示识别出一个单词，转到（4）；否则转到（2）。

　　（4）处理识别出的单词，输出单词符号。状态参数 i 设为开始状态，转到（2）。

　　这种词法分析程序是根据分析表的内容进行操作的，与要识别的单词符号无关，具体识别什么单词符号由分析表的内容决定，它是一种典型的数据与操作分离的工作模式。构造不同的词法分析程序实质上是构造不同的分析表，而控制程序是不变的。这就为词法分析程序的自动生成提供了极大的方便。但表驱动的词法分析程序相对于直接编程的词法分析器来说，程序比较复杂，由于在工作中需要查表确定分析动作，因此分析速度也将会慢一些。

3.7　词法分析程序的自动生成器 LEX

　　LEX(Lexical Ananlyzer Generator)是一个词法分析程序的自动生成器。LEX 是 1972 年贝尔实验室首先在 UNIX 上实现的。FLEX(Fast Lexical Enanlyzer Generator) 是对 LEX 的扩充，它可在 MS-DOS 下运行。本书中实际使用的是 FLEX，但仍称其为 LEX。LEX 能根据给定的正则表达式自动生成相应的词法分析程序。LEX 的输入是用 LEX 语言编写的源程序，生成一个用 C 语言描述的词法分析器，所以 LEX 本身就相当于

LEX 语言的编译程序。LEX 生成的目标程序包含一个状态转换矩阵和一个控制执行程序。使用 LEX 的流程如图 3-34 所示。

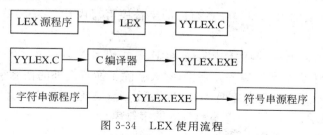

图 3-34　LEX 使用流程

LEX 源程序是使用 LEX 语言编写的词法规则说明,经过 LEX 编译后形成目标文件 YYLEX.C;再用 C 编译器对 YYLEX.C 进行编译,生成目标程序 YYLEX.EXE,它就是词法分析程序。用 YYLEX.EXE 就可以将字符串源程序转换成符号串源程序。

3.7.1　用 LEX 语言表达正则表达式

LEX 的输入是 LEX 源程序。首先,介绍如何表示正则表达式。

LEX 表示正则表达式时采用一些元字符 ＊ 、＋、（,）、\、[,]、|、{,}、"、" 等,表示方法如下。

(1) 对于单个的字符 a,就直接表示成 a,如 a、＋、一等。

(2) [abc]表示字符 a、b 或 c 中的任一个,如[01]表示 0 或 1。

(3) [a-d] 表示字符 a、b、c 或 d 中的任意一个。

(4) [$\hat{}ab$]表示除了 a 或 b 外的任意一个字符。

(5) . 表示除了换行符之外的任一个字符。

(6) "text" 表示双引号里的每个字符(包括元字符)都按字符处理,如"ab[01]"就表示 ab[01]是字符串,其中的[和]不是元字符。

(7) \a 表示当 a 是与某个元字符相同的字符时,当做字符,如\(表示字符(为左括号字符,不是元字符。也可用"("表示左括号字符。用"-"可以表示括起来的多个字符不是元字符,而\只能表示其后的一个字符不是元字符。

(8) {xxx}是用名字 xxx 表示的正则表达式。

(9) $r|s$ 表示正则表达式 r 或正则表达式 s。

(10) rs 表示正则表达式 r 与正则表达式 s 的连接。

(11) (r) 表示括号内的优先级高于括号外。

(12) r＊表示正则表达式 r 可重复零次或多次。

(13) r＋表示正则表达式 r 可重复一次或多次。

(14) r? 表示 r 是一个可选的正则表达式。

(15) $r\{m,n\}$中的 m、n 是正整数,表示正则表达式 r 的 $m \sim n$ 次重复。

(16) $r\{m\}$ 表示正则表达式 r 的 m 次重复。

(17) $r\{m,\}$ 表示正则表达式 r 的 m 到多次重复。

例如：

二进制数可写成：（0|1）＊。

以 aa 或 bb 开头的由 a 和 b 任意组成的字符串可写成：（aa|bb）（a|b）＊ 或（aa|bb）[ab]＊。

表达式[0-9]表示 0～9 间的任何一个数字。

句点.也是一个表示字符集的元字符，它表示除了换行之外的任意字符。

[^0-9abc]表示不是任何数字且不是字母 a、b 或 c 中任何一个任意字符。

[a-z]{1,8}表示任何一个长度不超过 8 的字符串。

[0-9]＋表示无符号整数。

("＋"|"－")?[0-9]＋表示有符号整数。

("＋"|"－")?[0-9]＋(". "[0-9])? 表示可带小数点的有符号数。

("＋"|"－")?[0-9]＋(". "[0-9]＋)? (E("＋"|"－")? [0-9]＋)? 表示可带指数的有符号数。

LEX 有一个特征：在方括号（表示字符类）中，大多数的元字符都丧失了其特殊含义，且不必用引号括起来。甚至如果可以首先将连字符列出来的话，则也可将其看做字符。因此，可将前一个数字的正则表达式("＋"|"－")写作[－＋]，但不能写成[＋－]，这是因为元字符"－"用于表示字符的一个范围。又例如：[. "?]表示句号、引号和问号 3 个字符中的任一个字符，此时，这 3 个字符在方括号中都失去了它们的元字符含义。但是有一些字符即使是在方括号中也仍是元字符，如\和^。如果要得到像反斜杠\这种真正的字符就必须在字符前加一个反斜杠。由于引号在方括号内已失去了它们的元字符含义，所以不能用引号，因此[\^\\]就表示真正的字符^和\。

LEX 还有一个更为重要的元字符约定是用大括号指出正则表达式的名字。在前面已经提到过可以为正则表达式起名，而且只要没有递归引用，这些名字也可使用在其他的正则表达式中。而为了将正则表达式名和普通的字符序列区分开来，将正则表达式名放在大括号中。

例如，无符号整数定义为：

num ＝ [0－9]＋

其中，num 为正则表达式名。在有符号整数的定义中，可以引用正则表达式名 num：

signedNum＝(＋|－)? {num}

注意：在定义正则表达式名时并不写大括号，只有在使用正则表达式名时才加上大括号。

3.7.2 LEX 源程序结构

LEX 源程序是用 LEX 语言编写的词法规则说明，即用 LEX 语言对表示高级程序设计语言的单词集的正则表达式进行描述。LEX 源程序分三个部分：一是说明部分；二是识别规则；三是辅助过程。各部分之间用％％隔开。

（1）说明部分用于定义识别规则中要用到的正则表达式名，包括变量说明、标识符常量说明和正则定义，以及 C 语言的说明信息。其中 C 语言的说明必须用分界符"％"和

"％"括起来。

说明部分由如下形式的 LEX 语句组成：

D_1 R_1

D_2 R_2

⋮

D_n R_n

其中，R_1、R_2、$\cdots$、R_n 是用 LEX 语言表示的正则表达式；D_1、D_2、$\cdots$、D_n 是给正则表达式起的名字，称为正则表达式名。限定在 R_i 中只能出现字母表 Σ 中的字符以及前面已经定义过的正则表达式名，这样就可以定义程序语言的单词符号。

例如，用 LEX 语句写的标识符和无符号整数的定义如下：

标识符：   letter   [a−zA−Z]

           identifier   {letter}＋

无符号整数： digit   [0−9]

           num   {digit}＋

C 语言的说明信息主要包括将来生成的词法分析程序要使用的一些库文件和全局变量的声明。％{和％}中间的内容会原封不动地复制到 LEX 生成的词法分析程序的最前部。

例如，下面一段代码：

```
%{
    #include<stdio.h>
    int lineno=1;                //定义整型全局变量 lineno,并有初值 1
%}
line * .\n                       //定义正则表达式名 line 代表任意字符组成的字符串
                                 //最后有一个换行符,就表示是一行字符
```

（2）识别规则用正则表达式给出单词的定义，以及在识别出该正则表达式以后要执行的程序片段，具有如下形式的语句：

P_1 {动作 1}

P_2 {动作 2}

⋮

P_n {动作 n}

其中，$P_i(i=1,2,\cdots n)$ 是一个用 LEX 语言描述的正则表达式，也就是单词符号；动作 i 是 C 语言的程序语句，表示当识别出形为 P_i 的单词符号时词法分析应执行的动作，该动作一般是返回单词的单词记号及单词值。例如：

```
%%
{line}{printf("%5d %s",lineno++,yytext);}
```

这段代码表示识别出一行字符后，输出行号以及该行字符，然后行号递增。yytext 是 LEX 的内部名字，它的内容就是正则表达式{line}匹配的字符串。

LEX 源程序中的识别规则完全决定了词法分析程序的功能。该词法分析程序只能

识别 P_1、P_2、$\cdots$、P_n 这些单词符号。识别出的单词符号保存在 yytext 中。

（3）辅助过程则给出用户所需要的其他操作，它是识别规则的某些动作需要调用的过程。如果不是 C 语言的库函数，则要在此给出具体的定义。这些程序也可以存入另外的程序文件中，单独编译，最后和词法分析程序连接装配到一起。

例如，下段辅助过程：

```
%%
main()
{yylex();
return 0;
}
int yywrap()
{
return 1;
}
```

这段代码包括了一个调用函数 yylex() 的 main() 过程。yylex() 是由 LEX 构造的过程的名字，该过程进行词法分析。将上述三段代码连在一起，假设保存在名为 example1. lex 的文件中，最好与 FLEX 在同一目录下，那么在 DOS 下进入 FLEX 所在的目录，运行 FLEX 就可以产生词法分析程序，运行的命令如下：

```
FLEX example1.lex
```

这样就会在同一目录下产生一个输出文件 LEXYY.C，这就是根据 example1. lex 由 LEX 生成的词法分析程序。接下来，对 LEXYY.C 进行编译（可以用 Visual C++ 6.0），从而得到可执行文件 LEXYY. EXE。在 DOS 环境下运行 LEXYY. EXE，随意输入一行字符串，按 Enter 键后，则在屏幕上将显示该字符串。

从上面的示例中可以发现，在 LEX 源程序中包含的 C 程序中引用了一个 LEX 内部名字 yytext，下面列出一些常用的 LEX 内部名字及其含义：

lexyy.c   LEX 输出文件名；

yylex   LEX 扫描例程；

yytext   当前行为匹配的串；

yyin   LEX 输入文件（默认为 stdin 即键盘）；

yyout   LEX 输出文件（默认为 stdout 即显示屏）；

input   LEX 缓冲的输入例程；

ECHO   LEX 默认行为，即将 yytext() 打印到 yyout()。

【例 3-17】 考虑下面的 LEX 输入文件：

```
%{
/* Selects only lines that end or begin with the letter 'a'.
Deletes everything else.
*/
#include<stdio.h>
```

```
%}
ends_with_a.*a\n
begins_with_a a.*\n
%%
{ends_with_a}ECHO;
{begins_with_a}ECHO;
.*\n;
%%
main()
{ yylex(); return 0; }
int yywrap()
{return 1;}
```

分析这段代码由 LEX 产生的程序的功能。

解：对于这段 LEX 代码，由 LEX 产生的程序的功能是：输入以字符 a 开头或结尾的任意字符串，则将该字符串显示出来，而对由其他字符开头和结尾的输入串则不输出。因为在 LEX 代码中，识别出 .*\n描写的单词后，没有动作，所以没有输出。对于{ends_with_a}和{begins_with_a}描述的单词，即以字符 a 开头或结尾的字符串，用 ECHO 输出到 yyout()。

这个 LEX 输入还有一个值得注意的特征：所列的规则具有二义性（ambiguous），这是因为输入串可匹配多个规则。实际上，无论它是否以 a 开头或结尾的行的一部分，任何输入行都可与表达式 .*\n匹配。LEX 有一个解决这种二义性的优先权系统。首先，LEX 总是匹配可能的最长子串（因此 LEX 总是生成符合最长子串原则的扫描程序）。其次，如果最长子串仍与两个或更多个规则匹配，LEX 就选取列在前面的规则。正是由于这个原因，上面的 LEX 输入文件就将{ends_with_a} ECHO;和{begins_with_a} ECHO;放在前面，如果按下面的顺序列出：

```
.*\n;
{ends_with_a}ECHO;
{begins_with_a}ECHO;
```

则由 LEX 生成的程序就不会再生成任何输出，这是因为第 1 个规则能匹配所有的输入串。如果希望 LEXYY.C 能从文件读入要分析的字符流，其分析结果也输出到文件中，而不是键盘输入、显示器输出，那么可将上面的例子中的第三部分改为如下：

```
main(argc,argv)
    int argc;
    char **argv;
      {
      ++argv,--argc;                //跳过词法分析程序名 LEXYY.EXE
      if(argc>0)
        yyin=fopen(argv[0],"r");    //yyin 存放 LEXYY 的输入文件名
      else
        yyin=stdin;
```

```
        ++argv,--argc;                    //跳过 LEXYY 的输入文件名
        if(argc>0)
            yyout=fopen(argv[0],"w");     //yyout 存放 LEXYY 的输出文件名
        else
            yyout=stdout;

        yylex();
        }
    int yywrap(){ return 1;}
```

这样对生成的 LEXYY.C 程序编译得到 LEXYY.EXE，运行格式如下：

LEXYY　输入文件名　输出文件名

例如：

LEXYY　aaa.txt　bbb.txt

3.7.3　使用 LEX 生成 TEST 语言的词法分析程序

下面这段 LEX 源程序将产生的词法分析程序与 3.4.2 节中介绍的词法分析程序功能相同，输出形式也一样。

```
%{
    #include<stdio.h>
    #ifndef FALSE
    #define FALSE 0
    #endif
    #ifndef TRUE
    #define TRUE 1
    #endif
    %}


digit           [0-9]
number          {digit}+
letter          [a-zA-Z]
identifier      {letter}({letter}|{digit}) *
newline         [\n]
whitespace      [\t]+
%%
"if"            {fprintf(yyout,"%s,   %s\n",   yytext,yytext);}
"else"          {fprintf(yyout,"%s,   %s\n",   yytext,yytext);}
"for"           {fprintf(yyout,"%s,   %s\n",   yytext,yytext);}
"while"         {fprintf(yyout,"%s,   %s\n",   yytext,yytext);}
"int"           {fprintf(yyout,"%s,   %s\n",   yytext,yytext);}
"="             {fprintf(yyout,"%s,   %s\n",   yytext,yytext);}
```

```
"+"              {fprintf(yyout,"%s,  %s\n",  yytext,yytext);}
"-"              {fprintf(yyout,"%s,  %s\n",  yytext,yytext);}
"*"              {fprintf(yyout,"%s,  %s\n",  yytext,yytext);}
"/"              {fprintf(yyout,"%s,  %s\n",  yytext,yytext);}
"<"              {fprintf(yyout,"%s,  %s\n",  yytext,yytext);}
">"              {fprintf(yyout,"%s,  %s\n",  yytext,yytext);}
"("              {fprintf(yyout,"%s,  %s\n",  yytext,yytext);}
")"              {fprintf(yyout,"%s,  %s\n",  yytext,yytext);}
"{"              {fprintf(yyout,"%s,  %s\n",  yytext,yytext);}
"}"              {fprintf(yyout,"%s,  %s\n",  yytext,yytext);}
";"              {fprintf(yyout,"%s,  %s\n",  yytext,yytext);}
":"              {fprintf(yyout,"%s,  %s\n",  yytext,yytext);}
"'"              {fprintf(yyout,"%s,  %s\n",  yytext,yytext);}
","              {fprintf(yyout,"%s,  %s\n",  yytext,yytext);}
"!"              {fprintf(yyout,"%s,  %s\n",  yytext,yytext);}
"=="             {fprintf(yyout,"%s,  %s\n",  yytext,yytext);}
">="             {fprintf(yyout,"%s,  %s\n",  yytext,yytext);}
"<="             {fprintf(yyout,"%s,  %s\n",  yytext,yytext);}
"!="             {fprintf(yyout,"%s,  %s\n",  yytext,yytext);}
{number}         {fprintf(yyout,"%s,  %s\n",  "ID",yytext);}
{identifier}     {fprintf(yyout,"%s,  %s\n",  "NUM",yytext);}
{whitespace}     {/*跳过空白*/}
"/*"  {char c ;                               //注释处理
      int done=FALSE;
      do
      { while((c=input())!='*');
        while((c=input())=='*');
        if(c=='/') done=TRUE;
      }while(!done);
      }
.     {fprintf(yyout,"%d,  %s\n",  0,yytext);}

%%
main(argc,argv)
int argc;
char **argv;
{
    ++argv,--argc;                       //跳过词法分析程序名 LEXYY.EXE
    if(argc>0)
        yyin=fopen(argv[0],"r");         //yyin 存放 LEXYY 的输入文件名
    else
        yyin=stdin;
    ++argv,--argc;                       //跳过 LEXYY 的输入文件名
    if(argc>0)
```

```
        yyout=fopen(argv[0],"w");        //yyout 存放 LEXYY 的输出文件名
    else
        yyout=stdout;
    yylex();
}
int yywrap()
{
    return 1;
}
```

将这段代码保存在 TESTSCAN. LEX 文件中，最好把它和 FLEX 放在一个目录下。在 DOS 下，进入 FLEX 所在的目录，输入

```
FLEX TESTSCAN.LEX
```

按 Enter 键后，产生词法分析程序 LEXYY. C。用 C 编译器（Visual C++ 6.0 即可）编译 LEXYY. C，产生 LEXYY. EXE。建立 LEXYY 的输入文件 AAA. T，最好和 LEXYY. EXE 放在一个目录下。

假设 AAA. T 的内容如下：

```
{
  int a;
  a=10;
}
```

在 DOS 下，进入 LEXYY. EXE 所在的目录，输入

```
LEXYY.EXE AAA.T BBB.TXT
```

即产生 BBB. TXT 文件，其内容如下所示，它和前面手工设计的词法分析程序产生的结果一样。

```
{         {
int       int
ID        a
;         ;
ID        a
=         =
NUM       10
;         ;
}         }
```

习　　题

1. 有正则文法 $G[Z]$：

　　$Z::=Ua|Vb$

$U::=Zb\,|\,b$

$V::=Za\,|\,a$

试画出该文法的状态图,并检查句子 abba 是否合法。

2. 状态图如图 3-35 所示,S 为开始状态,Z 为终止状态。试写出相应的正则文法以及 V、V_n 和 V_t。

3. 构造下列正则表达式相应的 DFA:

$1(1\,|\,0)^*\,|\,0$,　$1(1010^*\,|\,1(010)^*1)^*0$

4. 将图 3-36 的 NFA 确定化。

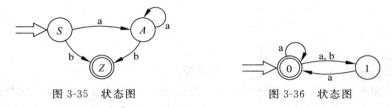

图 3-35　状态图　　　　　　　　　图 3-36　状态图

5. 将图 3-37 的 DFA 化简。

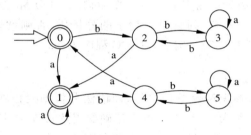

图 3-37　DFA 状态图

6. 修改附录 B 的词法分析程序,添加保留字 do、双分界符 && 和 || 以及单分界符!的处理。

7. 修改 3.7.3 节 TEST 的 LEX 源程序,添加保留字 do、双分界符 && 和 || 以及单分界符!的处理。

第 4 章　语法分析
——自顶向下分析

语法分析是编译过程的核心部分,它的主要任务是按照程序语言的语法规则,从由词法分析输出的源程序符号串中识别出各类语法成分,同时进行语法检查,为语义分析和代码生成做准备。执行语法分析任务的程序叫语法分析程序或语法分析器。

语法分析程序以词法分析输出的符号串作为输入,在分析过程中检查这个符号串是否为该程序语言的句子。若是,则输出该句子的分析树;否则就表示源程序存在语法错误,需要报告错误的性质和位置。例如,对于 C 程序语句:

```
if(a<10)b=5;
```

词法分析识别出了 if、(、标识符等单词符号,而语法分析则要检查这些单词之间的搭配、结构是否正确,if 后面是否为(,(后面是否为正确的表达式等。

常用的语法分析方法大体上可以分成自顶向下和自底向上两大类。

(1) 自顶向下分析方法。语法分析从顶部(树根、语言的识别符号)到底部(叶子、语言的终结符号)为输入的符号串建立分析树。本章介绍的递归下降分析方法和 LL 分析方法就属于自顶向下分析方法。

(2) 自底向上分析方法。语法分析从底部到顶部为输入的符号串建立分析树。最常见的 LR 分析方法采用的就是自底向上分析方法。将在第 5 章介绍这种分析方法。

无论采用哪种分析方法,语法分析都是自左向右地读入符号。

4.1　自顶向下分析方法

顾名思义,所谓自顶向下分析方法就是从文法的开始符号出发,按最左推导方式向下推导,试图推出要分析的输入串。自顶向下分析常用的方法有:递归下降分析(recursive-descent parsing)和 LL(1)分析(LL(1)parsing)。递归下降分析很常用,且这种方法特别适合手工编写语法分析程序,所以最先学习它,之后再来学习 LL(1)分析。由于 LL(1)分析在实际中并不常用,所以只是将其作为一个带有下推栈的简单实例来学习。它是第 5 章介绍的更强大、更复杂的自底向上算法的前奏,它对于将出现在递归下降分析中的一些问题形式化也有帮助。

在自顶向下的分析方法中涉及一些集合的构造,它们分别称作 FIRST 集合和 FOLLOW 集合。因此,需要先介绍这些集合的构造方法,然后再介绍具体的自顶向下分析方法。

4.2 FIRST 集合和 FOLLOW 集合

4.2.1 FIRST 集合定义及构造方法

FIRST 集合的定义如下:

假定 α 是文法 G 的任意符号串,或 $\alpha \in (V_t \cup V_n)^*$,则

$$\text{FIRST}(\alpha) = \{a \mid \alpha \stackrel{*}{\Rightarrow} a \cdots, a \in V_t\}$$

若 $\alpha \stackrel{*}{\Rightarrow} \varepsilon$,则规定 $\varepsilon \in \text{FIRST}(\alpha)$。

实际上,$\text{FIRST}(\alpha)$ 就是从 α 可能推导出的所有终结符号串的开头终结符号和可能的 ε。

文法符号的 FIRST 集合构造方法如下:

对于文法中的符号 $X \in V_n \cup V_t$,其 $\text{FIRST}(X)$ 集合可反复应用下列规则计算,直到其 $\text{FIRST}(X)$ 集合不再增大为止。

(1) 若 $X \in V_t$,则 $\text{FIRST}(X) = \{X\}$。

(2) 若 $X \in V_n$,且具有形如 $X \rightarrow a\alpha$ 的产生式($a \in V_t$),或具有形如 $X \rightarrow \varepsilon$ 的产生式,则把 a 或 ε 加进 $\text{FIRST}(X)$。

(3) 设 G 中有形如 $X \rightarrow Y_1 Y_2 \cdots Y_k$ 的产生式,若 $Y_1 \in V_n$,则把 $\text{FIRST}(Y_1)$ 中的一切非 ε 符号加进 $\text{FIRST}(X)$;对于一切 $2 \leqslant i \leqslant k$,若 $Y_1, Y_2, \cdots, Y_{i-1}$ 均为非终结符号,且 $\varepsilon \in \text{FIRST}(Y_j)$,$1 \leqslant j \leqslant i-1$,则将 $\text{FIRST}(Y_i)$ 中的一切非 ε 符号加进 $\text{FIRST}(X)$;但若对一切 $1 \leqslant i \leqslant k$,均有 $\varepsilon \in \text{FIRST}(Y_i)$,则将 ε 符号加进 $\text{FIRST}(X)$。

对于文法 G 的任意一个符号串 $\alpha = X_1 X_2 \cdots X_n$ 可按下列步骤构造其 $\text{FIRST}(\alpha)$ 集合:

(1) 置 $\text{FIRST}(\alpha) = \varnothing$;

(2) 将 $\text{FIRST}(X_1)$ 中的一切非 ε 符号加进 $\text{FIRST}(\alpha)$;

(3) 若 $\varepsilon \in \text{FIRST}(X_1)$,将 $\text{FIRST}(X_2)$ 中的一切非 ε 符号加进 $\text{FIRST}(\alpha)$;

若 $\varepsilon \in \text{FIRST}(X_1)$ 和 $\text{FIRST}(X_2)$,将 $\text{FIRST}(X_3)$ 中的一切非 ε 符号加进 $\text{FIRST}(\alpha)$,其余类推;

(4) 若对于一切 $1 \leqslant i \leqslant n$,$\varepsilon \in \text{FIRST}(X_i)$,则将 ε 符号加进 $\text{FIRST}(\alpha)$。

【例 4-1】 有文法

$E \rightarrow TE'$, $E' \rightarrow +TE'$, $E' \rightarrow \varepsilon$,

$T \rightarrow FT'$, $T' \rightarrow *FT'$, $T' \rightarrow \varepsilon$, $F \rightarrow (E) \mid i$

求文法中非终结符号以及符号串的 FIRST 集。这个文法是右递归形式的算法表达式文法。

解:首先,求各符号的 FIRST 集:该文法共有非终结符号为 $\{E, E', T, T', F\}$

$\text{FIRST}(E) = \text{FIRST}(T) = \text{FIRST}(F) = \{(, i\}$

$\mathrm{FIRST}(E')=\{+,\varepsilon\}$

$\mathrm{FIRST}(T')=\{*,\varepsilon\}$

其次,求文法中各产生式右部符号串的 FIRST 集:

$\mathrm{FIRST}(TE')=\mathrm{FIRST}(T)=\mathrm{FIRST}(F)=\{(,\mathrm{i}\}$

$\mathrm{FIRST}(+TE')=\{+\}$

$\mathrm{FIRST}(\varepsilon)=\{\varepsilon\}$

$\mathrm{FIRST}(FT')=\mathrm{FIRST}(F)=\{(,\mathrm{i}\}$

$\mathrm{FIRST}(*FT')=\{*\}$

$\mathrm{FIRST}((E))=\{(\}$

$\mathrm{FIRST}(\mathrm{i})=\{\mathrm{i}\}$

4.2.2　FOLLOW 集合定义及构造方法

FOLLOW 集合的定义如下:

假定 S 是文法的开始符号,对于 G 的任何非终结符号 A,则

$\mathrm{FOLLOW}(A)=\{a\mid S\overset{*}{\Rightarrow}\cdots Aa\cdots,a\in V_{\mathrm{t}}\}$

若 $S\overset{*}{\Rightarrow}\cdots A$,则规定 $\sharp\in\mathrm{FOLLOW}(A)$,$\sharp\notin V_{\mathrm{t}}$。'$\sharp$ 为输入串的结束符。

从定义可看出,FOLLOW(A) 就是在所有句型中出现在紧接 A 之后的终结符号或 $\sharp$。对于文法中的符号 $A\in V_{\mathrm{n}}$,其 FOLLOW(A) 集合可反复应用下列规则计算,直到其 FOLLOW(A) 集合不再增大为止:

(1) 对于文法的开始符号 A,令 $\sharp\in\mathrm{FOLLOW}(A)$;

(2) 若 G 中有形如 $B\rightarrow\alpha A\beta$ 的产生式,且 $\beta\neq\varepsilon$,则将 FIRST(β) 中的一切非 ε 符号加进 FOLLOW(A);

(3) 若 G 中有形如 $B\rightarrow\alpha A$ 或 $B\rightarrow\alpha A\beta$ 的产生式,且 $\varepsilon\in\mathrm{FIRST}(\beta)$,则 FOLLOW$(B)$ 中的全部元素均属于 FOLLOW(A)。

注意:在 FOLLOW 集合中无 ε。

【例 4-2】　有文法

$E\rightarrow TE',E'\rightarrow+TE',E'\rightarrow\varepsilon,T\rightarrow FT',$

$T'\rightarrow*FT',T'\rightarrow\varepsilon,F\rightarrow(E)\mid\mathrm{i}$

求各非终结符号的 FOLLOW 集。

解:首先,需要求出某些符号的 FIRST 集:

$\mathrm{FIRST}(E)=\mathrm{FIRST}(T)=\mathrm{FIRST}(F)=\{(,\mathrm{i}\}$

$\mathrm{FIRST}(E')=\{+,\varepsilon\}$

$\mathrm{FIRST}(T')=\{*,\varepsilon\}$

其次,按 FOLLOW 集定义求各非终结符号的 FOLLOW 集:

$\mathrm{FOLLOW}(E)=\{),\sharp\}$

$\mathrm{FOLLOW}(E')=\mathrm{FOLLOW}(E)=\{),\sharp\}$

$\mathrm{FOLLOW}(T)=\mathrm{FIRST}(E')\bigcup\mathrm{FOLLOW}(E)\bigcup\mathrm{FOLLOW}(E')=\{+,),\sharp\}$

$$\text{FOLLOW}(T') = \text{FOLLOW}(T) = \{+,),\#\}$$
$$\text{FOLLOW}(F) = \text{FIRST}(T') \bigcup \text{FOLLOW}(T) \bigcup \text{FOLLOW}(T') = \{+,*,),\#\}$$

4.3 递归下降分析

4.3.1 递归下降分析的基本方法

递归下降分析的方法极为简单,其思路是将文法中的每一个非终结符 U 的文法规则看做是识别 U 的一个过程定义,为每个非终结符号构造一个子程序,以完成该非终结符号所对应的语法成分的分析和识别任务。如果 U 的文法规则的右部只有一个候选式,则按从左向右的顺序依次构造规则 U 的识别过程代码。如果有终结符号,判断能否与输入的符号相等,如果相等,表示识别成功,读入指针指向下一个输入符号;如果不等,则意味着输入串此时有语法错误。如果是非终结符号,则简单调用这个非终结符号的子程序,由这个子程序完成该非终结符号所对应的语法成分的分析和识别任务。当一条规则右部有多个候选式时,则根据每个候选式的第一个符号确定该候选式分支。只有被调用的分析和识别某语法成分的子程序匹配输入串成功,且正确返回时,该语法成分才算真正获得识别。

【例 4-3】 考虑文法 $Z::=(U)\,|\,aUb, U::=dZ\,|\,e$,为其构造递归下降分析子程序。

解:文法中有两个非终结符号 Z 和 U,那么需要分别编写两个过程来完成 Z 和 U 规则的识别。对于规则 $Z::=(U)\,|\,aUb$,右部有两个候选式,因此,U 的识别过程有两个分支,分别根据符号(和 a 来判别。同理,对规则 $U::=dZ\,|\,e$ 设计的过程也分为两个分支。如图 4-1(a)和图 4-1(b)所示。

每个非终结符号的子程序设计好后,就可以对输入串进行语法分析。假设输入串为 aeb,从 Z 子程序开始识别,INPUTSYM='a',由于 INPUTSYM 不等于(,等于 a,所以选择 Z 子程序的右边分支,表示选择了 $Z::=aUb$ 规则。读下一个符号,使 INPUTSYM='e',调用 U 子程序,因 INPUTSYM='e',表示使用$U::=e$规则,所以,读下一个符号,使 INPUTSYM='b',并返回调用程序 Z 子程序右边分支 U 的下方;接着判断 INPUTSYM='b',读下一个符号,应为结束符,并退出 Z,分析过程结束,从而判定输入串 aeb 语法分析成功。这个过程相当于构造了如下推导过程:

$Z \Rightarrow aUb \Rightarrow aeb$

4.3.2 递归下降分析中存在的问题及解决方法

通过例 4-3 可以看出递归下降分析的方法极为简单,但是这里面还存在下面几个问题。

(1) 左递归问题。例如,对于文法规则 $E \rightarrow E+T\,|\,T$,如果按前面介绍的方法为 E 设计分析程序,那么就会发现,这将是一个无穷递归的程序。实际上,当文法含有直接或间接左递归时,都会出现无穷递归。

(2) 右部多个候选式的第一个符号相同问题,即局部二义性问题。例如,$A \rightarrow ab\,|\,a$,对 A 进行分析程序设计时,根据 a 无法区分应该选择哪个分支,即出现局部二义性。

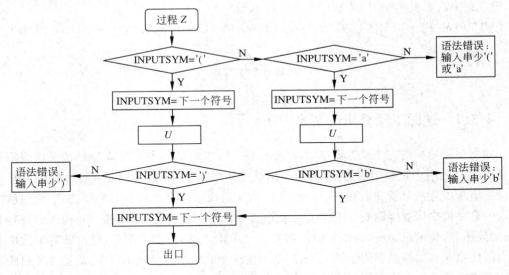

（a）非终结符号 Z 的分析程序

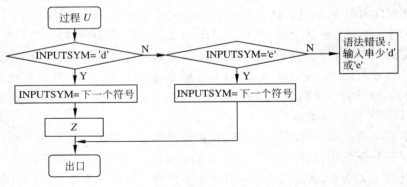

（b）非终结符号 U 的分析程序

图 4-1

（3）右部候选式的第一个符号是非终结符号，如 $A \rightarrow \alpha \mid \beta$ 时，如果 α 和 β 均以非终结符开始，那么就很难决定何时使用 $A \rightarrow \alpha$ 选项，何时又使用 $A \rightarrow \beta$ 选项。

（4）如果右部某个候选式为 ε 或能推导出 ε，分析程序该如何设计。

下面就针对这几个问题介绍解决方法。

1. 左递归问题

在第 2 章中已提到，不同的文法可描述相同的语言，这些文法称为等价文法。对于左递归问题，就是用等价文法来解决，即将文法中的左递归去掉。去掉左递归有两种方法：一是采用扩充 BNF 表示；二是转换成右递归文法。本节主要介绍转换成扩充 BNF 表示方法，转换成右递归文法详见 4.4.3 节。

消除直接左递归采用扩充的 BNF 表示方法如下：

对形如 $U::= a \mid b \mid \cdots \mid z \mid Uv$ 的直接左递归文法规则，可用扩充 BNF 表示来改写规

则,即利用元符号"{"和"}"来改写规则,将规则改写成 $U::=(a|b|\cdots|z)\{v\}$。

【例 4-4】 有文法:$E::=E+T|E-T|T,T::=T*F|T/F|F$,为其设计递归分析程序。

解:首先按上面介绍的消除直接左递归的方法消除左递归:

$E::=E+T|E-T|T$ 可改成 $E::=T\{+T|-T\}$

$T::=T*F|T/F|F$ 可改成 $T::=F\{*F|/F\}$

修改后,很容易为 E 和 T 设计分析程序,如图 4-2(a)、(b)所示。

注意:"{"和"}"括起来的内容采用循环设计。

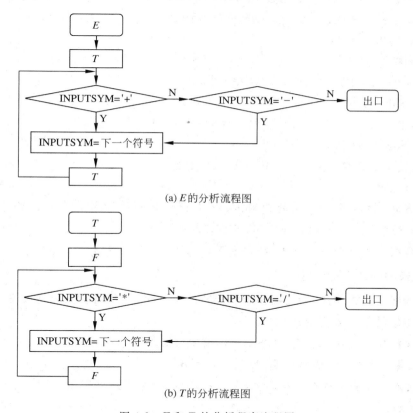

(a) E 的分析流程图

(b) T 的分析流程图

图 4-2 E 和 T 的分析程序流程图

从例 4-4 中可以看出,对于直接左递归规则的变换方法是将不含左递归的各候选式用小括号括起来,放置在规则右部的最左端,然后将含有递归的候选式中的左递归符号去掉,剩余部分用大括号括起来放置在规则右部的最右端。这样,就可将直接左递归文法转变成用扩充 BNF 表示的等价文法。

对于一般的间接左递归,首先要变成直接左递归,其消除左递归的算法如下。

(1) 把文法 G 的非终结符号整理成某种顺序:$A_1,A_2,\cdots,A_n$。

(2) for i :=1 to n

　　begin

for j：=1 to n−1

把每个形如 $A_i::=A_jr$ 的规则用 A_j 的右部带入，直到变成直接左递归

假设 $A_j::=\delta_1|\delta_2|\cdots|\delta_k$

带入 A_i 中，得 $A_i::=\delta_1r|\delta_2r|\cdots|\delta_kr$

消去 A_i 直接左递归

end

（3）去掉多余规则。

【**例 4-5**】 有文法 $G[S]$：$S::=Qc|c,Q::=Rb|b,R::=Sa|a$，消除左递归。

解：该文法从表面上看没有直接左递归，但因为

$$S \Rightarrow Qc \Rightarrow Rbc \Rightarrow Sabc$$

说明存在间接左递归。

首先，把 $R::=Sa|a$ 代入 $Q::=Rb|b$ 中，得：

$Q::=Sab|ab|b$

其次，把 $Q::=Sab|ab|b$ 代入 $S::=Qc|c$ 中得到直接左递归规则：

$S::=Sabc|abc|bc|c$

最后，按消除直接左递归方法得到的 S 规则为：

$S::=(abc|bc|c)\{abc\}$

由于 S 规则中不再含有符号 Q 和 R，所以，Q 和 R 规则为多余规则，应删除。

注意：对非终结符号的排序不同，最后得到的文法在形式上可能不同，但它们都是等价文法。在消去左递归的过程中，要注意保证文法的识别符号不变。

2. 解决局部二义性问题

对于局部二义性问题，即右部多个候选式的第一个符号相同时，可通过提取公因子、加入新的非终结符号来实现。

假设文法中有规则为：$U::=xV|xW$，解决办法如下。

（1）提取公因子，将规则变成：$U::=x(V|W)$；

（2）加入一个新的非终结符号 A，令 $A=V|W$，则将规则改为：

$U::=xA,A::=V|W$

3. 右部候选式的第一个符号是非终结符号

对于这种问题，首先要求出每个候选式的首符号集，然后根据各候选式的首符号集内容来选择候选式。

设文法 G 是没有左递归的文法，规则形式为：$U::=\alpha|\beta$。首先求出每个候选式的首符号集，即 $\mathrm{FIRST}(\alpha)$ 和 $\mathrm{FIRST}(\beta)$。为了保证在设计子程序时能明确地选择某个候选式，就要保证 $\mathrm{FIRST}(\alpha)\bigcap\mathrm{FIRST}(\beta)=\varnothing$，即各个候选式的首符号集要两两不相交。若 $\varepsilon\in\mathrm{FIRST}(\beta)$，那么，$\mathrm{FIRST}(\alpha)\bigcap\mathrm{FOLLOW}(U)=\varnothing$。

求出首符号集后，并保证满足上述的不相交条件，那么，对于规则 $U::=\alpha|\beta$，就可以根据下列规则来选择候选式：

设当前的输入符号是 $a,a \in V_t$,

(1) 若 $a \in \mathrm{FIRST}(\alpha)$ 或 $\varepsilon \in \mathrm{FIRST}(\alpha)$ 且 $a \in \mathrm{FOLLOW}(U)$,则用 α 候选式。

(2) 若 $a \in \mathrm{FIRST}(\beta)$ 或 $\varepsilon \in \mathrm{FIRST}(\beta)$ 且 $a \in \mathrm{FOLLOW}(U)$,则用 β 候选式。

(3) 若 $a \notin \mathrm{FIRST}(\alpha)$ 且 $a \notin \mathrm{FIRST}(\beta)$,则语法错,转出错处理。

如果文法中的某条规则,其候选式的首符号集有相交时,可通过改写文法使其满足条件。方法是通过规则带入使候选式的第一个符号相同,然后提取公因子,并对剩余部分用新非终结符号代替。这一过程可能需要反复进行,直到规则的各候选式的首符号集不相交。但并不是所有的规则都能用这种方法解决首符号集相交问题,所以,不是所有的文法都可以采用递归下降分析方法进行分析。

总之,要实现没有回溯的自顶向下分析,文法必须满足以下两个条件:

(1) 文法是非左递归的;

(2) 对文法的任一非终结符号,若其规则右部有多项选择,那么各选项所推出的终结符号串的首符号集合要两两不相交。

【例 4-6】 有文法 $G[Z]$: $Z::=AcB|Bd,A::=AaB|b,B::=aA|a$,设计递归下降分析程序。

解: 首先,将左递归去掉,将规则 $A::=AaB|b$ 改成 $A::=b\{aB\}$。

提取公因子,将规则 $B::=aA|a$ 改成 $B::=a(A|\varepsilon)$。

改后的文法为:

$Z::=AcB|Bd,A::=b\{aB\},B::=a(A|\varepsilon)$

对于规则 $Z::=AcB|Bd$,为了设计分析程序,要求出每个选项的首符号集,即 $\mathrm{FIRST}(AcB)=\{b\}$,$\mathrm{FIRST}(Bd)=\{a\}$,分析程序流程图如图 4-3(a)所示。

对于规则 $A::=b\{aB\}$,分析程序如图 4-3(b)所示。

对于规则 $B::=a(A|\varepsilon)$,$\mathrm{FIRST}(A)=\{b\}$,$\mathrm{FOLLOW}(B)=\{a,d,c,\sharp\}$ 分析程序如图 4-3(c)所示。

递归下降分析适合于分析比较简单的文法,易于手工实现,这是它的优点。但每个分析子程序都与文法中的每条规则密切相关。当规则不同时,就需要编制不同的程序来实现分析,所以递归下降分析方法不适合于编制通用的语法分析程序。

4.3.3 TEST 语言的递归下降分析实现

TEST 语言的语法规则如下:

(1) <program>::={<declaration_list><statement_list>}

(2) <declaration_list>::=<declaration_list><declaration_stat>|ε

(3) <declaration_stat>::=int ID;

(4) <statement_list>::=<statement_list><statement>|ε

(5) <statement>::=<if_stat>|<while_stat>|<for_stat>|<read_stat>
|<write_stat>|<compound_stat>|<expression_stat>

(6) <if_stat>::=if (<expression>) <statement> [else<statement>]

(7) <while_stat>::=while (<expression>) <statement>

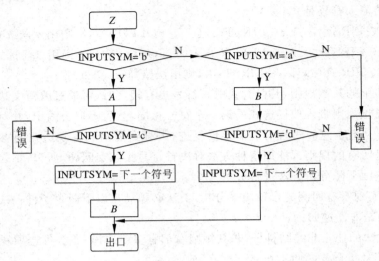

（a）*Z* 分析程序

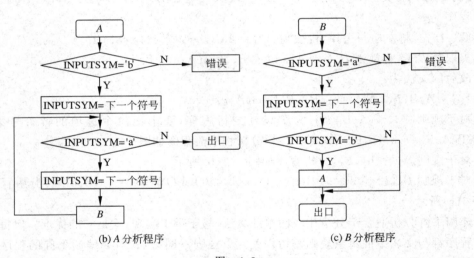

（b）*A* 分析程序　　　　　　　　　　（c）*B* 分析程序

图　4-3

(8) $<$ for _ stat $>$ ∷ = for $($ $<$ expression $>$；$<$ expression $>$；$<$ expression $>$ $)$
$<$ statement $>$

(9) $<$ write_stat $>$ ∷ = write $<$ expression $>$；

(10) $<$ read_stat $>$ ∷ = read ID；

(11) $<$ compound_stat $>$ ∷ = $\{$ $<$ statement_list $>$ $\}$

(12) $<$ expression_stat $>$ ∷ = $<$ expression $>$；｜；

(13) $<$ expression $>$ ∷ = ID = $<$ bool_expr $>$ ｜ $<$ bool_expr $>$

(14) $<$ bool_expr $>$ ∷ = $<$ additive_expr $>$
｜ $<$ additive_expr $>$ $($ $>$｜$<$｜$>$ = ｜$<$ = ｜ = = ｜！= $)$ $<$ additive_expr $>$

(15) $<$ additive_expr $>$ ∷ = $<$ term $>$ $\{$ $($ + ｜ − $)$ $<$ term $>$ $\}$

(16) $<$ term $>$ ∷ = $<$ factor $>$ $\{$ $($ ＊ ｜ / $)$ $<$ factor $>$ $\}$

(17) ＜factor＞::=(＜expression＞)|ID|NUM

其中,规则(1)和规则(11)中的符号"{"和"}"为终结符号,不是元符号,而规则(6)～(8)和(17)中出现的符号"("和")"也是终结符号,不是元符号。

分析程序设计如下。

针对每一条规则,分别来设计其递归下降分析过程。TEST语言的语法规则基本符合递归下降的要求,但对于规则(13)

＜expression＞::=ID=＜bool_expr＞|＜bool_expr＞

因为＜bool_expr＞的首符号可能是ID,即存在首符号集相交问题,而此时,不可能将布尔表达式规则代入,所以,在程序设计时,通过超前读一个符号来解决。方法是:如果识别出标识符的符号ID后,再读一个符号,如果这个符号是=,说明选择的是赋值表达式;如果不是=,则说明选择的是布尔表达式。其实现程序如下:

```
//<表达式>::=<标识符>=<布尔表达式>|<布尔表达式>
//<expr>::=ID=<bool_expr>|<bool_expr>
int expression()
{
  int es=0,fileadd;
  char token2[20],token3[40];
  if(strcmp(token,"ID")==0)
  {
    fileadd=ftell(fp);                        //记住当前文件位置
    fscanf(fp,"%s %s\n", &token2,&token3);
    printf("%s %s\n",token2,token3);
    if(strcmp(token2,"=")==0)                 //=
    {
      fscanf(fp,"%s %s\n",&token,&token1);
      printf("%s %s\n",token,token1);
      es=bool_expr();
      if(es>0)return(es);
    }else
    {
      fseek(fp,fileadd,0);                    //若非=则文件指针回到=前的标识符
      printf("%s %s\n",token,token1);
      es=bool_expr();
      if(es>0) return(es);
    }else es=bool_expr()
  }
  return(es);
}
```

在语法分析程序的实现中,对应每条规则的分析函数的取名与规则中的符号同名。语法分析程序的名为TESTparse(),在这个函数里,调用对应于规则(1)的分析函数program()开始进行语法分析,其他规则的分析函数会从函数program()中递归调用。每

个分析函数都有返回值,当返回值为 0 时,表示这个函数的分析没发现错误;如果返回值大于 0,则有错误。该语法分析程序没有进行错误处理,一旦发现错误立即返回,并报告错误信息。完整的语法分析程序见附录 C。

将附录 C 的语法分析程序和主函数程序分别存入不同的文件,再加上附录 B 的词法分析程序,3 个文件建立一个项目,用 Visual C++ 6.0 编译后,即可产生语法分析程序的可执行文件。编写一段 TEST 程序,存入文件。语法分析程序运行,首先调用词法分析程序,请求输入 TEST 源程序的文件名以及词法分析输出文件名,接着执行语法分析。如果输入的 TEST 源程序没有语法错误,则显示语法分析成功;如果有错误,则该语法分析程序遇到错误时立即停止分析,并报告错误信息。

4.4 LL(1)分析方法

LL(1)分析方法也是常见的自顶向下分析方法,LL(1)分析使用一个下堆栈而不是递归调用来完成分析。名称中第一个 L 表示自左向右顺序扫描输入符号串,第二个 L 表示分析过程产生一个句子的最左推导。括号中的 1 表示每进行一步推导,只需要向前查看一个输入符号,便能确定当前所应选用的规则。本节首先介绍 LL(1)的逻辑结构和工作过程,然后介绍其构造方法。

4.4.1 LL(1)分析的基本方法

LL(1)分析器由一个总控程序、一张分析表和一个分析栈组成,如图 4-4 所示。

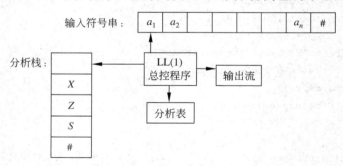

图 4-4   LL(1)分析器模型

输入符号串。指要分析的输入符号串。为了分析算法的统一,需要在输入串的末尾放置一个特殊符号♯,这个符号不属于终结符号集,称为结束符或右界符。

分析表 M。它是一个二维表,可用一个二维数组 $M[A,a]$ 来表示,它概括了文法的全部信息。分析表中的每一行与文法中的一个非终结符号、终结符号或♯关联,即 A 可以是文法中的一个非终结符号、终结符号或♯;每一列则与文法的一个终结符号或♯关联,即 a 是文法的一个终结符号或♯。分析表的列数是终结符号的个数加 1,行数是文法中的非终结符号和终结符号的数目加 1;分析表元素 $M[A,a]$ 指出了分析器应采取的动作。

分析栈。用来存放一系列文法符号。分析开始时,先将♯入栈,然后再将文法的开始符号入栈。

输出流。分析过程中使用的产生式序列。

总控程序。分析器对输入串的分析靠总控程序完成。根据分析栈的栈顶符号 X 和当前的输入符号,总控程序按照分析表的指示来决定分析器的动作。工作过程如下。

(1)分析开始时,首先将符号 ♯ 及文法的开始符号 S 依次置于分析栈的底部,并把各指示器调整至起始位置,如图 4-5 所示。然后,反复执行第(2)步的操作。

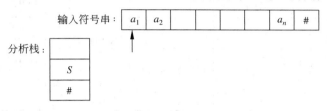

图 4-5 分析开始时状况

(2)假设在分析的某一步,分析栈及余留的符号串如图 4-6 所示,则根据栈顶的符号 X_m,采取下列动作:

图 4-6 分析进行中的状况

① 若 $X_m \in V_n$,则查分析表的 X_m 行 a_i 列,假设 $M[X_m, a_i]$ 为"POP,PUSH(WVU)",则将 X_m 出栈,并将"WVU"入栈,这意味着使用了规则 $X_m \rightarrow UVW$,如图 4-7 所示;若 $M[X_m, a_i]$ 为空或 ERROR,则出错。

图 4-7 UVW 反序入栈

② 若 $X_m = a_i \neq ♯$,表示栈顶与扫描的符号匹配,查分析表为"POP,NEXTSYM",则栈顶符号 X_m 出栈,输入指针指向下一个符号。

③ 若 $X_m = a_i = ♯$,表示输入串完全匹配,分析成功。

考虑右递归算术表达式文法:

$E \rightarrow TE'$

$E' \rightarrow +TE$

$E' \rightarrow \varepsilon$

$T \rightarrow FT'$

$T' \rightarrow * FT'$

$T' \rightarrow \varepsilon$

$F \rightarrow (E) | i$

该文法的分析表见表 4-1。

表 4-1　算术表达式分析表

符号	输入符号					
	i	+	*	(	)	#
E	POP, PUSH($E'T$)			POP, PUSH($E'T$)		
E'		POP, PUSH($E'T+$)			POP	POP
T	POP, PUSH($T'F$)			POP, PUSH($T'F$)		
T'		POP	POP, PUSH($T'F*$)		POP	POP
F	POP, PUSH(i)			POP, PUSH()E()		
i	POP, NEXTSYM					
+		POP, NEXTSYM				
*			POP, NEXTSYM			
(				POP, NEXTSYM		
)					POP, NEXTSYM	
#						ACCEPT

表 4-1 中元素 POP 为过程,功能是将栈顶元素从栈内弹出。PUSH(α)为过程,其中 $\alpha \in V^+$,功能是将 α 压栈。NEXTSYM 为读符号过程,将读符号指针指向下一个符号。ACCEPT 表示分析成功,输入符号串语法正确。表中空白处表示错误入口,应该调用错误处理程序。

【例 4-7】　根据表 4-1 给出的分析表,对符号串 i+i*i 进行分析。

解:根据分析表以及 LL(1) 的工作过程,对符号串 i+i*i 的分析过程在表 4-2 中列出。

表 4-2　符号串 i+i*i 的分析过程

步骤	分析栈	余留输入串	分析表元素	所用产生式
1	#E	i+i*i#	POP,PUSH($E'T$)	$E \rightarrow TE'$
2	#$E'T$	i+i*i#	POP,PUSH($T'F$)	$T \rightarrow FT'$
3	#$E'T'F$	i+i*i#	POP,PUSH(i)	$F \rightarrow i$
4	#$E'T'$i	i+i*i#	POP,NEXTSYM	
5	#$E'T'$	+i*i#	POP	$T' \rightarrow \varepsilon$
6	#E'	+i*i#	POP,PUSH($E'T+$)	$E' \rightarrow +TE'$
7	#$E'T+$	+i*i#	POP,NEXTSYM	
8	#$E'T$	i*i#	POP,PUSH($T'F$)	$T \rightarrow FT'$

续表

步骤	分析栈	余留输入串	分析表元素	所用产生式
9	$\sharp E'T'F$	$i*i\sharp$	POP,PUSH(i)	$F \rightarrow i$
10	$\sharp E'T'i$	$i*i\sharp$	POP,NEXTSYM	
11	$\sharp E'T'$	$*i\sharp$	POP,PUSH($T'F*$)	$T' \rightarrow *FT'$
12	$\sharp E'T'F*$	$*i\sharp$	POP,NEXTSYM	
13	$\sharp E'T'F$	$i\sharp$	POP,PUSH(i)	$F \rightarrow i$
14	$\sharp E'T'i$	$i\sharp$	POP,NEXTSYM	
15	$\sharp E'T'$	$\sharp$	POP	$T' \rightarrow \varepsilon$
16	$\sharp E'$	$\sharp$	POP	$E' \rightarrow \varepsilon$
17	$\sharp$	$\sharp$	ACCEPT	

表 4-2 中输出的产生式序列构成对输入符号串的最左推导。按此产生式序列构造输入符号串 i+i*i 的最左推导过程如下：

$$E \Rightarrow TE' \Rightarrow FT'E' \Rightarrow iT'E' \Rightarrow iE' \Rightarrow i+TE' \Rightarrow i+FT'E'$$
$$\Rightarrow i+iT'E' \Rightarrow i+i*FT'E' \Rightarrow i+i*iT'E' \Rightarrow i+i*iE' \Rightarrow i+i*i$$

4.4.2 LL(1)分析表的构造方法

从上面介绍的总控程序以及 i+i*i 的分析过程可以看出,对于不同的LL(1)文法,LL(1)的分析算法是相同的,即总控程序是相同的,不同的仅仅是分析表。显然,如何根据文法来构造分析表是 LL(1)分析的关键。分析表的构造涉及 4.2 节中介绍的两个集合。

对于任意给定的已化简的文法 G,为了构造分析表,首先要求出每个非终结符号的 FOLLOW 集合和每个候选式的 FIRST 集合。然后对文法 G 中的每个产生式 $A \rightarrow \alpha$,按下列规则确定分析表中的元素 M：

（1）对 FIRST(α)中的每个终结符 a,把 $M[A,a]$ 置为"POP,PUSH(α')",其中 α' 为 α 的倒置;

（2）若 $\varepsilon \in$ FIRST(α),则对属于 FOLLOW(A)的每个符号 b(b 为终结符或 $\sharp$),置 $M[A,b]=$"POP";

（3）把 M 中的所有 $M[a,a]$,$a \in V_t$,置为"POP,NEXTSYM";

（4）把 $M[\sharp,\sharp]$ 置为"ACCEPT";

（5）把 M 中所有不按上述规则定义的元素均置为空或"ERROR"。

例如,有文法：

$E \rightarrow TE'$

$E' \rightarrow +TE'$

$E' \rightarrow \varepsilon$

$T \rightarrow FT'$

$T' \rightarrow *FT'$

$T' \rightarrow \varepsilon$

$F \rightarrow (E) \mid i$

对规则 $E \rightarrow TE'$：$\text{FIRST}(TE') = \{(, i\}$，那么在分析表的符号 E 所在的行、符号（和 i 所在的列对应的位置分别填入"POP，PUSH($E'T$)"，见表 4-1 的符号 E 所在行。

对规则 $E' \rightarrow +TE'$：$\text{FIRST}(+TE') = \{+\}$，在符号所在 E 行符号＋列对应的位置 填入"POP，PUSH($E'T'+$)"，见表 4-1 的 E' 行。

对规则 $E' \rightarrow \varepsilon$：因为 $\varepsilon \in \text{FIRST}(\alpha)$，$\text{FOLLOW}(E') = \{\}, \#\}$，所以在符号 E 行符号） 和♯列对应的位置填入 POP，见表 4-1 的 E' 行。

对于一个文法，若按上述方法构造的分析表 M 不含多重定义，则称它是一个 LL(1) 文法。

观察表 4-1 的 LL(1)分析表及表 4-2 的分析过程，会发现当压栈的最后一个符号是终 结符时，那么下一步的分析动作肯定是这个终结符号出栈，因此，可以对分析表进行简化。 方法是当压栈的最后一个符号是终结符时，这个终结符不入栈，并加入读下一个符号，这样， 分析表中所有的终结符行都可以去掉。对表 4-1 的分析表简化后的分析表见表 4-3。

表 4-3　简化的算术表达式分析表

符号	输 入 符 号					
	i	+	*	(	)	♯
E	POP, PUSH($E'T$)			POP, PUSH($E'T$)		
E'		POP, PUSH($E'T$), NEXTSYM			POP	POP
T	POP, PUSH($T'F$)			POP, PUSH($T'F$)		
T'		POP	POP, PUSH($T'F$), NEXTSYM		POP	POP
F	POP, NEXTSYM			POP, PUSH()E), NEXTSYM		

4.4.3　LL(1)分析的主要问题及解决方法

LL(1)分析的主要问题是不能处理左递归文法且要求分析表不能有多重定义。下面 介绍两种解决方法。

1. 左递归转成右递归

LL(1)分析不能处理左递归文法，但也不能像递归下降分析那样将左递归改为采用 扩充 BNF 表示。在 LL(1)分析中，必须将左递归文法变成右递归文法，其变换方法如下。

（1）对形如 $U ::= a \mid b \mid \cdots \mid z \mid Uv$ 的直接左递归文法规则，增加一个新的非终结符号

U'，令 U 为左递归规则中的不含左递归符号的部分加上新的非终结符号 U'，即

$U::=(a|b|\cdots|z)U'$

（2）新的非终结符号 U' 有两个候选式：一是为含左递归符号的部分去掉左递归符号，再加上新的非终结符号 U'，即 $U'::=vU'$。二是为 ε，即 $U'::=\varepsilon$。

按上面的两步，就可将左递归规则改成等价的右递归规则。

例如，对左递归规则 $E \to E+T|T$，如果像递归下降分析那样改成 $E \to T\{+T\}$ 无法形成逆序入栈，但可改成右递归。令 E' 为新的非终结符号，则等价的右递归规则为：

$E \to TE', E' \to +TE'|\varepsilon$

实际上，在递归下降分析方法中，也可将左递归规则改成右递归进行处理。

2. 解决分析表多重定义问题

若一个 LL(1) 文法的分析表不出现多重定义，当且仅当对于文法 G 的每个非终结符 A 的任何两条不同规则 $A \to \alpha|\beta$，下面的条件成立：

（1）$\text{FIRST}(\alpha) \cap \text{FIRST}(\beta) = \varnothing$，即头符号集不相交；

（2）假若 $\beta \stackrel{*}{\Rightarrow} \varepsilon$，那么，$\text{FIRST}(\alpha) \cap \text{FOLLOW}(A) = \varnothing$，即 α 所能推出的符号串的头符号集中的元素不能出现在 $\text{FOLLOW}(A)$ 中。

如果出现了相交的情况，那么分析表必然有多重定义。这个问题有时可通过提取公因子、增加新的非终结符号来解决（见 4.3 节中提出的解决方法）。

例如，规则 $T \to (E)|a(E)|a$ 可改成 $T \to (E)|aT', T' \to (E)|\varepsilon$。但并非所有的文法都可用此法解决分析表的多重定义。

考虑文法 $G[S]$：

$S \to AU|BR$

$A \to aAU|b$

$B \to aBR|b$

$U \to c$

$R \to d$

对于规则 $S \to AU|BR$，因为 $\text{FIRST}(AU) \cap \text{FIRST}(BR) \neq \varnothing$，故该文法不是 LL(1) 文法。为了能够提取公因子，必须将非终结符号 A、B 的产生式带入 S 的产生式中，得到：

$S \to aAUU|bU|aBRR|bR$

经提取公因子后，得到 $S \to a(AUU|BRR)|b(U|R)$，令 S'、S'' 分别代替括号中的左、右部分，得如下等价文法：

$S \to aS'|bS''$

$S' \to AUU|BRR$

$S'' \to U|R$

$A \to aAU|b$

$B \to aBR|b$

$U \to c$

$R \to d$

显然，对于规则 $S' \to AUU|BRR$，因为 $\text{FIRST}(AUU) \cap \text{FIRST}(BRR) \neq \varnothing$，故它仍然不是

LL(1)文法,且无论重复多少次提取公因子,都不能把它变成 LL(1)文法。由于递归下降分析法也存在这类问题,所以,自顶向下分析方法无法对这类文法进行语法分析。通常把能由某一 LL(1)文法产生的语言称为 LL(1)语言。

在 LL 系列分析方法中,若每一步推导不是向前看一个字符,而是看 k 个字符才能确定要选用的产生式,则称为 LL(k)分析,能满足 LL(k)分析条件的文法叫 LL(k)文法。可以想象,LL(k)分析方法更加复杂,分析表也变大了许多,由于 LL(k)分析在实际中很少用到,故不再介绍。

习　　题

1. 对下列文法,设计递归下降分析程序。

$S \rightarrow aAS|(A)$

$A \rightarrow Ab|c$

2. 设有文法 $G[Z]$:

$Z::=(A)$

$A::=a|Bb$

$B::=Aab$

若采用递归下降分析方法,对此文法来说,在分析过程中能否避免回溯? 为什么?

3. 若有文法如下,设计递归下降分析程序。

<语句>→<语句><赋值语句>|ε

<赋值语句>→ID=<表达式>

<表达式>→<项>|<表达式>+<项>|<表达式>−<项>

<项>→<因子>|<项>*<因子>|<项>/<因子>

<因子>→ID|NUM|(<表达式>)

4. 有文法 $G[A]$:

$A::=aABe|ε$

$B::=Bb|b$

(1) 求每个非终结符号的 FOLLOW 集。

(2) 该文法是 LL(1)文法吗?

(3) 为该文法构造 LL(1)分析表。

5. 若有文法 $A \rightarrow (A)A|ε$

(1) 为非终结符 A 构造 FIRST 集合和 FOLLOW 集合。

(2) 说明该文法是 LL(1)文法。

6. 利用分析表 4-1 识别以下算术表达式,请写出分析过程。

(1) i+i*i+i

(2) i*(i+i+i)

7. 考虑下面简化了的 C 声明文法:

<声明语句>→<类型><变量表>;

<类型>→int|float|char

＜变量表＞→ID,＜变量表＞|ID

（1）在该文法中提取左因子。

（2）为所得的文法的非终结符构造 FIRST 集合和 FOLLOW 集合。

（3）说明所得的文法是 LL(1)文法。

（4）为所得的文法构造 LL(1)分析表。

（5）假设有输入串为"char x,y,z;",写出相对应的 LL(1)分析过程。

8. 修改语法分析程序,使该程序能分析 do 语句和逻辑表达式,有关文法规则如下:

＜statement＞::=＜if_stat＞|＜while_stat＞|＜do_stat＞|＜for_stat＞|＜read_stat＞
　　　　　　　|＜write_stat＞|＜compound_stat＞|＜expression_stat＞

＜do_stat＞::=do＜statement＞while＜expression＞

＜expression＞::=ID=＜log_expr＞|＜log_expr＞

＜log_expr＞::=＜log_expr＞(&&|||)＜bool_expr＞|!＜log_expr＞
　　　　　　　|＜bool_expr＞

其中,&&、||、!为逻辑运算符。

第 5 章 语法分析
——自底向上分析

在自底向上的分析方法中,分析过程从输入符号串开始,通过反复查找当前句型的句柄,并使用规则,将找到的句柄归约成相应的非终结符号,直到归约到开始符号,从而为输入符号串构造一棵分析树。

5.1 规范推导、规范句型和规范归约

在第 2 章中已经介绍过规范推导、短语、简单短语和句柄的概念。其实规范推导就是最右推导,而通过规范推导能够得到的句型就是规范句型。注意,并非所有句型都是规范句型,如对于无符号整数文法,"2<数字>"就不是规范句型。规范归约也称为最左归约,它是规范推导的逆过程,即在分析的每一步,将当前句型的句柄归约成相应的非终结符号。下面通过一个例题来说明如何利用句柄进行归约,从而实现对输入符号串的分析。

【例 5-1】 有文法 $G[S]$:

(1) $S::=aAcBe$

(2) $A::=b$

(3) $A::=Ab$

(4) $B::=d$

试分析符号串 abbcde 是否为该文法的句子。

解:首先,从文法的开始符号进行规范推导,依次使用(1)、(4)、(3)、(2)规则,就可得到符号串"abbcde"。规范推导过程如下:

$$S \Rightarrow aAcBe \Rightarrow aAcde \Rightarrow aAbcde \Rightarrow abbcde$$

这个推导说明该符号串是这个文法的句子。

其次,从符号串开始向上归约,如果最终能够归约到文法的开始符号 S,则同样可以说明该输入符号串是这个文法的句子。其归约过程如图 5-1 所示。

这个过程的每一步是:首先找出当前句型的句柄,然后把句柄归约成相应的产生式的左部符号,重复此过程,最终归约为文法的开始符号,从而说明符号串 abbcde 是该文法的句子。

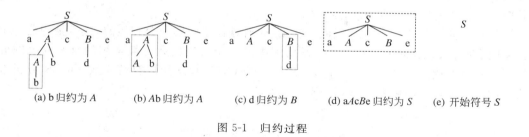

(a) b 归约为 A　　　(b) Ab 归约为 A　　　(c) d 归约为 B　　　(d) aAcBe 归约为 S　　(e) 开始符号 S

图 5-1　归约过程

5.2　自底向上分析方法的一般过程

自底向上分析方法也可以称为移进归约法。它的一般过程是：设置一个寄存符号的先进后出栈，称为符号栈。在分析进行时，把输入符号一个个地按扫描顺序移进栈里；当栈顶符号串形成一个句柄（即为某条规则的右部）时，就进行一次归约，即把栈顶构成句柄的那个符号串用相应规则左部的非终结符号来代替。接着再检查栈顶是否又出现了新的句柄，若出现新的句柄，就再进行归约；若没有形成新的句柄，则再从输入符号串移进新的符号，如此继续直到整个输入符号串处理完毕。最终如果栈里只有识别符号，则所分析的输入符号串为合法的句子，报告成功；否则，输入串是不合法的符号串，报告错误。表 5-1 列出输入串 abbcde 的分析过程，分析前用 ♯ 将输入串括起来。

表 5-1　输入串 "abbcde" 的分析过程

步　骤	符　号　栈	输入符号串	动　作
1	♯	abbcde♯	左界符进栈
2	♯a	bbcde♯	进栈
3	♯ab	bcde♯	进栈
4	♯aA	bcde♯	用 $A{\to}b$ 归约
5	♯aAb	cde♯	进栈
6	♯aA	cde♯	用 $A{\to}Ab$ 归约
7	♯aAc	de♯	进栈
8	♯aAcd	e♯	进栈
9	♯aAcB	e♯	用 $B{\to}d$ 归约
10	♯aAcBe	♯	进栈
11	♯S	♯	用 $S{\to}aAcBe$ 归约
12	♯S	♯	接受

通过上述分析可以看出，每次归约的句柄都出现在符号栈的栈顶，不会出现在栈的中间，因为这个算法是自左向右扫描输入符号串，进行的是最左归约。这一过程表面看上去很简单，其实不然，这里存在着句柄识别问题。例如，表 5-1 中的第 5 步，栈内符号串为 aAb，由于文法中同时有规则 $A::=Ab$ 和 $A::=b$，那么，符号串 Ab 和 b 都是某规则的右部，都可以作为句柄归约。如果选择 b 作为句柄归约成 A，那么，最终就达不到归约到开始符号 S 的目的。事实上，不能因为规则 $A::=b$ 就断定 b 是句柄，因为 aAAcde 并不是一个句型，即不存在推导过程 $S{\overset{*}{\Rightarrow}}aAAcde$。对句型 aAbcde 来说，其简单短语是 Ab 和 d，

其中 Ab 是最左简单短语，所以是句柄。

从自底向上分析的一般过程可以看出，如何寻找或确定一个句型的句柄，是构造一个自左向右扫描、自底向上分析方法必须要解决的一个关键问题。最常用的自底向上的分析方法有算符优先方法和 LR 分析方法，算符优先方法仅适用于算符文法，而 LR 分析方法应用比较普遍。本章重点介绍 LR 分析方法。

5.3 LR 分析方法

在自底向上的分析中，当一串貌似句柄的符号串出现在栈顶时，用什么方法来判定它是否为一个真正的句柄呢？这里介绍 LR(k) 分析技术。

LR(k) 分析方法的 L 表示从左到右扫描所给定的输入串，R 表示以相反的方向构造该输入串的最右推导（即规范推导）。k 表示为了做出分析决定需要向前看的输入符号的个数。LR 分析方法对文法适应性强，分析能力强，对源程序中错误的诊断灵敏；但结构比前面介绍的自顶向下的分析方法复杂，向前查看的符号越多，相应的分析方法越复杂。LR(0) 分析器是 LR 分析方法中最简单的一种，在确定分析动作时，不需要向前查看任何符号。这种分析器分析能力较弱，实用性差；但作为构造其他更复杂的 LR 分析器的基础，必须先从 LR(0) 分析器入手，然后再引入向前查看一个符号的分析器，即 SLR(1)、LR(1) 和 LALR(1) 分析器。

5.3.1 LR 分析器逻辑结构

LR 分析器有一个给定的输入符号串、一个分析栈和一个有穷的控制系统，如图 5-2 所示。

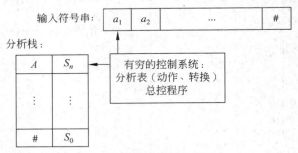

图 5-2　LR 分析器的模型

其中，输入符号串就是等待分析的符号串。分析栈有两部分：一个是符号栈，另一个是状态栈，它们都是先进后出栈。而控制系统包括一个分析表和一个总控程序。对于不同的文法来说，分析表各有不同，但总控程序都是一样的。LR 分析器的工作过程就是在总控程序的控制下，从左到右扫描输入符号串，根据分析栈中的符号和状态，以及当前的输入符号，查阅分析表并按分析表的指示完成相应的分析动作，直到符号栈中出现开始符号。

5.3.2 LR 分析表构成

LR 分析表是 LR 分析器的核心部分，它由两部分组成：一是动作部分 ACTION 表；

二是状态转换部分 GOTO 表,见表 5-2。表中 S_1、S_2、$\cdots$、S_n 为分析器的各个状态;a_1、a_2、$\cdots$、a_m 为文法的全部终结符号及右界符 $\sharp$;X_1、X_2、$\cdots$、X_k 为文法的非终结符号。

表 5-2 LR 分析表

状态	动作表 ACTION				状态转换表 GOTO			
	a_1	a_2	$\cdots$	$\sharp$	X_1	X_2	$\cdots$	X_k
S_1								
S_2								
$\vdots$								
S_n								

在分析表的动作部分,S_i 所在的行与 a_j 所在的列对应的单元 ACTION$[S_i,a_j]$ 表示当分析状态栈的栈顶为 S_i、输入符号为 a_j 时应执行的动作;而在分析表的状态转换部分,S_i 行 X_j 列对应的单元 GOTO$[S_i,X_j]$ 表示当前状态为 S_i 而符号栈顶为非终结符号 X_j 后应移入状态栈的状态。分析表的动作有下列 4 种:

(1) 移进(S_n)。将输入符号 a_j 移进符号栈,将状态 n 移进状态栈,输入指针指向下一个输入符号。

(2) 归约(R)。当栈顶形成句柄时,按照相应的产生式 $U{\rightarrow}W$ 进行归约。若产生式右部 W 的长度为 n,则将符号栈栈顶 n 个符号和状态栈栈顶 n 个状态出栈,然后将归约后的文法符号 U 移入符号栈,并根据此时状态栈顶的状态 S_i 及符号栈顶的符号 U,查 GOTO 表,将 GOTO$[S_i,U]$ 移入状态栈。

(3) 接受(A)。当输入符号串到达右界符 $\sharp$,且符号栈只有文法的开始符号时,则分析成功结束,接受输入符号串。

(4) 报错(E)。在状态栈的栈顶状态为 S_i 时,如果输入符号为不应该遇到的符号时,即 ACTION$[S_i,a_j]$ 为空白,则报错,说明输入符号串有语法错误。

LR 分析器的关键就是构造分析表。表 5-3 给出了下列文法 G 的分析表:

(0) $S{\rightarrow}A$

(1) $A{\rightarrow}(A)$

(2) $A{\rightarrow}a$

表 5-3 LR 分析表

状态	ACTION				GOTO
	(	)	a	$\sharp$	A
0	S_2		S_3		1
1				ACCEPT	
2	S_2		S_3		4
3	R_2	R_2	R_2	R_2	
4		S_5			
5	R_1	R_1	R_1	R_1	

5.3.3　LR 分析过程

有了分析表，LR 分析器就可以按照分析表的指示进行语法分析，LR 的分析流程如图 5-3 所示。

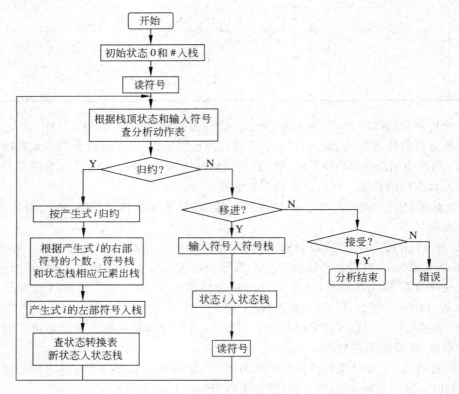

图 5-3　LR 的分析流程

分析开始时，栈内的初始状态为 0，符号栈为 ♯。当状态栈顶为某个状态 p 时，这时输入指针指向的符号是 a，查分析动作表的 p 行、a 列，如果得到的动作指示 ACTION$[p,a]$ 是移进 S_i，则将 a 压入符号栈，将状态 i 压入状态栈，然后将输入指针指向输入符号串的下一个符号；如果得到的动作指示是归约 R_i，且归约产生式为 $B \rightarrow \beta$，则从符号栈内弹出 $|\beta|$ 个符号，从状态栈内弹出 $|\beta|$ 个状态，将 B 压入符号栈；假设此时出栈后的状态栈栈顶为 p，查状态转换表的 p 行、B 列，得到下一个状态 GOTO$[p,B]=q$，并将该后继状态 q 压入状态栈；如果得到的动作指示是接受，则接受输入的符号串，分析成功结束。

【例 5-2】　利用表 5-3 分析表分析符号串(a)。

解：根据图 5-3 所示的分析流程，表 5-4 列出了符号串(a)的整个分析过程。

将分析中归约用的产生式 R_2、R_1、R_0 逆序使用，从开始符号进行推导，即可构造输入符号串(a)的规范推导。

$$S \Rightarrow A \Rightarrow (A) \Rightarrow (a)$$

表 5-4 符号串（a）的分析过程

步骤	状态栈	符号栈	输入符号串	ACTION	GOTO	说　明
1	0	#	(a)#	S_2		开始时,0 入状态栈,# 入符号栈,输入符号为(,查动作表 0 行(列为 S_2,2 入状态栈,(入符号栈
2	02	#(	a)#	S_3		输入符号为a,查动作表 2 行 a 列为 S_3,3 入状态栈,a 入符号栈
3	023	#(a	)#	R_2	4	输入符号为),查动作表 3 行)列为 R_2,用 A→a 归约,a 出符号栈,A 入符号栈,3 出状态栈,2 为栈顶,查 GOTO 表 2 行 A 列得 4,4 入状态栈
4	024	#(A	)#	S_5		输入符号为),查动作表 4 行)列为 S_5,5 入状态栈,)入符号栈
5	0245	#(A)	#	R_1	1	输入符号为#,查动作表 5 行 # 列为 R_1,用 A→(A) 归约,(A)出符号栈,A 入符号栈,245 出状态栈,0 为栈顶,查 GOTO 表 0 行 A 列得 1,1 入状态栈
6	01	#A	#	ACCEPT		输入符号为#,查动作表 1 行 # 列为 ACCEPT,接受。表示用 R_0 归约

5.4　LR(0)分析器

LR(0)分析器是 LR 分析方法中最简单的一种,在确定分析动作时,不需要向前查看任何符号,它是构造其他更复杂的 LR 分析器的基础。为了进行 LR(0)分析,首先需要对文法进行拓广,目的是使文法只有一个以识别符号作为左部的产生式,从而使构造出来的分析器有唯一的接受状态。拓广后的文法称为拓广文法。

【例 5-3】 对文法 G：$E{\to}T|E{+}T|E{-}T,T{\to}i|(E)$进行拓广。

解：引入一个新的开始符号 S,使得文法的开始符号所在的规则唯一,这样得到拓广文法如下：

(0) $S{\to}E$

(1) $E{\to}T|E{+}T|E{-}T$

(2) $T{\to}i|(E)$

为了更好地理解 LR 分析过程,还需要理解"活前缀"和"可归前缀"概念。

5.4.1　活前缀和可归前缀

在 2.1.1 节中已经介绍过前缀的概念,前缀指从任意符号串 x 的末尾删除 0 或多个符号后得到的符号串,如 u、uni、university 都是 university 的前缀。活前缀是前缀的子集,它是针对规范句型而言的,而可归前缀是一个特殊的活前缀。

对于一个规范句型来说，其活前缀定义如下：

设 $\lambda\beta t$ 是一个规范句型，即 $\lambda\beta t$ 是能用最右推导得到的句型，其中 β 表示句柄，$t \in V_t^*$，如果 $\lambda\beta = u_1u_2\cdots u_r$，那么称符号串 $u_1u_2\cdots u_i$（其中 $1 \leqslant i \leqslant r$）是句型 $\lambda\beta t$ 的活前缀。

从活前缀的定义可知，一个规范句型的活前缀可以有多个，但观察这些活前缀，会发现其中活前缀 u_1、u_1u_2、$\cdots$、$u_1u_2\cdots u_{r-1}$ 不含有完整句柄 β，只有活前缀 $u_1u_2\cdots u_r$ 含有完整句柄 β，那么这个含有句柄的活前缀 $u_1u_2\cdots u_r$ 称为可归前缀，是最长的活前缀。

从上述定义可知，活前缀不含句柄右边的任意符号，而可归前缀是含有句柄的活前缀。对一个规范句型来说，活前缀可有多个，可归前缀只有一个。

【例 5-4】 有文法 G：$E \rightarrow T \mid E+T \mid E-T, T \rightarrow i \mid (E)$，找规范句型 $E+(i-i)$ 的活前缀和可归前缀。

解：首先画出 $E+(i-i)$ 的语法树，如图 5-4 所示，可找出第一个 i 是句柄，那么

$$\lambda = E+(, \beta = i, t = -i), \quad \lambda\beta = E+(i$$

因此活前缀为：E、$E+$、$E+($、$E+(i$，其中 $E+(i$ 是可归前缀。

从例 5-4 中可总结出活前缀求法：首先画出句型的语法树，找出句柄，然后，从句型的左边第一个符号开始，取长度分别为 1、2、$\cdots$ 的符号串，直到包含句柄在内的长度符号串就是该句型所有的活前缀。而可归前缀就是最长的活前缀。

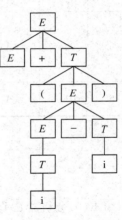

注意：所有活前缀都不包括句柄右边的任何符号，即 t 中的任何符号。

在 LR 分析过程中，如果输入符号串没有语法错误，则在分析的每一步，若将符号栈中的全部文法符号与剩余的输入符号串连接起来，得到的一定是所给文法的一个规范句型。也就是说，压入符号栈中的符号串一定是某一规范句型的前缀，而且这种前缀不会含有任何句柄右边的符号，所以都是活前缀。当

图 5-4 语法树

符号栈形成句柄，即符号栈的内容为可归前缀时，就会立即被归约。所以说，LR 分析就是逐步在符号栈中产生可归前缀，再进行归约的过程。

5.4.2 LR(0)项目

虽然 LR 分析器可以识别活前缀，但它的主要目的是为给定的输入串构造最右推导时使用的产生式序列。因此分析器的一个基本功能就是要检测句柄。为了检测句柄，分析器首先必须能够识别出当前句型中含有句柄的可归前缀。在介绍如何构造 LR 分析器之前，先要了解项目及项目有效性的概念。

1. 项目的定义

对某个文法 G 来说，如果 $A \rightarrow \alpha_1\alpha_2$ 为 G 的一条规则，那么，对规则的右部加上一个圆点"·"，就成为一个项目。其形式为：$A \rightarrow \alpha_1 \cdot \alpha_2$。

圆点是表示项目的一种标记，也就是说，如果一条规则的右部标有圆点，那么它就是项目。一般情况下，因为圆点的位置不同，一条规则可以有几个项目。

例如,有文法:

$S \rightarrow E$

$E \rightarrow T \mid E + T \mid E - T$

$T \rightarrow i \mid (E)$

对于规则 $S \rightarrow E$ 右部有一个符号,因圆点位置不同,可有下面两个项目:

$S \rightarrow \cdot E, S \rightarrow E \cdot$

对于规则 $E \rightarrow E - T$,右部有 3 个符号,可有下面 4 个项目:

$E \rightarrow \cdot E - T, E \rightarrow E \cdot - T, E \rightarrow E - \cdot T, E \rightarrow E - T \cdot$

项目中点后面的符号称为该项目的后继符号。后继符号可能是终结符号,也可能是非终结符号。如果点在最后,后继符号则为空。根据项目中点的位置和后继符号,可把项目分成以下 4 种。

(1) 移进项目。后继符号为终结符号,如 $E \rightarrow E \cdot - T$。

(2) 待约项目。后继符号为非终结符号,如 $E \rightarrow E - \cdot T$ 和 $S \rightarrow \cdot E$。

(3) 归约项目。后继符号为空,即点在最后。如 $E \rightarrow E - T \cdot$ 和 $S \rightarrow E \cdot$。

(4) 接受项目。文法的开始符号 S 的归约项目。接受项目是一个特殊的归约项目,它表示该产生式归约后分析将结束。上例中的项目 $S \rightarrow E \cdot$ 就是接受项目。

2. 项目有效性

从上面的定义可看出,项目就是对规则的右部标记了圆点,而且,圆点位置不同,代表不同的项目。那么项目有什么含义呢?这就是项目的有效性。

一个项目 $A \rightarrow \alpha_1 \cdot \alpha_2$ 对于某个活前缀 $\lambda \alpha_1$ 是有效的,当且仅当存在某个最右推导:

$$S \overset{*}{\Rightarrow} \lambda A t \Rightarrow \lambda \alpha_1 \cdot \alpha_2 t$$

其中 t 是终结符号串。

在 LR 分析过程中,活前缀就是符号栈的内容,是已经读入的符号,它不包含句柄右边的任何符号。活前缀和句柄的关系有 3 种:活前缀包含句柄、含有句柄的一部分或不含句柄的任何符号。

(1) 如果活前缀包含句柄,表示符号栈顶形成句柄,则就可以归约。假设归约产生式为 $A \rightarrow \alpha$,由于活前缀包含完整的 α,说明已经识别了 α 的全部,所以说项目 $A \rightarrow \alpha \cdot$ 对活前缀有效。当一个点在最后的项目对活前缀有效时,则可以进行归约,所以把点在最后的项目称为归约项目。

(2) 如果活前缀只包含句柄的部分符号时,正期待着从余留的输入符号中看到句柄的其余符号。假设活前缀含有 α_1,有产生式 $A \rightarrow \alpha_1 \alpha_2$,由于活前缀中有产生式右部 $\alpha_1 \alpha_2$ 的 α_1 部分,所以说 $A \rightarrow \alpha_1 \cdot \alpha_2$ 对活前缀有效。同样,如果有另一个产生式 $B \rightarrow \alpha_1 \alpha_3$,那么 $B \rightarrow \alpha_1 \cdot \alpha_3$ 对活前缀也有效。

(3) 如果活前缀不含句柄的任何符号,则需要将余留的输入符号移进。假设下一步移进的符号可能是 α 的前缀,那么,对于任一产生式 $A \rightarrow \alpha$ 来说,由于活前缀中不含 α 的任何符号,所以说 $A \rightarrow \cdot \alpha$ 对活前缀有效。

直观地看,一个项目指明了在分析过程的某一时刻已经看到的一个产生式右部的多少。一般来说，活前缀与有效项目是多对多关系。下面举例说明项目有效的含义。

【例 5-5】 有文法：

$S{\rightarrow}E$

$E{\rightarrow}T|E+T|E-T$

$T{\rightarrow}i|(E)$

列出该文法的所有项目，并找出对活前缀 $E-$ 有效的项目。

解： 首先列出每条规则对应的多个项目：

$S{\rightarrow}E$，有项目 $S{\rightarrow}\cdot E,S{\rightarrow}E\cdot$

$E{\rightarrow}T$，有项目 $E{\rightarrow}\cdot T,E{\rightarrow}T\cdot$

$E{\rightarrow}E+T$，有项目 $E{\rightarrow}\cdot E+T,E{\rightarrow}E\cdot +T,E{\rightarrow}E+\cdot T,E{\rightarrow}E+T\cdot$

$E{\rightarrow}E-T$，有项目 $E{\rightarrow}\cdot E-T,E{\rightarrow}E\cdot -T,E{\rightarrow}E-\cdot T,E{\rightarrow}E-T\cdot$

$T{\rightarrow}i$，有项目 $T{\rightarrow}\cdot i,T{\rightarrow}i\cdot$

$T{\rightarrow}(E)$，有项目 $T{\rightarrow}\cdot (E),T{\rightarrow}(\cdot E),T{\rightarrow}(E\cdot),T{\rightarrow}(E)\cdot$

在上面的众多项目中，只有项目 $E{\rightarrow}E-\cdot T$、$T{\rightarrow}\cdot i$ 和 $T{\rightarrow}\cdot (E)$ 对活前缀 $E-$ 是有效的。这是因为从 S 到含有活前缀 $E-$ 的规范句型的规范推导中，能够使用这些项目。

首先，来看看推导过程 $S{\Rightarrow}E{\Rightarrow}E-T$，最后一步推导使用的规则是 $E{\rightarrow}E-T$，句柄为 $E-T$，该过程推导出的句型 $E-T$ 含有活前缀 $E-$，而 $E-$ 是句柄 $E-T$ 的一部分，所以说规则 $E{\rightarrow}E-T$ 的项目 $E{\rightarrow}E-\cdot T$ 对 $E-$ 是有效的。

其次，来看推导过程 $S{\Rightarrow}E{\Rightarrow}E-T{\Rightarrow}E-i$，最后一步推导使用的规则是 $T{\rightarrow}i$，句柄为 i，该过程推导出的句型 $E-i$ 也含有活前缀 $E-$，但由于活前缀 $E-$ 不含句柄 i 的任何符号，所以说项目 $T{\rightarrow}\cdot i$ 对 $E-$ 也是有效的。

同理，对于推导过程 $S{\Rightarrow}E{\Rightarrow}E-T{\Rightarrow}E-(E)$，可证明项目 $T{\rightarrow}\cdot (E)$ 对 $E-$ 也是有效的。

因此，$E{\rightarrow}E-\cdot T$、$T{\rightarrow}\cdot i$ 和 $T{\rightarrow}\cdot (E)$ 是活前缀 $E-$ 的有效项目集。

从 LR 分析过程看，当符号栈内容为 $E-$ 时，有项目 $E{\rightarrow}E-\cdot T$、$T{\rightarrow}\cdot i$ 和 $T{\rightarrow}\cdot (E)$ 对 $E-$ 有效，则将来形成的句柄一定是 $E{\rightarrow}E-T$、$T{\rightarrow}i$ 和 $T{\rightarrow}(E)$ 这几条规则之一的右部。究竟会形成哪条规则的右部取决于下一个读入的符号，如果下一个符号是 i，则形成句柄 i；如果下一个符号是 (，则将等待形成句柄 (E)。它们都将归约到 T，所以称 $E{\rightarrow}E-\cdot T$ 为待约项目，而 $T{\rightarrow}\cdot i$ 称移进项目。

5.4.3　构造识别活前缀的有穷自动机

在 LR 实际分析过程中，并不直接分析符号栈中的符号是否形成句柄，但它给出一个启示：可以把文法中的符号都看成是有穷自动机的输入符号，每当一个符号进栈时表示已经识别了该符号，并进行状态转换；当识别出可归前缀时，相当于在栈中形成句柄，则认为到达了识别句柄的状态。自动机中的每个状态都和无数个活前缀密切相关，每个状态中都包含该状态所能识别的活前缀。因为文法有无穷的句型，所以一个可用文法具有无穷数目的活前缀，因此，根据活前缀集合直接构造对应的自动机状态是不可能的。因为每个活前缀对应的有效项目是有穷的，所以，可以将一个活前缀的可能的无穷集对应到一个有穷的有效项目集上。因此，如果能得到对应分析器每个状态的有效项目的有穷集合，那么也就能得到识别活前缀的有穷自动机。

1. 项目集的闭包运算

从前面的分析中得知,构造识别活前缀的有穷自动机,就是要构造每个状态对应的有穷的有效项目集。构造项目集涉及闭包运算,下面给出闭包运算的定义。

设 I 为一项目集,I 的闭包运算 CLOSURE(I) 定义如下:

(1) I 中的每一个项目都属于 CLOSURE(I)。

(2) 如项目 $A \rightarrow \alpha_1 \cdot X\alpha_2$ 属于 CLOSURE(I),且 X 为非终结符号,则将形式为 $X \rightarrow \cdot \lambda$ 的项目添加到 CLOSURE(I)中。

(3) 重复(1)和(2),直到 CLOSURE(I)封闭为止。

【例 5-6】 有文法:$E' \rightarrow E, E \rightarrow E+T, E \rightarrow T, T \rightarrow T*F, T \rightarrow F, F \rightarrow (E), F \rightarrow i$,设项目集 $I = \{E' \rightarrow \cdot E\}$,求 CLOSURE($I$)。

解:根据闭包运算的第(1)条,CLOSURE(I) = $\{E' \rightarrow \cdot E\}$

根据闭包运算的第(2)条,因为 E 是非终结符号,所以将规则 $E \rightarrow E+T$ 和 $E \rightarrow T$ 在其右部最前面加点形成 $E \rightarrow \cdot E+T$ 和 $E \rightarrow \cdot T$,加进 CLOSURE(I)中:

CLOSURE(I) = $\{E' \rightarrow \cdot E, E \rightarrow \cdot E+T, E \rightarrow \cdot T\}$

根据闭包运算的第(3)条,重复计算,直到 CLOSURE(I)封闭为止。因为 T 是非终结符号,所以将规则 $T \rightarrow T*F$ 和 $T \rightarrow F$ 在其右部最前面加点形成 $T \rightarrow \cdot T*F$ 和 $T \rightarrow \cdot F$,加进 CLOSURE(I)中:

CLOSURE(I) = $\{E' \rightarrow \cdot E, E \rightarrow \cdot E+T, E \rightarrow \cdot T, T \rightarrow \cdot T*F, T \rightarrow \cdot F\}$

因为 F 是非终结符号,所以将规则 $F \rightarrow (E)$ 和 $F \rightarrow i$ 在其右部最前面加点形成 $F \rightarrow \cdot (E)$ 和 $F \rightarrow \cdot i$,加进 CLOSURE(I)中:

CLOSURE(I) = $\{E' \rightarrow \cdot E, E \rightarrow \cdot E+T, E \rightarrow \cdot T, T \rightarrow \cdot T*F, T \rightarrow \cdot F,$
$\qquad\qquad F \rightarrow \cdot (E), F \rightarrow \cdot i\}$

至此,CLOSURE(I)封闭。

2. 项目集之间的转换函数 GO

假设有一项目为 $A \rightarrow \alpha \cdot X\beta$,令 X 是任意一个文法符号,则对项目 $A \rightarrow \alpha \cdot X\beta$ 进行读 X 操作,结果为项目 $A \rightarrow \alpha X \cdot \beta$。

设 I 是一个项目集,X 是任意一个文法符号,则项目集之间的转换用 GO[I, X]函数表示,定义为:

GO[I, X] = CLOSURE(J)

其中,$J = \{$任何具有[$A \rightarrow \alpha X \cdot \beta$]的项目 | [$A \rightarrow \alpha \cdot X\beta$] $\in I \}$,即对项目集 I 中所有的项目进行读 X 操作的结果。CLOSURE(J)为对 J 进行了闭包运算得到的项目集,称为 I 的后继项目集。令状态 I 代表项目集 I,状态 J 代表后继项目集 CLOSURE(J),用状态图表示,如图 5-5 所示。

【例 5-7】 有项目集 $I = \{E' \rightarrow E \cdot, E \rightarrow E \cdot +T\}$,求 GO[$I, +$]。

解:在 I 中挑出点后是+的项目有 $E \rightarrow E \cdot +T$,将点移到+后面,得 $J = \{E \rightarrow E+ \cdot T\}$。对 J 进行闭包运算得

$$\text{CLOSURE}(J) = \{E \rightarrow E + \cdot T, T \rightarrow \cdot F, T \rightarrow \cdot T + F, F \rightarrow \cdot (E), F \rightarrow \cdot i\}$$
$$\text{GO}[I, +] = \{E \rightarrow E + \cdot T, T \rightarrow \cdot F, T \rightarrow \cdot T + F, F \rightarrow \cdot (E), F \rightarrow \cdot i\}$$

用状态图表示，如图 5-6 所示。

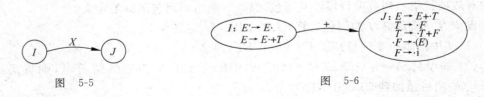

图 5-5　　　　　　　　　　　　　　　　　图 5-6

3. 识别活前缀的有穷自动机的构造方法举例

为了便于解释，直接举例说明构造步骤，最后再归纳总结一般的构造算法。

假设有拓广文法为：

(0) $S \rightarrow A$

(1) $A \rightarrow (A)$

(2) $A \rightarrow a$

首先，从文法的开始符号所在的规则 $S \rightarrow A$ 开始，项目 $S \rightarrow \cdot A$ 将作为有穷自动机的开始状态。项目 $S \rightarrow \cdot A$ 反映了此时分析器还没有识别任何（非空）活前缀。对例中的文法，开始符号所在的规则为 $S \rightarrow A$，所以开始状态 0 的项目集有 $C_0 = \{S \rightarrow \cdot A\}$，且项目 $S \rightarrow \cdot A$ 称为基本项目。

其次，需要对项目集中的各成员进行闭包（closure）运算，也就是看项目中的点后面的符号是否是非终结符号。如果是非终结符号，则对该非终结符号为左部的规则在其右部最前面加点构成项目，并填加到该项目集中。对于 $C_0 = \{S \rightarrow \cdot A\}$，由于 $S \rightarrow \cdot A$ 点后面是非终结符号 A，那么就对文法中所有左部符号为 A 的规则在右部最前面加点，并添加到项目集 C_0 中。这样就可获得开始状态 0 对应的项目集为 $C_0 = \{S \rightarrow \cdot A, A \rightarrow \cdot (A), A \rightarrow \cdot a\}$。

最后，构造 C_0 的后继项目集。观察状态 0 的项目集 C_0 的每个项目，发现点后的符号即后继符号为 A、（和 a，说明项目集 C_0 有 3 个后继项目集 C_1、C_2 和 C_3，即状态 0 有 3 条弧线指向状态 1、2 和 3，弧线上分别标记符号 A、（和 a。

下面介绍项目集 C_1、C_2 和 C_3 的构造。

(1) 首先将 C_0 中后继符号为 A 的项目挑选出来，可得项目集 $\{S \rightarrow \cdot A\}$，将点移到 A 的后面，得到 C_1 的基本项目集为 $\{S \rightarrow A \cdot\}$，然后对此项目集进行闭包运算。由于在该项目集中只有一个项目，且点位于最右，所以闭包运算没有添加任何项目，最终 $C_1 = \{S \rightarrow A \cdot\}$，即 $\text{GO}[0, A] = 1$。

(2) 看 C_0 中的项目 $\{A \rightarrow \cdot (A)\}$，后继符号是（，将点移到（的后面，得到 C_2 的基本项目集为 $\{A \rightarrow (\cdot A)\}$。由于点后面是非终结符号 A，所以将 $\{A \rightarrow \cdot (A), A \rightarrow \cdot a\}$ 加入项目集，最终 $C_2 = \{A \rightarrow (\cdot A), A \rightarrow \cdot (A), A \rightarrow \cdot a\}$，即 $\text{GO}[0, (] = 2$。

(3) 看 C_0 中的项目 $\{A \rightarrow \cdot a\}$，最终得 $C_3 = \{A \rightarrow a \cdot\}$，即 $\text{GO}[0, a] = 3$。到此，构造好了状态 0、1、2 和 3，如图 5-7 所示。

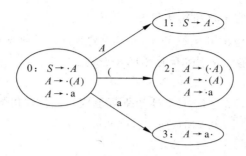

图 5-7 构造状态图

继续上述的后继项目构造过程,直到再没有新的项目集产生。如对于状态 2 的项目 $A \rightarrow (\cdot A)$,后继项目集 $C_4 = \{A \rightarrow (A \cdot)\}$。对于状态 2 的项目 $A \rightarrow \cdot (A)$,后继项目集仍是 C_2。对于状态 2 的项目 $A \rightarrow \cdot a$,后继项目集为 C_3。对状态 4 的项目 $A \rightarrow (A \cdot)$,后继项目集 $C_5 = \{A \rightarrow (A) \cdot\}$。至此,得到的所有项目集见表 5-5。

表 5-5 构造项目集

状态	项目集	转换函数
0	$S \rightarrow \cdot A$	GO[0,A]=1
	$A \rightarrow \cdot (A)$	GO[0,(]=2
	$A \rightarrow \cdot a$	GO[0,a]=3
1	$S \rightarrow A \cdot$	ACCEPT
2	$A \rightarrow (\cdot A)$	GO[2,A]=4
	$A \rightarrow \cdot (A)$	GO[2,(]=2
	$A \rightarrow \cdot a$	GO[2,a]=3
3	$A \rightarrow a \cdot$	R_2
4	$A \rightarrow (A \cdot)$	GO[4,)]=5
5	$A \rightarrow (A) \cdot$	R_1

因为每个项目集是有穷的,因此最终产生的状态数目肯定是有限的。最终产生的识别活前缀的有穷自动机如图 5-8 所示。项目集 C_1、C_3 和 C_5 只含有归约项目,用双圈表示。

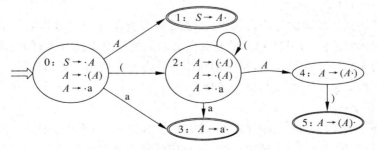

图 5-8 识别活前缀的有穷自动机

4. 识别活前缀的有穷自动机构造算法

给定一文法 G，该文法的开始符号为 S，下面的算法为给定文法 G 生成识别活前缀的有穷自动机。该自动机包含有下列项目集的集合：

$$C = \{C_0, C_1, \cdots, C_n\}$$

其中 C_0 是开始项目集，C 称为 LR(0) 项目集规范族。该自动机的状态是 $\{0, 1, \cdots, n\}$，其中每个状态 i 是由项目集 C_i 得到的 $(i=0, 1, \cdots, n)$。

（1）生成开始项目集。

① 赋给开始项目集一个下标 0，然后将项目 $S \rightarrow \cdot \delta$ 放入集合 C_0，对应的状态为 0；

② 对该项目集执行闭包运算，即找到在圆点之后的非终结符 X，将形式为 $X \rightarrow \cdot \delta$ 的项目放置到集合中，其中 $X \rightarrow \delta$ 是文法 G 的一个产生式。该闭包运算也要对所有导出的新项目进行。

（2）生成 LR(0) 的所有项目集 C。重复第（3）步和第（4）步，直到再没有新的项目集出现。

（3）对一个项目集 C_i 求后继项目集 C_j，构造项目集的转换：

① 对项目集 C_i 中的每个后继符号 X 进行读操作，生成一个新的项目集 C_j，且 $GO[C_i, X] = C_j$；

② 如果该项目集已经存在，则 C_j 就是已经存在的项目集；否则，得到一个新的基本项目集 C_j。

（4）对新的项目集进行闭包运算。

如果 LR(0) 项目集规范族中的每个项目集看作有穷自动机的一个状态，则项目集规范族的 GO 函数把这些项目集连接成一个 DFA。令 C_0 为 DFA 的初态，则该 DFA 就是恰好识别文法所有活前缀的有限自动机。而只含归约项目的项目集对应的状态为结束状态，表示识别出句柄。由此得出结论：对于任一文法 G，关于该文法的 LR(0) 项目集规范族的 GO 函数定义了一个识别文法所有活前缀的 DFA。

实际上，一个活前缀 w 的有效项目集，正是由识别文法所有活前缀的 DFA 的初态出发，经由标记为 w 的路径所到达的那个项目集。在 LR 分析过程中，符号栈中的活前缀的有效项目集就是状态栈栈顶的状态所代表的那个项目集。

5.4.4　LR(0)分析表的构造

构造出了识别活前缀的有穷自动机后，就可以很方便地构造分析表。前面已经介绍了，分析表分为两部分：动作表每列的开头是文法的终结符以及右界符♯；而状态转换表每列的开头为文法的非终结符号，每行的开头为状态号。其构造算法如下：

假设已经构造出 LR(0) 项目集规范族：

$$C = \{C_0, C_1, \cdots, C_n\}$$

其中，$C_i (i=0, 1, \cdots, n)$ 为项目集的名字，对应的状态为 i。假设 $S \rightarrow \delta$ 是文法开始符号所在的规则，令包含项目 $S \rightarrow \cdot \delta$ 的项目集 C_k 对应的状态 k 为开始状态。

分析表的动作表和状态转换表的构造方法如下：

(1) 若项目 $A \rightarrow \alpha \cdot a\beta \in C_i$ 且 $GO[C_i, a] = C_j$，其中 a 为终结符，将 $ACTION[i, a]$ 置为"把状态 j 和符号 a 移进栈"，简记为 S_j；

(2) 若项目 $A \rightarrow \alpha \cdot \in C_i$，则对于任何输入符号 a，a 属于终结符或结束符 $\sharp$，将 $ACTION[i, a]$ 置为"用产生式 $A \rightarrow \alpha$ 进行归约"，简记为 R_j（假定 $A \rightarrow \alpha$ 是拓广文法 G 的第 j 条产生式）；

(3) 若项目 $S \rightarrow \delta \cdot \in C_i$，则将 $ACTION[i, \sharp]$ 置为"接受"，简记为 ACCEPT；

(4) 若 $GO[i, A] = C_j$，A 为非终结符，则置 $GOTO[i, A] = j$；

(5) 分析表中凡不能用规则（1）～（4）添入信息的单元为空或均置为 ERROR，表示有错。

【例 5-8】 对拓广文法：

$(0) S \rightarrow A$

$(1) A \rightarrow (A)$

$(2) A \rightarrow a$

根据表 5-5 项目集构造分析表。

解： 因为文法有 3 个终结符号，除开始符号外有一个非终结符号 A，所以，分析动作表有 4 列，分别为（、）、a 和 $\sharp$，GOTO 表有 1 列 A。前面已经求出该文法的项目集规范族为：

$C_0 = \{S \rightarrow \cdot A, A \rightarrow \cdot (A), A \rightarrow \cdot a\}$

$C_1 = \{S \rightarrow A \cdot\}$

$C_2 = \{A \rightarrow (\cdot A), A \rightarrow \cdot (A), A \rightarrow \cdot a\}$

$C_3 = \{A \rightarrow a \cdot\}$

$C_4 = \{A \rightarrow (A \cdot)\}$

$C_5 = \{A \rightarrow (A) \cdot\}$

因此，分析表应有 6 行，分别为 0、1、2、…、5。

观察项目集 $C_0 = \{S \rightarrow \cdot A, A \rightarrow \cdot (A), A \rightarrow \cdot a\}$，因为 S 是开始符号，$S \rightarrow \cdot A$ 在 C_0 中，因此 0 为开始状态。对于 C_0 的项目 $A \rightarrow \cdot (A)$，将点从（前移到（后，产生项目集 C_2，因为（是终结符，因此，按照分析表构造方法的第 1 条，在 ACTION 得 0 行（列填入 S_2，即 $ACTION[0, (] = S_2$。对项目 $A \rightarrow \cdot a$，将点从 a 前移到 a 后，产生项目集 C_3，因此，置 $ACTION[0, a] = S_3$。对项目 $S \rightarrow \cdot A$，将点从 A 前移到 A 后，产生项目集 C_1，因为 A 是非终结符，因此，按照分析表构造方法的第 4 条，则置 $GOTO[i, A] = j$。

观察 $C_1 = \{S \rightarrow A \cdot\}$，因为 S 是开始符号，$S \rightarrow A \cdot$ 在 C_1 中，符合分析表构造方法的第 3 条，因此，将 $ACTION[1, \sharp]$ 置为 ACCEPT，即接受。

观察 $C_3 = \{A \rightarrow a \cdot\}$，符合分析表构造方法的第 2 条，因 $A \rightarrow a$ 是文法的第 2 条规则，因此对 ACTION 表的 3 行的所有单元填写 R_2。

同理，观察 $C_2 = \{A \rightarrow (\cdot A), A \rightarrow \cdot (A), A \rightarrow \cdot a\}$、$C_4 = \{A \rightarrow (A \cdot)\}$ 和 $C_5 = \{A \rightarrow (A) \cdot\}$，可填写分析表的其他内容，最后可得表 5-6 所示的分析表。

表 5-6   LR(0)分析表

状态	ACTION				GOTO
	(	)	a	♯	A
0	S_2		S_3		1
1				ACCEPT	
2	S_2		S_3		4
3	R_2	R_2	R_2	R_2	
4		S_5			
5	R_1	R_1	R_1	R_1	

5.4.5   LR(0)分析器的工作过程

分析表是 LR 分析的关键,有了分析表后就可以在总控程序的控制下对输入符号串进行分析,其分析方法如下:

(1) 若 $ACTION[S, a] = S_j$, a 为终结符,则把 a 移入符号栈,状态 j 移入状态栈;

(2) 若 $ACTION[S, a] = R_j$, a 为终结符或♯,则用第 j 个产生式归约;设 k 为第 j 个产生式右部的符号串长度,将符号栈和状态栈顶的 k 个元素出栈,将产生式左部符号入符号栈;

(3) 若 $ACTION[S, a] = $ "ACCEPT", a 为♯,则为接受,表示分析成功;

(4) 若 $GOTO[S, A] = j$, A 为非终结符号并且是符号栈的栈顶,表示前一个动作是归约,A 是归约后移入符号栈的非终结符,则将状态 j 移入状态栈;

(5) 若 $ACTION[S, a]$ 为空白,则转入错误处理。

【例 5-9】   利用表 5-6 的 LR(0)分析表分析符号串((a))。

文法为:

(0) $S \rightarrow A$

(1) $A \rightarrow (A)$

(2) $A \rightarrow a$

解:按照 LR(0)分析器的工作过程,表 5-7 列出符号串((a))的分析过程。

表 5-7   对输入符号串"((a))"的分析过程

步骤	状态栈	符号栈	输入符号串	ACTION	GOTO	说　明
1	0	♯	((a))♯	S_2		开始时,0 入状态栈,♯入符号栈,输入符号为(,查动作表 0 行(列为 S_2,2 入状态栈,(入符号栈
2	02	♯(	(a))♯	S_2		输入符号为(,查动作表 2 行(列为 S_2,2 入状态栈,(入符号栈
3	022	♯((	a))♯	S_3		输入符号为 a,查动作表 2 行 a 列为 S_3,3 入状态栈,a 入符号栈

续表

步骤	状态栈	符号栈	输入符号串	ACTION	GOTO	说　明
4	0223	#((a	))#	R_2	4	输入符号为),查动作表3行)列为R_2,用$A\rightarrow a$归约,a出符号栈,A入符号栈,3出状态栈,2为栈顶,查GOTO表2行A列得4,4入状态栈
5	0224	#((A	))#	S_5		输入符号为),查动作表4行)列为S_5,5入状态栈,)入符号栈
6	02245	#((A)	)#	R_1	4	输入符号为),查动作表5行)列为R_1,用$A\rightarrow(A)$归约,(A)出符号栈,A入符号栈,245出状态栈,2为栈顶,查GOTO表2行A列得4,4入状态栈
7	024	#(A	)#	S_5		输入符号为),查动作表4行)列为S_5,5入状态栈,)入符号栈
8	0245	#(A)	#	R_1	1	输入符号为#,查动作表5行#列为R_1,用$A\rightarrow(A)$归约,(A)出符号栈,A入符号栈,245出状态栈,0为栈顶,查GOTO表0行A列得1,1入状态栈
9	01	#A	#	ACCEPT		输入符号为#,查动作表1行#列为ACCEPT,接受

5.4.6 LR(0)文法

在5.4.2节介绍项目时,将项目分成4类:移进项目、归约项目、待约项目和接受项目。一个项目集中可能包含不同类型的项目,但必须满足下面两个条件:

(1) 不能有移进项目和归约项目并存;

(2) 不能有多个归约项目并存。

如果某一项目集出现移进项目和归约项目并存,则该项目集存在"移进—归约冲突";如果某一项目集出现多个归约项目并存,则该项目集存在"归约—归约冲突"。例如,某项目集为$\{E\rightarrow T\cdot, T\rightarrow T\cdot *F\}$,因$E\rightarrow T\cdot$是归约项目,而$T\rightarrow T\cdot *F$是移进项目,所以该项目集存在"移进—归约冲突"。

如果一个文法的项目集规范族不存在"移进—归约冲突"或"归约—归约冲突"的项目集,那么,称该文法为LR(0)文法,所构造的分析表为LR(0)分析表。

观察前面例中的项目集规范族:

$C_0=\{S\rightarrow\cdot A, A\rightarrow\cdot(A), A\rightarrow\cdot a\}$,移进项目和待约项目共存。

$C_1=\{S\rightarrow A\cdot\}$,只有接受项目。

$C_2=\{A\rightarrow(\cdot A), A\rightarrow\cdot(A), A\rightarrow\cdot a\}$,移进项目和待约项目共存。

$C_3=\{A\rightarrow a\cdot\}$,只有归约项目。

$C_4 = \{A \rightarrow (A \cdot)\}$，只有移进项目。

$C_5 = \{A \rightarrow (A) \cdot \}$，只有归约项目。

在这 6 个项目集中，均不存在"移进—归约冲突"和"归约—归约冲突"，因此，文法 $S \rightarrow A, A \rightarrow (A), A \rightarrow a$ 是 LR(0)文法。

只有 LR(0)文法才能构造 LR(0)分析表，否则，构造的分析表会出现多重定义。LR(0)文法是一种非常简单的文法，在这种文法的识别活前缀的自动机中，每一个状态对应的项目集都不含冲突项目。然而，很多文法都不是 LR(0)文法，如在上一章使用的表达式文法就不是 LR(0)文法。实际上，LR(0)文法并不能充分表达当前程序设计语言中的各种结构。对这些语言为了确定分析动作，至少要向前查看一个符号。这就是将要介绍的 SLR(1)分析器。LR(0)机器的生成是其他 LR 分析器的基础，掌握了 LR(0)，也就不难掌握其他 LR 分析方法。

5.5　SLR(1)分析器

LR(0)文法是一类非常简单的文法，它要求每个状态对应的项目集不能含有冲突项目，但很多语言不能满足 LR(0)文法的条件。

考虑如下拓广文法：

(0) $S \rightarrow E$

(1) $E \rightarrow E + T$

(2) $E \rightarrow T$

(3) $T \rightarrow T * F$

(4) $T \rightarrow F$

(5) $F \rightarrow (E)$

(6) $F \rightarrow i$

这个文法就是前面多次用到的算术表达式文法。按照前面介绍的方法，可以很容易地求出该文法的项目集规范族及转换函数，见表 5-8。

表 5-8　算术表达式文法的项目集规范族

状态	项目集	转换函数
0	$S \rightarrow \cdot E$	$GO[0, E] = 1$
	$E \rightarrow \cdot T$	$GO[0, T] = 2$
	$E \rightarrow \cdot E + T$	$GO[0, E] = 1$
	$T \rightarrow \cdot T * F$	$GO[0, T] = 2$
	$T \rightarrow \cdot F$	$GO[0, F] = 3$
	$F \rightarrow \cdot (E)$	$GO[0, (] = 4$
	$F \rightarrow \cdot i$	$GO[0, i] = 5$

续表

状态	项目集	转换函数
1	$S \rightarrow E \cdot$ $E \rightarrow E \cdot + T$	ACCEPT $GO[1, +] = 6$
2	$E \rightarrow T \cdot$ $T \rightarrow T \cdot * F$	R_2 $GO[2, *] = 7$
3	$T \rightarrow F \cdot$	R_4
4	$T \rightarrow (\cdot E)$ $E \rightarrow \cdot E + T$ $E \rightarrow \cdot T$ $T \rightarrow \cdot T * F$ $T \rightarrow \cdot F$ $F \rightarrow \cdot (E)$ $F \rightarrow \cdot i$	$GO[4, E] = 8$ $GO[4, E] = 8$ $GO[4, T] = 2$ $GO[4, T] = 2$ $GO[4, F] = 3$ $GO[4, (] = 4$ $GO[4, i] = 5$
5	$F \rightarrow i \cdot$	R_6
6	$E \rightarrow E + \cdot T$ $T \rightarrow \cdot T * F$ $T \rightarrow \cdot F$ $F \rightarrow \cdot (E)$ $F \rightarrow \cdot i$	$GO[6, T] = 9$ $GO[6, T] = 9$ $GO[6, F] = 3$ $GO[6, (] = 4$ $GO[6, i] = 5$
7	$T \rightarrow T * \cdot F$ $F \rightarrow \cdot (E)$ $F \rightarrow \cdot i$	$GO[7, F] = 10$ $GO[7, (] = 4$ $GO[7, i] = 5$
8	$T \rightarrow (E \cdot)$ $E \rightarrow E \cdot + T$	$GO[8,)] = 11$ $GO[8, +] = 6$
9	$E \rightarrow E + T \cdot$ $T \rightarrow T \cdot * F$	R_1 $GO[9, *] = 7$
10	$T \rightarrow T * F \cdot$	R_3
11	$F \rightarrow (E) \cdot$	R_5

观察项目集 C_2，就会发现该集合中包含有两个项目，其中项目 $E \rightarrow T \cdot$ 是归约项目，该项目指明分析器的下一步动作应当是将 T 归约为 E。而另外一个项目 $T \rightarrow T \cdot * F$ 点在中间，是移进项目，该项目表明 T 已经得到了识别并期待着出现 $*$。显然，该项目集存在移进与归约的冲突，即文法不是 LR(0) 文法。按照 LR(0) 分析表的构造方法构造的分析表见表 5-9，其中 ACTION[2, *] 和 ACTION[9, *] 出现了多重定义。

表 5-9　算术表达式文法的 LR(0)分析表

状态	ACTION						GOTO		
	i	+	*	(	)	#	E	T	F
0	S_5			S_4			1	2	3
1		S_6				ACCEPT			
2	R_2	R_2	S_7/R_2	R_2	R_2	R_2			
3	R_4	R_4	R_4	R_4	R_4	R_4			
4	S_5			S_4			8	2	3
5	R_6	R_6	R_6	R_6	R_6	R_6			
6	S_5			S_4				9	3
7	S_5			S_4					10
8		S_6			S_{11}				
9	R_1	R_1	S_7/R_1'	R_1	R_1	R_1			
10	R_3	R_3	R_3	R_3	R_3	R_3			
11	R_5	R_5	R_5	R_5	R_5	R_5			

5.5.1　SLR 解决方法的基本思想

考虑表 5-8 的状态 2 项目集,它有两个项目:$E \rightarrow T \cdot$ 和 $T \rightarrow T \cdot + F$。如果选择了将句柄 T 归约为 E,那么 E 的后继符号将跟随在 T 的后面,如果由这些符号所构成的集合与不进行归约时跟在 T 后面的符号集不相交,那么通过向前看一个符号,上述冲突将可以得到解决。在上例中,T 的后继符号集合为 $\{ * \}$,而 E 的后继符号集合为 $\{ \#, +,) \}$,显然,通过向前查看一个符号,如果是 #、+或),则归约;如果是 *,则进行移进。

考虑如下项目集中的冲突:

$$\{A \rightarrow \alpha \cdot b\beta, B \rightarrow \gamma \cdot, C \rightarrow \delta \cdot\}, b \in V_t$$

该项目集存在"移进—归约冲突"和"归约—归约冲突"。如果下列集合 FOLLOW(B)、FOLLOW(C)和 b 互不相交,则当状态为 S_i,输入符号为 $a(a \in V_t \cup \#)$ 时,利用下列方法可解决冲突:

(1) 若 $a=b$,则移进 a;

(2) 若 $a \in$ FOLLOW(B),则用产生式 B→γ 归约;

(3) 若 $a \in$ FOLLOW(C),则用产生式 C→δ 归约;

(4) 其他报错。

当"移进—归约冲突"和"归约—归约冲突"可以通过考察有关非终结符的 FOLLOW 集而得到解决,即通过向前查看一个输入符号来协助解决冲突时,该文法就是 SLR(1)文法。

5.5.2　SLR(1)分析表的构造

设文法 G' 的项目集规范族 $C = \{C_0, C_1, \cdots, C_i, \cdots, C_n\}$ 对应的状态为 $\{0, 1, \cdots, i, \cdots, n\}$。令其中每个项目集 $C_i(i=0, 1, \cdots, n)$ 的下标作为分析器的状态 i,令包含项目 $[S' \rightarrow \cdot S]$

的项目集 C_k 的下标 k 为分析器的初态。则构造 SLR(1) 分析表的步骤如下。

（1）若项目 $A \to \alpha \cdot a\beta \in C_i$ 且 $GO[i,a] = C_j$，其中 a 为终结符，将 $ACTION[i,a]$ 置为 "把状态 j 和符号 a 移进栈"，简记为 S_j；

（2）若项目 $A \to \alpha \cdot \in C_i$，则对 a（a 为终结符或 # ）$\in FOLLOW(A)$，将 $ACTION[i,a]$ 置为 "用产生式 $A \to \alpha$ 进行归约"，简记为 R_j（假定 $A \to \alpha$ 是文法 G' 的第 j 条产生式）；

（3）若项目 $S' \to S \cdot \in C_i$，则将 $ACTION[i,\#]$ 置为 "接受"，简记为 ACCEPT；

（4）若 $GO[i,A] = C_j$，A 为非终结符，则置 $GOTO[i,A] = j$；

（5）分析表中凡不能用规则（1）～（4）添入信息的元素为空或均置为 ERROR。

按此方法构造算术表达式的 SLR(1) 分析表，见表 5-10。根据表 5-8 中的项目集，其中状态 1、状态 2 和状态 9 含有冲突项目。

表 5-10　算术表达式的 SLR(1) 分析表

状态	ACTION						GOTO		
	i	+	*	(	)	#	E	T	F
0	S_5			S_4			1	2	3
1		S_6				ACCEPT			
2		R_2	S_7		R_2	R_2			
3		R_4	R_4		R_4	R_4			
4	S_5			S_4			8	2	3
5		R_6	R_6		R_6	R_6			
6	S_5			S_4				9	3
7	S_5			S_4					10
8		S_6			S_{11}				
9		R_1	S_7		R_1	R_1			
10		R_3	R_3		R_3	R_3			
11		R_5	R_5		R_5	R_5			

一旦给出了分析表，就可以来分析输入符号串。

【例 5-10】　利用表 5-10 的分析表，对表达式 i＊(i＋i) 进行分析。

解：SLR(1) 与 LR(0) 的分析表构造算法略有不同，但 SLR(1) 分析器的工作过程与 LR(0) 的相同，表达式 i＊(i＋i) 的分析过程见表 5-11。

表 5-11　符号串 i＊(i＋i) 的分析过程

步骤	状态栈	符号栈	输入符号串	ACTION	GOTO	说　明
1	0	#	i＊(i＋i)#	S_5		开始时，0 入状态栈，# 入符号栈，输入符号为 i。查动作表 0 行 i 列为 S_5，5 入状态栈，i 入符号栈
2	05	#i	＊(i＋i)#	R_6	3	输入符号为 ＊，查动作表 5 行 ＊ 列为 R_6，用 $F \to i$ 归约，i 出符号栈，F 入符号栈，5 出状态栈，0 为栈顶，查 GOTO 表 0 行 F 列得 3，3 入状态栈

续表

步骤	状态栈	符号栈	输入符号串	ACTION	GOTO	说　明
3	03	#F	*(i+i)#	R_4	2	输入符号为*，查动作表3行*列为R_4，用$T \to F$归约，F出符号栈，TF入符号栈，3出状态栈，0为栈顶，查GOTO表0行T列得2，2入状态栈
4	02	#T	*(i+i)#	S_7		输入符号为*，查动作表2行*列为S_7，7入状态栈，(入符号栈
5	027	#T*	(i+i)#	S_4		输入符号为(，查动作表7行(列为S_4，4入状态栈，(入符号栈
6	0274	#T*(	i+i)#	S_5		输入符号为i，查动作表4行i列为S_5，5入状态栈，i入符号栈
7	02745	#T*(i	+i)#	R_5	3	输入符号为+，查动作表5行+列为R_6，用$F \to i$归约，i出符号栈，F入符号栈，5出状态栈，4为栈顶，查GOTO表4行F列得3，3入状态栈
8	02743	#T*(F	+i)#	R_4	2	输入符号为+，查动作表3行+列为R_4，用$T \to F$归约，F出符号栈，T入符号栈，3出状态栈，4为栈顶，查GOTO表4行T列得2，2入状态栈
9	02742	#T*(T	+i)#	R_2	8	输入符号为+，查动作表2行+列为R_2，用$E \to T$归约，T出符号栈，E入符号栈，2出状态栈，4为栈顶，查GOTO表4行E列得8，8入状态栈
10	02748	#T*(E	+i)#	S_6		输入符号为+，查动作表8行+列为S_6，6入状态栈，+入符号栈
11	027486	#T*(E+	i)#	S_5		输入符号为i，查动作表6行i列为S_5，5入状态栈，i入符号栈
12	0274865	#T*(E+i	)#	R_6	3	输入符号为)，查动作表5行)列为R_6，用$F \to i$归约，i出符号栈，F入符号栈，5出状态栈，6为栈顶，查GOTO表6行F列得3，3入状态栈
13	0274863	#T*(E+F	)#	R_4	9	输入符号为)，查动作表3行)列为R_4，用$T \to F$归约，F出符号栈，T入符号栈，3出状态栈，6为栈顶，查GOTO表6行T列得9，9入状态栈
14	0274859	#T*(E+T	)#	R_1	8	输入符号为)，查动作表9行)列为R_1，用$E \to E+T$归约，$E+T$出符号栈，E入符号栈，859出状态栈，4为栈顶，查GOTO表4行E列得8，8入状态栈

续表

步骤	状态栈	符号栈	输入符号串	ACTION	GOTO	说　明
15	02748	#$T*(E$	)#	S_{11}		输入符号为),查动作表 8 行)列为 S_{11},11 入状态栈,)入符号栈
16	02748 <u>11</u>	#$T*(E)$	#	R_5	10	输入符号为#,查动作表 11 行'#'列为 R_5,用 $F→(E)$ 归约,(E)出符号栈、F 入符号栈,48 <u>11</u> 出状态栈、7 为栈顶,查 GOTO 表 7 行 F 列得 <u>10</u>,<u>10</u> 入状态栈
17	027 <u>10</u>	#$T*F$	#	R_3	2	输入符号为#,查动作表 10 行#列为 R_3,用 $T→T*F$ 归约,T*F 出符号栈、T 入符号栈,27 <u>11</u> 出状态栈、0 为栈顶,查 GOTO 表 0 行 T 列得 2,2 入状态栈
18	02	#T	#	R_2	1	输入符号为#,查动作表 2 行#列为 R_2,用 $E→T$ 归约,T 出符号栈,E 入符号栈,2 出状态栈,0 为栈顶,查 GOTO 表 0 行 E 列得 1,1 入状态栈
19	01	#E	#	ACCEPT		输入符号为#,查动作表 1 行#列为 ACCEPT,接受

注:由于状态 10 和状态 11 由两位数组成,为防止与状态 1 或状态 0 混淆,特加下划线表示。

SLR(1)分析器构造算法很简单,其分析过程也很容易进行。通常,把能用 SLR(1)分析器分析的语言叫做 SLR(1)语言。如果一个文法的项目集规范族的某些项目集存在冲突,但这种冲突能用 SLR(1)方法解决,那么,该文法就是 SLR(1)文法。由此构造的分析表为 SLR(1)分析表。

考察表 5-8 中的状态 2 和状态 9 的项目集:

对于项目集 $C_2 = \{E→T\cdot , T→T\cdot *F\}$

FOLLOW$(E) = \{\#,+,)\}$,因为 $\{\#,+,)\} \cap \{*\} = \varnothing$,因此 C_2 冲突可解决。

对于项目集 $C_9 = \{E→E+T\cdot , T→T\cdot *F\}$

FOLLOW$(E) = \{\#,+,)\}$,因为 $\{\#,+,)\} \cap \{*\} = \varnothing$,因此 C_9 冲突可解决。

因此,算术表达式文法是 SLR(1)文法。

总结上述过程,下面给出构造 SLR 分析表的步骤小结:

(1) 文法拓广;

(2) 构造 LR(0)项目集规范族;

(3) 求出非终结符的 FOLLOW 集;

(4) 由构造 SLR 分析表的算法构造 SLR 分析表。

虽然 SLR(1)构造算法很简单,但也存在不是 SLR(1)的文法。在这种情况下,就不能为文法构造一个 SLR(1)分析器。这时,就需要考虑下面即将介绍的 LR(1)方法。

5.6　LR(1)分析器

SLR(1)分析方法比较实用，造表算法简单且状态数目较少，与 LR(0)的状态数相同，许多程序设计语言基本上都可以用 SLR(1)文法来描述。但仍有很多文法不能用 SLR(1)方法来解决冲突。

考虑如下拓广文法：

(0) $G \rightarrow S$

(1) $S \rightarrow E = E$

(2) $S \rightarrow i$

(3) $E \rightarrow T$

(4) $E \rightarrow E + T$

(5) $T \rightarrow i$

(6) $T \rightarrow T * i$

其项目集规范族见表 5-12，识别活前缀的有穷自动机如图 5-9 所示。

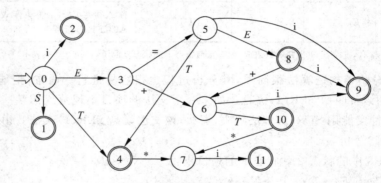

图 5-9　识别活前缀的自动机

表 5-12　项目集规范族

状态	项目集	转换函数
0	$G \rightarrow \cdot S$	$GO[0,S]=1$
	$S \rightarrow \cdot i$	$GO[0,i]=2$
	$S \rightarrow \cdot E = E$	$GO[0,E]=3$
	$E \rightarrow \cdot T$	$GO[0,T]=4$
	$E \rightarrow \cdot E + T$	$GO[0,E]=3$
	$T \rightarrow \cdot i$	$GO[0,i]=2$
	$T \rightarrow \cdot T * i$	$GO[0,T]=4$
1	$G \rightarrow S \cdot$	ACCEPT
2	$S \rightarrow i \cdot$	R_2
	$T \rightarrow i \cdot$	R_5

续表

状态	项目集	转换函数
3	$S \to E \cdot = E$ $E \to E \cdot + T$	$GO[3, =] = 5$ $GO[3, +] = 6$
4	$E \to T \cdot$ $T \to T \cdot * i$	R_3 $GO[4, *] = 7$
5	$S \to E = \cdot E$ $E \to \cdot T$ $E \to \cdot E + T$ $T \to \cdot i$ $T \to \cdot T * i$	$GO[5, E] = 8$ $GO[5, T] = 4$ $GO[5, E] = 8$ $GO[5, i] = 9$ $GO[5, T] = 4$
6	$E \to E + \cdot T$ $T \to \cdot i$ $T \to \cdot T * i$	$GO[6, T] = 10$ $GO[6, i] = 9$ $GO[6, T] = 10$
7	$T \to T * \cdot i$	$GO[7, i] = 11$
8	$S \to E = E \cdot$ $E \to E \cdot + T$	R_1 $GO[8, +] = 6$
9	$T \to i \cdot$	R_5
10	$E \to E + T \cdot$ $T \to T \cdot * i$	R_4 $GO[10, *] = 7$
11	$T \to T * i \cdot$	R_6

观察状态 2 项目集：$S \to i \cdot$，$T \to i \cdot$，存在"归约—归约冲突"。

由于 $FOLLOW(S) = \{\sharp\}$ 与 $FOLLOW(T) = \{\sharp, +, =, *\}$ 两个集合相交，所以该文法显然不是 SLR(1) 文法。根据项目集规范族构造的 SLR(1) 分析表的局部见表 5-13，其中 $ACTION[2, \sharp] = R_2 / R_5$，出现多重定义。

表 5-13　有多重定义的 SLR(1) 分析表的局部

状态	ACTION					GOTO		
	i	=	+	*	$\sharp$	S	E	T
0	S_2					1	3	4
1					ACCEPT			
2	R_5	R_5	R_5	R_5	R_2 / R_5			
⋮								

在图 5-9 的 DFA 上，考察在状态 2 用产生式 $S \to i$ 归约后所发生的转换。应用 $S \to i$ 归约后，将发生 S 入符号栈的操作。对于 S，有从状态 0 到状态 1 的转换，该状态为结束状态，面临的输入符号为右界符 $\sharp$。再考察在状态 2 用产生式 $T \to i \cdot$ 进行归约时所产生的转移。T 入符号栈后将转移到状态 4，该状态面临的输入符号应为 $*$。同时在状态 4

下应用 $E{\to}T$ 产生式进行归约，E 入栈后将转移到状态 3，在该状态下面临的输入符号应为＋和＝。所以产生式 $S{\to}i$ 即将面临的输入符号集是 $\{\sharp\}$，产生式 $T{\to}i$ 即将面临的符号集是 $\{+,=,*\}$，并不包含 $\sharp$。

解决 LR(0) 冲突的 SLR(1) 规则的主要依据是非终结符号的 FOLLOW 集。但由以上分析可以看出：FOLLOW 集大于实际的即将面临的输入符号集。通常，把即将面临的输入符号集称为超前信息。因此，如果在有效项目中加入超前信息，就可解决冲突。LR(1) 分析方法就是利用超前信息来解决这种冲突。

5.6.1 LR(1)项目

前面已经提到，在 SLR(1) 中，通过计算 FOLLOW 集合来获得超前信息。实际中从 FOLLOW 集合获得的超前信息大于实际上能够出现的超前信息。为了在有效项目中加入超前信息，因此，LR(1) 项目由两部分组成：第一部分与 LR(0) 的项目相同；第二部分是超前信息。根据超前信息，有时可能需要将一个状态分成几个状态。

LR(1) 项目定义：一个 LR(1) 项目的形式为 $[A{\to}\alpha\cdot\beta,u]$，其中第一部分是一个 LR(0) 项目，即带有圆点的产生式 $A{\to}\alpha\cdot\beta$，称为 LR(1) 项目的核；第二部分 u 是一个超前扫描字符，且 $u\in V_t\bigcup\{\varepsilon\}$。

对于一个 LR(1) 项目 $[A{\to}\alpha\cdot\beta,u]$，如果存在最右推导

$$S \overset{*}{\underset{R}{\Rightarrow}} \lambda At \underset{R}{\Rightarrow} \lambda\alpha\beta t$$

其中 $\lambda\alpha$ 是活前缀，且 u 是 t 的第一个符号或者是 $\sharp$，那么说这个 LR(1) 项目对活前缀 $\lambda\alpha$ 有效。

【例 5-11】有文法如下：

(0) $G{\to}S$

(1) $S{\to}E{=}E$

(2) $S{\to}i$

(3) $E{\to}T$

(4) $E{\to}E{+}T$

(5) $T{\to}i$

(6) $T{\to}T*i$

考虑哪些项目对活前缀 $E{=}T$ 有效。

解：最右推导 $G\overset{*}{\underset{R}{\Rightarrow}}E{=}T{+}i\underset{R}{\Rightarrow}E{=}T*i{+}i$。对照定义，$A{=}T,\alpha{=}T,\beta{=}*i,t{=}{+}i,u{=}+$，所以项目 $[T{\to}T\cdot*i,+]$ 对活前缀 $E{=}T$ 是有效的。

最右推导 $G\overset{*}{\underset{R}{\Rightarrow}}E{=}T*i\underset{R}{\Rightarrow}E{=}T*i*i,A{=}T,\alpha{=}T,\beta{=}*i,t{=}*i,u{=}*$，所以项目 $[T{\to}T\cdot*i,*]$ 对活前缀 $E{=}T$ 是有效的。

具有相同的核的项目可以组合成复合项目。例如，观察项目 $[T{\to}T\cdot*i,+]$ 和 $[T{\to}T\cdot*i,*]$，它们具有相同的核，因此可以组合成复合项目 $[T{\to}T\cdot*i,+:*]$。组合成复合项目时，只需将超前字符合并，即项目 $[A{\to}\alpha\cdot\beta,u_1]$、$[A{\to}\alpha\cdot\beta,u_2]$、$\cdots$、$[A{\to}\alpha\cdot\beta,u_m]$ 能够合并成 $[A{\to}\alpha\cdot\beta,u_1:u_2:\cdots:u_m]$。

5.6.2 LR(1)项目集规范族构造算法

LR(1)项目集规范族构造算法与 LR(0)项目集规范族构造算法几乎一样。但要注意,LR(1)的项目比 LR(0)项目多了超前信息,而且,LR(1)项目集的闭包运算比 LR(0)的复杂得多。

1. LR(1)项目集的闭包运算

LR(1)分析器的生成算法类似于 LR(0)分析器,主要不同之处是 LR(1)分析器还必须确定超前扫描符号。生成 LR(1)项目集的闭包运算则比 LR(0)项目集的闭包运算要更复杂,因为必须同时生成超前扫描信息。

首先,介绍 LR(1)闭包(closure)运算定义。

设 I 为一个 LR(1)项目集,LR(1)闭包(closure)运算 CLOSURE(I) 定义如下:

(1) I 中的任何 LR(1)项目都属于 CLOSURE(I);

(2) 如项目 $[A \to \alpha \cdot X\beta, a]$ 属于 CLOSURE(I),且 X 为非终结符号,则所有形式为 $[X \to \cdot \delta, b]$ 的项目均添加到 CLOSURE(I)中,其中,$b \in$ FIRST(βa);

(3) 重复(1)和(2),直到 CLOSURE(I)封闭为止。

【例 5-12】 对 $[E \to \cdot T, =]$ 进行闭包运算。

解: 因为有产生式 $T \to i$,所以 $[T \to \cdot i, =]$ 也属于该项目集,此时 $\beta = \varepsilon$。有产生式 $T \to T * i$,所以 $[T \to \cdot T * i, =]$ 也是该项目集成员。

项目 $[T \to \cdot T * i, =]$ 的闭包将产生两个新项目 $[T \to \cdot i, *]$ 和 $[T \to \cdot T * i, *]$。可以看到,在后两种情况下 $\beta = * i$,所以超前扫描符号是 $*$。

最后对 $[E \to \cdot T, =]$ 进行闭包运算得到的项目集为:

$\{[E \to \cdot T, =], [T \to \cdot T * i, =], [T \to \cdot i, *], [T \to \cdot T * i, *]\}$

2. LR(1)项目集转换函数 GO

转换函数用于定义项目集之间的转换。LR(1)转换函数的构造与 LR(0)的相似,其定义如下:

设 I 是一个项目集,X 是任一文法符号,则 GO$[I, X]$ 定义为:

GO$[I, X]$ = CLOSURE(J)

其中,$J = \{$任何具有 $[A \to \alpha X \cdot \beta, a]$ 的项目 | $[A \to \alpha \cdot X\beta, a] \in I\}$,即对项目集 I 中所有的项目进行读 X 操作的结果。CLOSURE(J)为对 J 进行了闭包运算得到的项目集,称为 I 的后继项目集。

3. LR(1)项目集规范族

给定一个文法 $G = (V_n, V_t, S, P)$,用下面的算法构造 LR(1)项目集规范族。

(1) 生成开始状态的 LR(1)项目集。

① 如果 $S \to \alpha \in P$,则将 $[S \to \cdot \alpha, \sharp]$ 放进初始状态项目集 C_0。

② 对 C_0 进行闭包运算,直到不再有新项目加入初始状态集 C_0 为止。

(2) 生成文法的其他项目集。重复第(3)~(4)步,直到再无新项目集出现。

（3）对一个项目集 C_i 求后继项目集 C_j，构造项目集的转换。

① 对项目集 C_i 中的每个后继符号 X 进行读操作，生成一个新的项目集 C_j。

② 如果该项目集已经存在，则 C_j 就是已经存在的项目集；否则，得到一个新的基本项目集 C_j，$GO[C_i, X] = C_j$。

（4）对新的项目集 C_j 进行闭包运算，直到无新项目可加入到 C_j 中。

【例 5-13】 对如下文法生成项目集规范族。

（0）$G \rightarrow S$

（1）$S \rightarrow E = E$

（2）$S \rightarrow i$

（3）$E \rightarrow T$

（4）$E \rightarrow E + T$

（5）$T \rightarrow i$

（6）$T \rightarrow T * i$

解：从初始状态 0 开始，首先项目 $[G \rightarrow \cdot S, \sharp]$ 加进 C_0 中。对 C_0 执行闭包运算，可得到 $[S \rightarrow \cdot E = E, \sharp]$ 和 $[S \rightarrow \cdot i, \sharp]$。对项目 $[S \rightarrow \cdot i, \sharp]$ 进行闭包运算不产生新项目，因为 i 是终结符号。而对于项目 $[S \rightarrow \cdot E = E, \sharp]$ 的闭包运算则产生新项目。因为 $E \rightarrow T$ 和 $E \rightarrow E + T$ 是文法的产生式，所以项目 $[E \rightarrow \cdot T, =]$ 和 $[E \rightarrow \cdot E + T, =]$ 添加到该项目集中，对于项目 $[E \rightarrow \cdot T, =]$，因为 $T \rightarrow i$ 和 $T \rightarrow T * i$ 是文法的产生式，所以项目 $[T \rightarrow \cdot i, =]$ 和 $[T \rightarrow \cdot T * i, =]$ 添加到该项目集中。而项目 $[T \rightarrow \cdot T * i, =]$ 的闭包运算又产生 $[T \rightarrow \cdot i, *]$ 和 $[T \rightarrow \cdot T * i, *]$。对于项目 $[E \rightarrow \cdot E + T, =]$，项目 $[E \rightarrow \cdot T, +]$ 和 $[E \rightarrow \cdot E + T, +]$ 添加到该项目集中。而项目 $[E \rightarrow \cdot T, +]$ 的闭包运算又产生 $[T \rightarrow \cdot i, +]$ 和 $[T \rightarrow \cdot T * i, +]$。对于项目 $[E \rightarrow \cdot E + T, +]$，闭包运算产生重复的项目，不再计算。至此，再没有新的项目可产生。对基本项目的闭包运算可用闭包树表示，如图 5-10 所示。最终，求得 LR(1) 项目的开始项目集 C_0 如下。

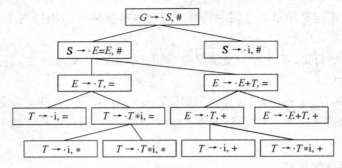

图 5-10　基本项目的闭包运算树

状态 0：

$G \rightarrow \cdot S, \sharp$

$S \rightarrow \cdot E = E, \sharp$

$S \rightarrow \cdot i, \sharp$

$$E \rightarrow \cdot T, =\colon +$$
$$E \rightarrow \cdot E + T, =\colon +$$
$$T \rightarrow \cdot i, =\colon *\colon +$$
$$T \rightarrow \cdot T * i, =\colon *\colon +$$

下面按照算法的(3)和(4)步来生成新的状态项目集。对状态0有4种可能的转换。

一是对后继符号 E 转换到状态1。状态0的两个项目$[S \rightarrow \cdot E = E, \sharp]$和$[E \rightarrow \cdot E + T, =\colon +]$与这个转换有关。状态1的基础项目是$[S \rightarrow E \cdot = E, \sharp]$和$[E \rightarrow E \cdot + T, =\colon +]$。这些基础项目的闭包运算不产生新的项目。

二是对后继符号 T 由状态0到状态2的转换,状态0的项目$[E \rightarrow \cdot T, =\colon +]$和$[T \rightarrow \cdot T * i, =\colon +\colon *]$被包括在这个转换中。所以,状态2的基础项目是$[E \rightarrow T \cdot, =\colon +]$和$[T \rightarrow T \cdot * i, =\colon +\colon *]$。这些项目的闭包运算所得的新项目集为空集。

三是在符号i上,由状态0到状态3的转换。状态0的两个项目$[S \rightarrow \cdot i, \sharp]$和$[T \rightarrow \cdot i, =\colon +\colon *]$产生状态3的基础项目$[S \rightarrow i \cdot, \sharp]$和$[T \rightarrow i \cdot, =\colon +\colon *]$。因为这些都是完成项目,故闭包运算无新项目出现。

注意:该状态是不充分的,但是无歧义。如果当前输入符号是$\sharp$,则使用产生式$S \rightarrow i$进行归约。另外,如果输入符号是$=$、$+$或$*$,则使用规则$T \rightarrow i$进行归约。而在前面,用SLR(1)方法不能解决这个问题。

四是对后继符号 S 由状态0到状态17。当进入该状态时,分析器将停止并接受该输入串。

其他新状态可以从状态1和状态2开始。从状态1出发有两个可能的转换:即对后继符号=转到状态4;对后继符号+则转到状态5。类似地,对后继符号 $*$ 有从状态2到状态11的转换。重复执行步骤(3)和步骤(4),LR(1)分析器的有穷控制的状态集将收敛。最后,可得到该文法的LR(1)项目集规范族,见表5-14。

表 5-14　LR(1)项目集规范族

状态	LR(1)项目	转换函数
0	$G \rightarrow \cdot S, \sharp$ $S \rightarrow \cdot E = E, \sharp$ $S \rightarrow \cdot i, \sharp$ $E \rightarrow \cdot T, =\colon +$ $E \rightarrow \cdot E + T, =\colon +$ $T \rightarrow \cdot i, =\colon *\colon +$ $T \rightarrow \cdot T * i, =\colon *\colon +$	$GO[0, S] = 17$ $GO[0, E] = 1$ $GO[0, i] = 3$ $GO[0, T] = 2$ $GO[0, E] = 1$ $GO[0, i] = 3$ $GO[0, T] = 2$
1	$S \rightarrow E \cdot = E, \sharp$ $E \rightarrow E \cdot + T, =\colon +$	$GO[1, =] = 4$ $GO[1, +] = 5$
2	$E \rightarrow T \cdot, =\colon +$ $T \rightarrow T \cdot * i, =\colon *\colon +$	R_3 $GO[2, *] = 11$
3	$S \rightarrow i \cdot, \sharp$ $T \rightarrow i \cdot, =\colon *\colon +$	R_2 R_5

续表

状态	LR(1)项目	转换函数
4	$S \rightarrow E = \cdot E, \#$ $E \rightarrow \cdot T, \#:+$ $E \rightarrow \cdot E+T, \#:+$ $T \rightarrow \cdot i, \#:+:*$ $T \rightarrow \cdot T*i, \#:+:*$	$GO[4,E]=6$ $GO[4,T]=7$ $GO[4,E]=6$ $GO[4,i]=8$ $GO[4,T]=7$
5	$E \rightarrow E+ \cdot T, =:+$ $T \rightarrow \cdot i, =:+:*$ $T \rightarrow \cdot T*i, =:+:*$	$GO[5,+]=10$ $GO[5,i]=9$ $GO[5,T]=10$
6	$S \rightarrow E=E \cdot, \#$ $E \rightarrow E \cdot +T, \#:+$	R_1 $GO[6,+]=13$
7	$E \rightarrow T \cdot, \#:+$ $T \rightarrow T \cdot *i, \#:+:*$	R_3 $GO[7,*]=15$
8	$T \rightarrow i \cdot, \#:+:*$	R_5
9	$T \rightarrow i \cdot, =:+:*$	R_5
10	$E \rightarrow E+T \cdot, =:+$ $T \rightarrow T \cdot *i, =:+:*$	R_4 $GO[10,*]=11$
11	$T \rightarrow T* \cdot i, =:+:*$	$GO[11,i]=12$
12	$T \rightarrow T*i \cdot, =:+:*$	R_6
13	$E \rightarrow E+ \cdot T, \#:+$ $T \rightarrow \cdot i, \#:+:*$ $T \rightarrow \cdot T*i, \#:+:*$	$GO[13,+]=14$ $GO[13,i]=8$ $GO[13,T]=14$
14	$E \rightarrow E+T \cdot, \#:+$ $T \rightarrow T \cdot *i, \#:+:*$	R_4 $GO[14,*]=15$
15	$T \rightarrow T* \cdot i, \#:+:*$	$GO[15,i]=16$
16	$T \rightarrow T*i \cdot, \#:+:*$	R_6
17	$G \rightarrow S \cdot \#$	ACCEPT

从表 5-14 中可以看到，某些状态与其他状态相比，项目的第一部分（核）相同但超前集不同。状态 8 和状态 9 就是这样一对状态。在没有超前符号的 LR(0) 机器中，这两个状态不可区分，将合并在一个状态中。

5.6.3 LR(1)分析表的构造

设文法 G' 的项目集规范族 $C=\{C_0,C_1,\cdots,C_n\}$，令其中每个项目集 $C_i(i=0,1,\cdots,n)$ 的下标 i 作为分析器的状态 i，令包含项目 $[S' \rightarrow \cdot S, \#]$ 的项目集 C_k 的下标 k 为分析器的初态。则构造LR(1)分析表的算法如下：

（1）若项目 $[A \rightarrow \alpha \cdot a\beta, b] \in C_i$ 且 $GO[C_i,a]=C_j$，其中 a 为终结符，将 ACTION$[i,a]$ 置为"把状态 j 和符号 a 移进栈"，简记为 S_j；

（2）若项目$[A \rightarrow \alpha \cdot , a] \in C_i$，则将 ACTION$[i,a]$置为"用产生式 $A \rightarrow \alpha$ 进行归约"，简记为 R_j（假定 $A \rightarrow \alpha$ 是文法 G' 的第 j 条产生式）；

（3）若项目$[S' \rightarrow S \cdot , \sharp] \in C_i$，则将 ACTION$[i,\sharp]$置为"接受"，简记为 ACCEPT；

（4）若 GO$[C_i,A] = C_j$，A 为非终结符，则置 GOTO$[i,A] = j$；

（5）分析表中凡不能用规则（1）～（4）添入信息的单元为空或均置为 ERROR。

LR(1)文法的分析器常常被称为规范 LR(1)分析器。如果按上面的算法构造的分析表不是多值的，则文法是 LR(1)的。

对于例 5-13 中的文法，根据表 5-14 列出的项目集规范族，按 LR(1)分析表构造算法，构造的 LR(1)分析表见表 5-15。

表 5-15　LR(1)分析表

状态	ACTION					GOTO		
	i	=	+	*	$\sharp$	S	E	T
0	S_3					17	1	2
1		S_4	S_5					
2		R_3	R_3	S_{11}				
3		R_5	R_5	R_5	R_2			
4	S_8						6	7
5	S_9							10
6			S_{13}		R_1			
7		R_3	S_{15}	R_3				
8		R_5	R_5	R_5				
9	R_5	R_5	R_5					
10		R_4	R_4	S_{11}				
11	S_{12}							
12		R_6	R_6	R_6				
13	S_8							14
14		R_4	S_{15}	R_4				
15	S_{16}							
16			R_8	R_8	R_8			
17					A			

【**例 5-14**】　利用表 5-15 列出的 LR(1)分析表，对符号串 i＝i＊i＋i 进行分析。

解：对于符号串 i＝i＊i＋i 的具体分析过程见表 5-16。由于 LR(1)分析器的工作过程与 LR(0)及 SLR(1)的一样，所以表 5-16 不再对每一步的分析进行说明。

LR(1)分析方法能力较强，能适应很多文法，它能解决 SLR(1)方法无法解决的冲突；但它比 LR(0)有更多的状态，当文法的规则较多时，构造的分析表也会很大。有时可通过合并某些状态来减少状态数目，这就是 LALR(1)分析器。

表 5-16　符号串 i＝i＊i＋i 的分析过程

步骤	栈内容	符号栈	输入串	动作
0	0	＃	i＝i＊i＋i＃	S_3
1	03	＃i	＝i＊i＋i＃	R_5
2	02	＃T	＝i＊i＋i＃	R_3
3	01	＃E	＝i＊i＋i＃	S_4
4	014	＃E＝	i＊i＋i＃	S_8
5	0148	＃E＝i	＊i＋i＃	R_5
6	0147	＃E＝T	＊i＋i＃	S_{15}
7	0147 15	＃E＝T＊	i＋i＃	S_{16}
8	0147 15 16	＃E＝T＊i	＋i＃	R_6
9	0147	＃E＝T	＋i＃	R_3
10	0146	＃E＝E	＋i＃	S_{13}
11	0146 13	＃E＝E＋	i＃	S_8
12	0146 138	＃E＝E＋i	＃	R_5
13	0146 13 14	＃E＝E＋T	＃	R_4
14	0146	＃E＝E	＃	R_1
15	017	＃S	＃	ACCEPT

5.7　LALR(1)分析器

　　LALR(1)分析方法与 SLR 方法类似,是介于 LR(1)与 SLR(1)之间的折中方案。利用这种分析技术,构造出的 LALR 分析表的状态数等于 SLR 分析表的状态数,比 LR(1)分析表小得多。虽然 LALR(1)分析能力比 LR 分析器要差一些,但它比 SLR 强大,能够处理一些 SLR 分析器难以处理的情况。LALR(1)分析表可从 LR(1)项目集直接得到。

　　观察表 5-12 中的 LR(1)项目集规范族,发现状态 8 和状态 9 的项目集十分类似。事实上,这两个项目的第一部分(或核)是相同的,不同的仅仅是其第二部分,即超前集不相同。状态 8 和状态 9 的 LR(1)项目集可以合并成一个项目集[T→i・,＃：＝：＋：＊],其中两个项目集的超前符号已经合并成一个符号集。

　　类似地,观察状态 5 和状态 13 的项目集:

$$C_5 = \{[E \to E + \cdot \ T, =:+], [T \to \cdot i, =:+: \ *], [\ T \to \cdot \ T * i, =:+: \ *]\}$$

$$C_{13} = \{[E \to E + \cdot \ T, \#:+], [T \to \cdot i, \#:+: \ *], [T \to \cdot \ T * i, \#:+: \ *]\}$$

这两个项目集中相应项目的核是相同的。所以,这两个集合可以合并成下列集合:

$$\{[E \to E + T, \#:=:+], [T \to \cdot i, \#:+: \ *], [T \to \cdot \ T * i, \#:+: \ *]\}$$

　　再观察其他状态项目集,可发现状态 2 和状态 7、状态 12 和状态 16、状态 10 和状态 14、状态 11 和状态 15 都可以合并成一个状态。合并后最终生成的项目集规范族的项目集数与 SLR(1)的项目集数相同,只不过 LALR(1)的项目集中的每个项目都含有超前信息。

　　由表 5-14 的 LR(1)项目集规范族合并同核项目集后得到的 LALR(1)项目集规范

族,其状态对应如下:

0→[0]	1→[1]
2,7→[2]	3→[3]
4→[4]	5,13→[5]
6→[6]	8,9→[7]
10,14→[8]	11,15→[9]
12,16→[10]	17→[11]

其中,箭头左边的是 LR(1)项目集,右边为 LALR(1)项目集。

对于同核项目集的合并,有下面两个问题需要说明。

(1) 合并后的项目集的核保持不变,只是超前符号集为各同核项目集的超前符号集的并集;

(2) 原同核项目集之间的 GO 转换函数也要合并。

考虑 LALR(1)的状态[2],该状态是由原来的 LR(1)机器中的状态 2 和状态 7 合并而成的。而在 LR(1) 的项目集规范族中,对符号 T 有从状态 0 到状态 2 的转换(GO[0, T]=2),也有由状态 4 到状态 7 的转换(GO[4, T]=7),所以,在 LALR(1)的项目集规范族中这两个转换将表示成:对符号 T 由状态[0]到状态[2] (GO[[0], T]=[2])、对符号 T 由状态[4]到状态[2] (GO[[4], T]=[2])。

表 5-17 列出根据 LR(1)项目集规范族合并同核集后得到的 LALR(1)项目集规范族。

表 5-17 LALR(1)项目集规范族

状态	LR(1)项目	转 换 函 数
[0]	$G \to \cdot S, \#$ $S \to \cdot E = E, \#$ $S \to \cdot i, \#$ $E \to \cdot T, =: +$ $E \to \cdot E + T, =: +$ $T \to \cdot i, =: *: +$ $T \to \cdot T * i, =: *: +$	GO[[0], S]=[11] GO[[0], E]=[1] GO[[0], i]=[3] GO[[0], T]=[2] GO[[0], E]=[1] GO[[0], i]=[3] GO[[0], T]=[2]
[1]	$S \to E \cdot = E, \#$ $E \to E \cdot + T, =: +$	GO[[1], =]=[4] GO[[1], +]=[5]
[2]	$E \to T \cdot, \#: =: +$ $T \to T \cdot * i, \#: =: *: +$	R_3 GO[[2], *]=[9]
[3]	$S \to i \cdot, \#$ $T \to i \cdot, =: *: +$	R_2 R_5
[4]	$S \to E = \cdot E, \#$ $E \to \cdot T, \#: +$ $E \to \cdot E + T, \#: +: *$ $T \to \cdot i, \#: +: *$ $T \to \cdot T * i, \#: +: *$	GO[[4], E]=[6] GO[[4], T]=[2] GO[[4], E]=[6] GO[[4], i]=[7] GO[[4], T]=[2]

续表

状态	LR(1)项目	转换函数
[5]	$E \rightarrow E + \cdot T, \#:=:+$ $T \rightarrow \cdot i, \#:=:+:*$ $T \rightarrow \cdot T * i, \#:=:+:*$	$GO[[5], T] = [8]$ $GO[[5], i] = [7]$ $GO[[5], T] = [8]$
[6]	$S \rightarrow E = E \cdot, \#$ $E \rightarrow E \cdot + T, \#:+$	R_1 $GO[[6], +] = [5]$
[7]	$T \rightarrow i \cdot, \#:=:+:*$	R_5
[8]	$E \rightarrow E + T \cdot, \#:=:+$ $T \rightarrow T \cdot * i, \#:=:+:*$	R_4 $GO[[10], *] = [9]$
[9]	$T \rightarrow T * \cdot i, \#:=:+:*$	$GO[[11], i] = [10]$
[10]	$T \rightarrow T * i \cdot, \#:=:+:*$	R_6
[11]	$G \rightarrow S \cdot, \#$	ACCEPT

在 LR(1)中的符号 * 有从状态 2 到状态 11（GO[2, *]=11）和从状态 7 到状态 15 的转换（GO[7, *]=15），因为 LR(1)的状态 2 和 7 合并成 LALR(1)的状态[2]，状态 11 和状态 15 合并成 LALR(1)的状态[9]，所以这两个转换在 LALR(1)项目集规范族中表示成一个对符号 * 由状态[2]到状态[9]的转换（GO[[2], *]=[9]）。

对于 LR(1)的状态 8 和状态 9 合并成 LALR(1)中的状态[7]，而在原来的 LR(1)上的符号 i 有从状态 5 到状态 9、从状态 4 到状态 8 以及状态 13 到状态 8 的转换，因为 LR(1)的状态 5 和状态 13 合并为 LALR(1)的状态[5]，所以在 LALR(1)上有状态[5]到状态[7]和状态[4]到状态[7]的转换。

LALR(1)分析表的构造方法与 LR(1)的相同，综合上面的 LALR(1)的项目集规范族获得方法，给出构造 LALR(1)分析表的如下算法。

（1）构造 LR(1)项目集规范族 $C = \{C_0, C_1, C_2, \cdots, C_n\}$。

（2）合并 C 中的同核集，记 $C' = \{J_0, J_1, \cdots, J_n\}$ 为合并后的新族。令包含项目 $[S' \rightarrow \cdot S, \#]$ 的项目集 J_k 的下标 k 为分析器的初态。

（3）根据 C' 构造 ACTION 表：

① 若项目 $[A \rightarrow \alpha \cdot a\beta, b] \in J_i$ 且 $GO[J_i, a] = J_j$，其中 a 为终结符，将 ACTION$[J, a]$ 置为"把状态 j 和符号 a 移进栈"，简记为 S_j；

② 若项目 $[A \rightarrow \alpha \cdot, a] \in J_i$，则将 ACTION$[i, a]$ 置为"用产生式 $A \rightarrow \alpha$ 进行归约"，简记为 R_j（假定 $A \rightarrow \alpha$ 是文法 G' 的第 j 条产生式）；

③ 若项目 $[S' \rightarrow S \cdot, \#] \in J_i$，则将 ACTION$[i, \#]$ 置为"接受"，简记为 ACCEPT。

（4）构造 GOTO 表：假定 J 是由 C_1、C_2、$\cdots$、C_m 合并后的新项目集，其中，每个 C_i 都是一个 LR(1)项目集，由于 C_1、C_2、$\cdots$、C_m 同核，因此 $GO[C_1, X]$、$GO[C_2, X]$、$\cdots$、$GO[C_m, X]$ 也同核。令 k 是由这些同核项目集合并后的项目集，那么，$GO[J, X] = k$。于是，若 $GO[J_i, A] = J_j$，则置 GOTO$[i, A] = j$。

（5）分析表中凡不能用（3）、（4）添入信息的单元为空白或均置为 ERROR。

按构造 LALR（1）分析表的算法，对例 5-13 的文法构造的 LALR（1）分析表见表 5-18。

表 5-18　LALR（1）分析表

状态	ACTION					GOTO		
	i	=	+	*	#	S	E	T
0	S_3					11	1	2
1		S_4	S_5					
2		R_3	R_3	S_9	R_3			
3		R_5	R_5	R_5	R_2			
4	S_7						6	2
5	S_7							8
6			S_5		R_1			
7		R_5	R_5	R_5	R_5			
8		R_4	R_4	S_9	R_4			
9	S_{10}							
10		R_6	R_6	R_6	R_6			
11					ACCEPT			

如果按构造 LALR（1）分析表的算法对文法构造的分析表没有多重定义，则该文法是 LALR（1）文法；否则，该文法不是 LALR（1）文法。

根据 LR（1）的项目集，对具有同核的项目集合并产生了 LALR（1）的项目集，那么合并后是否会带来一些影响呢？项目集合并可能会引起冲突，这种冲突是指：本来的 LR（1）项目集没有冲突，而合并同核项目集后却有冲突，即文法是 LR（1）的但不是 LALR（1）的。但这种冲突不可能是移进—归约型冲突。因为移进—归约型冲突只与项目的核心部分有关，与超前符号集无关，但可能会引起归约—归约型冲突。例如，有文法 $\{S' \rightarrow S, S \rightarrow aAd \mid bBd \mid aBe \mid bAe, A \rightarrow c, B \rightarrow c\}$，如果对它构造 LR（1）项目集规范族以及 LR（1）分析表，会发现这个文法是 LR（1）文法。但如果合并同核集后，构造 LALR（1）分析表，就会发现它会导致归约—归约型冲突，即不是 LALR（1）文法。

另外，LALR（1）分析器检测输入串中的错误也不能像 LR（1）分析器那样快。一般说来，LALR（1）的分析器比 LR（1）的分析器在检测错误时要进行更多的归约。

【例 5-15】　分别用表 5-16 的 LR（1）分析表和表 5-18 的 LALR（1）分析表分析有错误的输入串 i＋i，观察判断出错误的时间。

解：表 5-19 是 LR（1）的分析过程，表 5-20 是 LALR（1）的分析过程。在 LR（1）的分析过程中，发现错误时归约了两次。而在 LALR（1）的分析过程中，进行了 4 次归约才发现错误。

表 5-19　i＋i 的 LR(1) 的分析过程

步骤	栈内容	符号栈	输入串	动作
0	0	＃	i＋i＃	S_3
1	03	＃i	＋i＃	R_5
2	02	＃T	＋i＃	R_3
3	01	＃E	＋i＃	S_5
4	015	＃E＋	i＃	S_9
5	0159	＃E＋i	＃	ERROR

表 5-20　i＋i 的 LALR(1) 的分析过程

步骤	栈内容	符号栈	输入串	动作
0	0	＃	i＋i＃	S_3
1	03	＃i	＋i＃	R_5
2	02	＃T	＋i＃	R_3
3	01	＃E	＋i＃	S_5
4	015	＃E＋	i＃	S_7
5	0157	＃E＋i	＃	R_5
6	0158	＃E＋T	＃	R_4
7	01	＃E	＃	ERROR

　　至此，本章介绍了 4 种 LR 分析方法：LR(0)、SLR(1)、LR(1) 和 LALR(1)。其中，LR(0) 最简单，它是建立在其他 LR 分析法的基础上的。LR(0) 分析能力较低，文法的局限性很大，实用性不大。SLR(1) 是比较容易实现且又有使用价值的方法，多数程序设计语言都可以用 SLR(1) 文法描述，但仍有一些文法不能构造出 SLR(1) 分析表。LR(1) 分析方法能力最强，能够适应一大类文法，但其分析表的状态数过多，需要较大的存储空间。LALR(1) 分析法的分析能力介于 SLR(1) 和 LR(1) 之间，但分析表的状态数比 LR(1) 的小，发现错误的时间可能会推迟，但仍能发现错误。一个 LR(0) 文法肯定是 SLR(1) 文法，一个 SLR(1) 文法也肯定是 LR(1) 文法，一个 LALR(1) 文法也肯定是 LR(1) 文法。

5.8　语法分析程序的自动生成工具——YACC

　　YACC(Yet Another Compiler-Compiler) 是美国 Bell 实验室开发的语法分析程序自动生成器。其输入是某个语言的语法规则，输出该语言的语法分析器。目前 YACC 生成的是一个 LALR(1) 分析器。

　　使用 YACC 的流程如图 5-11 所示。

　　YACC 源程序是使用 YACC 语言编写的语法规则说明，经过 YACC 编译后形成目标文件 Y_tab.c，再用 C 编译器对 Y_tab.c 进行编译，生成目标程序 Y_tab.exe，它就是语法分析程序。用 Y_tab.exe 就可以对源程序进行语法分析。

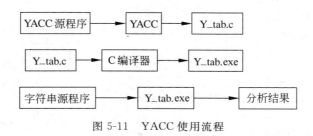

图 5-11　YACC 使用流程

5.8.1　YACC 源程序结构

YACC 源程序文件通常带有一个.y 后缀。YACC 源程序由 3 个部分组成,各部分以"％％"为分隔符:

说明部分
％％
规则部分
％％
程序部分

5.8.2　YACC 源程序说明部分的组成

YACC 源程序说明部分包括了 YACC 需要用来建立分析程序的有关记号、数据类型以及文法规则的信息。它还包括了必须在它的开始时直接进入输出文件的任何 C 代码(主要是其他源代码文件的♯include 指示)。说明部分可以是空的。

具体内容如下:

(1) 变量定义。

％{引用说明;
　　全局变量表;
％}

(2) 开始符号定义(文法的识别符号)。

由％start 引导,默认时以第一条语法规则的左部符号为文法的识别符号。

(3) 词汇表定义。

① 终结符号表

格式 1:

％token tname1[tname2 …]

格式 2:

％token tname integer　　　　　　　　//integer 为 tname 的内部编码值

② 联合定义

```
%union {
   … }
```

(4) 类型定义。

```
%type
```

(5) 优先级与结合性定义。

先说明的算子优先级低，后说明的优先级高，出现在同一个说明语句中的算子优先级相同。

```
%leit '+' '-'
%right
%nonassoc'<'
```

【例 5-16】 终结符 DIGIT 的定义。

解：下面的程序段定义了生成的语法分析程序前端包含头文件 stdio. h 和 ctype. h，定义了一个终结符 DIGIT。

```
//说明部分
%{
#include<stdio.h>
#include<ctype.h>
%}
%token DIGIT
```

5.8.3 YACC 源程序的语法规则部分的组成

语法规则部分是整个 YACC 源程序的主体，它由一组产生式及相应的语义动作组成。规则部分包括修改的 BNF 格式中的文法规则，以及将在识别出相关的文法规则时被执行的 C 代码中的动作（即根据 LALR（1）分析算法，在归约中使用）。文法规则中使用的元符号惯例如下。

通常，竖线 | 被用作替换（也可分别写出替换项），而用来分隔文法规则的左右两边的箭头符号 → 在 YACC 中用冒号表示，最后，必须用分号来结束每个文法规则。

对文法中的产生式 $A \rightarrow \alpha_1 | \alpha_2 | \cdots | \alpha_m$，在 YACC 源程序中可表示成

```
A: α₁{语义动作 1}
  |α₂{语义动作 2}
     ⋮
  |αₘ{语义动作 m}
;
```

【例 5-17】 算术表达式的 YACC 表示。

解：根据 YACC 源程序的语法规则，该文法表示如下：

```
command→exp
exp→exp+term|term
term→term*factor|factor
factor→(exp)|DIGIT
```

其规则部分如下：

```
command : expr              {printf("%d\n",$1);}
        ;
expr: expr'+'term           {$$=$1+$3;}
     |term                  {$$=$1;}
        ;
term: term'*'factor         {$$=$1*$3;}
     |factor                {$$=$1;}
        ;
factor: '('expr')'          {$$=$2;}
       |DIGIT               {$$=$1;}
        ;
%%
```

　　YACC 中的动作是由在每个文法规则中将其写做真正的 C 代码(在大括号中)来实现的。在书写动作时，可以使用 YACC 伪变量。当识别一个文法规则时，规则中的每个符号都拥有一个值，除非它被参数改变了，该值将被认为是一个整型(稍后将会看到这种情况)。这些值由 YACC 保存在一个与分析栈保持平行的值栈(value stack)中。每个在栈中的符号值都可通过使用以 $ 开始的伪变量来引用。$$ 代表刚才被识别出来的非终结符的值，也就是文法规则左边的符号。伪变量 $1、$2、$3 等都代表了文法规则右边的每个连续的符号。下面是文法规则和动作：

　　　　$exp:exp'+'term\{\$\$=\$1+\$3;\}$

它们的含义是：当识别规则 exp→exp＋term 时，左边的 exp 的值为右边 exp 的值与右边的 term 的值之和，其中 $$ 代表规则左部符号 exp 的值，$1 代表规则右部第一个符号 exp 的值，$3 代表右部第三个符号 term 的值。

5.8.4　YACC 源程序的程序部分的组成

　　YACC 源程序的程序部分包括：
　　词法分析子程序，可利用 LEX 生成；
　　语义动作子程序；
　　出错处理子程序；
　　⋮
　　YACC 约定。
　　出错处理子程序名为：yyerror()；
　　词法分析程序名为：yylex()；

传递词法分析程序 token 属性值的全程变量名：yylval；

生成的语法分析程序名为：yyparse()。

【例 5-18】 YACC 源程序的程序部分示例。

解：根据 YACC 源程序的程序部分组成，下段程序为 YACC 源程序的程序部分示例。

```
main()
{
    printf("分析结果%d\n", yyparse());              //调用语法分析函数
}
//词法分析函数 yylex
int yylex(void){
    int c;
    while((c=getchar())==' ');
    if(isdigit(c)){
        ungetc(c,stdin);
        scanf("%d",&yylval);
        return(DIGIT);
        }


    if(c=='\n') return 0;
    return c;
}
//出错处理子程序
void yyerror(char * s)
{fprintf(stderr,"%s\n",s);
}
```

这段 YACC 源程序的程序部分包括了 3 个过程的定义。

第 1 个是 main 的定义，之所以包含它是因为 YACC 输出的结果可被直接编译为可执行的程序。过程 main 调用 yyparse，这个过程被声明是返回一个整型值。当分析成功时，该值总为 0；当分析失败时，该值为 1（即发生一个错误，且还没有执行错误恢复）。

第 2 个是 YACC 生成的 yyparse 过程要调用一个词法分析过程，该过程为了与 LEX 扫描程序生成器相兼容，所以就假设叫做 yylex（参见第 3 章）。因此，程序部分还包括了 yylex 的定义。在本例中，yylex 过程非常简单，它所需要做的只有返回下一个非空字符；但若这个字符是一个数字，此时就必须识别单个元字符记号 DIGIT 并返回它在变量 yylval 中的值。这里有一个例外：由于假设一行中输入了一个表达式，所以当扫描程序已到达了输入的末尾时，输入的末尾将由一个换行字符（在 C 中的'\n'）指出。YACC 希望输入的末尾通过 yylex 由空值 0 标出（这也是 LEX 所共有的一个惯例）。

第 3 个定义了一个 yyerror 过程，当在分析时遇到错误时，YACC 就使用这个过程打印出错误信息。

5.8.5 二义性文法的处理

YACC 生成 LALR(1)分析器,如果接受的文法不是 LALR(1),那么,生成的 LALR(1)分析表就有冲突。YACC 解决冲突的默认规则为:

(1) 归约—归约冲突:选择 YACC 源程序中排列在前面的产生式进行归约;

(2) 移进—归约冲突:移进动作优先于归约动作。

5.8.6 YACC 示例运行

下面给出一个简单计算器的完整 YACC 源程序。

```
//说明部分
%{
#include<stdio.h>
#include<ctype.h>
%}
%token DIGIT
%start command               //定义开始符号,此时就不必将 command 的规则放在开头了
%%
//规则部分
command : expr        {printf("%d\n",$1);}
        ;
expr: expr'+'term     {$$=$1+$3;}
    |term             {$$=$1;}
    ;
term: term'*'factor   {$$=$1*$3;}
    |factor           {$$=$1;}
    ;
factor: '('expr')'    {$$=$2;}
    |DIGIT            {$$=$1;}
    ;
%%
//程序部分
main()
{
    int i;
    i=yyparse();             //调语法分析函数
    if(i=0)
        printf("分析成功\n");
    else
        printf("有语法错误\n");
}
//词法分析函数 yylex
```

```
int yylex(void){
    int c;
    while((c=getchar())==' ');
    if(isdigit(c)){
        ungetc(c,stdin);
        scanf("%d",&yylval);
        return(DIGIT);
        }

    if(c=='\n') return 0;
    return c;
}
//出错处理子程序
void yyerror(char * s)
{fprintf(stderr,"%s\n",s);
}
```

Byacc 是能在 DOS 下运行的 YACC 程序。将上面这段 YACC 源程序存在 yac1.y 文件中并与 Byacc 放在同一目录下。进入 DOS 环境 Byacc 所在的目录，输入 Byacc yac1.y，即可生成分析程序 Y_tab.c，用 C 编译器对 Y_tab.c 进行编译后生成 Y_tab.exe。运行 Y_tab.exe，输入"2+3"，显示结果"5"及分析成功；若输入"3——"，则显示有语法错误。

本节只对 YACC 做了简单的介绍，关于 YACC 源程序书写的更多要求以及 YACC 内置名称和定义机制，请查阅相关书籍。

习　　题

1. 考虑以下的文法：

$S \rightarrow S;T \mid T$

$T \rightarrow a$

（1）为这个文法构造 LR(0)的项目集规范族。

（2）这个文法是不是 LR(0)文法？如果是，则构造 LR(0)分析表。

（3）对输入串 a;a 进行分析。

2. 证明下面的文法是 SLR(1)文法，但不是 LR(0)文法。

$S \rightarrow A$

$A \rightarrow Ab \mid bBa$

$B \rightarrow aAc \mid a \mid aAb$

3. 证明下面的文法是 LL(1)文法，但不是 SLR(1)文法。

$S \rightarrow AaAb \mid BbBa$

$A \rightarrow \varepsilon$

$B \rightarrow \varepsilon$

4. 考虑以下的文法：

$E \rightarrow EE+$

$E \rightarrow EE*$

$E \rightarrow a$

（1）为这个文法构造 LR(1) 的项目集规范族。

（2）构造 LR(1)分析表。

（3）为这个文法构造 LALR(1) 的项目集规范族。

（4）构造 LALR(1)分析表。

（5）对输入符号串 aa*a+ 进行 LR(1)和 LALR(1)分析。

5. 说明以下的文法是 LR(1)文法，但不是 LALR(1)文法。

$S \rightarrow aAd \mid bBd \mid aBe \mid bAe$

$A \rightarrow c$

$B \rightarrow c$

第 6 章　语法制导翻译技术

第 3~5 章介绍了词法分析和语法分析的原理和技术。一个高级语言源程序经过词法分析和语法分析之后,如果没有错误,说明该源程序在书写上是正确的,符合语言的语法规则。由于这些分析仅涉及语言的结构方面,而语言的结构可形式化地用一组产生式来描述,只要给定一组产生式,就能够很容易地将它的分析器构造出来,甚至可以由相应的生成器自动生成。词法分析和语法分析只检查了源程序的拼写和结构是否正确,但是对程序内部的逻辑含义并未考虑。语法上的正确并不能保证其语义是正确的。要判断语义是否正确,就必须依靠语义分析。而要产生中间代码或目标代码,还需要一种翻译技术将源程序翻译成目标代码。按照编译程序的逻辑工作过程,在语法分析后,接下来就要进行语义分析;在语义分析后,再生成中间代码。在实际应用中,往往在语法分析的同时进行语义分析并生成中间代码。

本章所要介绍的是目前大多数编译程序普遍采用的一种技术,即语法制导翻译技术。在这种方法中,可以用一个或多个子程序(称为语义动作)来完成产生式的语义分析,并把这些语义动作插入到产生式中的相应位置,从而形成翻译文法。当在语法分析过程中使用该产生式时,就可以在适当的时机调用这些动作,完成所需要的翻译;进一步,可根据产生式所包含的语义,分析文法中每个符号的语义,并将这些语义以属性的形式附加到相应的符号上;再根据产生式所包含的语义,给出符号间属性的求值规则,从而形成所谓的属性翻译文法。这样,当在语法分析中使用该产生式时,可根据属性求值规则对相应属性进行求值,从而实现语义分析和属性翻译。

6.1　翻 译 文 法

翻译文法是上下文无关文法的推广,它是在描述语言文法规则的右部适当位置加入语义动作得到的。为了区分文法符号与语义动作,在文法的表示中,将代表语义动作的符号前面加符号@来表示。如何来设计翻译文法呢?

假设要设计一个翻译器,它能将中缀表达式翻译成波兰后缀表达式。可以想象,该翻译器将如何进行这种翻译。

假设输入串是 a+b∗c,则翻译器的输入输出动作是:

READ(a)PRINT(a)READ(+)READ(b)PRINT(b)

READ(*)READ(c)PRINT(c)PRINT(*)PRINT(＋)

其中 READ 表示输入操作,PRINT 表示输出操作。

在该序列中,若用输入符号本身直接表示读操作,用@表示输出操作,则上述序列可简化为:

a@a＋b@b * c@c@ * @＋

这种带有@的符号串称为活动序列。由 PRINT 操作所确定的输出结果是由紧跟在符号@之后的各符号组成,即 abc * ＋。称@为动作符号标记,由符号@开始的符号串称为一个动作符号。这样,上面的活动序列中就有 5 个动作符号,分别为@a、@b、@c、@ * 和@＋。在这个例子中,可以把这些动作符号看成一些子程序的名字。这些子程序的功能就是打印动作符号中的输出符号。在有些应用中,动作符号用来表示更一般的具有特殊功能的子程序。

上面的活动序列只说明了如何具体处理一个中缀表达式。为了能对所有中缀表达式进行翻译,就必须研究中缀表达式文法,考虑能否在适当位置加入动作符号,从而产生能翻译成波兰后缀表达式的活动序列。

假设中缀算术表达式文法为:

(1) $E{\rightarrow}E＋T$

(2) $E{\rightarrow}T$

(3) $T{\rightarrow}T * F$

(4) $T{\rightarrow}F$

(5) $F{\rightarrow}(E)$

(6) $F{\rightarrow}a$

(7) $F{\rightarrow}b$

(8) $F{\rightarrow}c$

为了构造能产生活动序列的文法,只需要在规则右部的适当位置加入动作符号。对于该文法,为了读 a 之后能打印 a,产生式(6)可写成 $F{\rightarrow}a@a$。为了在打印两个操作数之后打印加法运算符,产生式(1)将变为 $E{\rightarrow}E＋T@＋$,这个产生式可解释为"对非终结符号 E 的分析可以看成是处理 E,读＋,再处理 T 并打印＋"。对其他产生式作类似的改变之后可得文法为:

(1) $E{\rightarrow}E＋T@＋$

(2) $E{\rightarrow}T$

(3) $T{\rightarrow}T * F@ *$

(4) $T{\rightarrow}F$

(5) $F{\rightarrow}(E)$

(6) $F{\rightarrow}a@a$

(7) $F{\rightarrow}b@b$

(8) $F{\rightarrow}c@c$

这种带有动作符号的文法就是翻译文法的一个例子。

从上例中可以看到,中缀表达式文法和其翻译文法的产生式之间有对应关系,为了和翻译文法的称呼对应，现在，把中缀表达式文法叫做输入文法，使用中缀表达式文法通过推导可以得到的终结符号串叫做输入序列，而通过翻译文法得到的符号串称为活动序列。因此通过输入文法推导能得到输入序列，那么就能通过翻译文法得到相应的活动序列。从该活动序列中去掉所有动作符号就是输入序列，而所有动作符号组成的符号串称为动作序列。

例如，用输入文法推导输入序列$(a+b)*c$的过程如下：

$$E \Rightarrow T \Rightarrow T*F \Rightarrow F*F \Rightarrow (E)*F \Rightarrow (E+T)*F \Rightarrow (T+T)*F$$
$$\Rightarrow (F+T)*F \Rightarrow (a+T)*F \Rightarrow (a+F)*F \Rightarrow (a+b)*F \Rightarrow (a+b)*c$$

用翻译文法推导得到活动序列$(a@a+b@b@+)*c@c@*$的过程如下：

$$E \Rightarrow T \Rightarrow T*F@* \Rightarrow F*F@* \Rightarrow (E)*F@* \Rightarrow (E+T@+)*F@*$$
$$\Rightarrow (T+T@+)*F@* \Rightarrow (F+T@+)*F@* \Rightarrow (a@a+T@+)*F@*$$
$$\Rightarrow (a@a+F@+)*F@* \Rightarrow (a@a+b@b@+)*F@*$$
$$\Rightarrow (a@a+b@b@+)*c@c@*$$

将活动序列$(a@a+b@b@+)*c@c@*$中的动作符号去掉就得到输入序列：$(a+b)*c$。

而所有动作符号组成的符号串即动作序列为$@a@b@+@c@*$。

把上述思想形式化，就得到翻译文法的定义：翻译文法是上下无关文法。在这个文法中，终结符号集由输入符号和动作符号组成。由翻译文法确定的语言中的符号串称为活动序列。

例如，有文法$G(E)=\{V_n,V_t,P,E\}$，其中：

$V_n=\{E,T,F\}$

$V_t=\{a,b,c,+,*,(,),@+,@*,@a,@b,@c\}$

$P=\{E \rightarrow E+T@+, F \rightarrow (E), E \rightarrow T, F \rightarrow a@a, T \rightarrow T*F@*, F \rightarrow b@b, T \rightarrow F, F \rightarrow c@c\}$

这个文法的终结符号集由输入符号和动作符号组成，因此是翻译文法。

从上面的介绍可知，翻译文法就是在原有的输入文法基础上，在规则右部适当位置加入动作符号所得。

在高级程序设计语言的翻译中有各种各样的翻译文法，其中的动作符号代表不同的语义动作。在翻译文法中，如果@的动作就是输出其后的符号，可称为符号串翻译文法。符号串翻译文法是翻译文法的一种特定类型。

6.2　语法制导翻译

有了翻译文法，就可以根据输入符号串用翻译文法得到一个活动序列。执行其中的动作符号串，就可获得一个新的符号串。这个新符号串就是翻译的结果。

例如，根据前面的算术表达式翻译文法，对于输入符号串$a+b*c$，推导出活动序列：

$a@a+b@b*c@c@*@+$

其中：

a＋b＊c   为输入序列

@a@b@c@＊@＋   为动作序列

如果执行该动作序列中的动作,则产生输出序列 abc＊＋,这就是输入序列 a＋b＊c 的翻译结果。由于这种翻译结果是通过翻译文法获得的,所以就称为语法制导翻译。

根据上例可看出,所谓语法制导翻译,就是给定一个输入序列,根据翻译文法获得该符号串的活动序列;从活动序列中分离出动作符号串,然后执行该动作符号串所规定的动作,从而得到翻译结果。从形式上看,可以将翻译看成是对偶的集合。对偶的第一个元素是被翻译的符号串(即输入序列),第二个元素是翻译成的新符号串。当按照翻译文法得到这种对偶时,则称为语法制导翻译。如果给出由输入符号和动作符号所组成的活动序列,通过从活动序列中删掉所有动作符号则可得到输入序列;而从活动序列中删掉所有输入符号则可得到动作序列,这样就可得到对偶。而要得到活动序列,就必须借助于翻译文法。

所以,如果给定了一个翻译文法,就得到一门语言,该语言中的每个句子都是一个活动序列。通过将每个活动序列的输入序列与动作序列配对可得到对偶的集合,从而得到翻译。这种对偶集合称为由给定翻译文法所定义的翻译。

例如,对偶(a＋b＊c,@a@b@c@＊@＋)就是算术表达式翻译文法定义的一个翻译。

翻译文法的构造方法可通过对输入文法修改得到。对输入文法的产生式,在其右部的适当位置插入动作符号就形成翻译文法。因此,翻译文法产生的动作序列实际上是受输入语言的文法控制的。

按语法制导翻译的方法来实现语言的翻译,就要根据输入语言的文法,分析各条产生式的语义,即分析它们要求计算机所完成的操作;分别编出完成这些操作的子程序或程序段(称为语义子程序或语义动作),并把这些子程序或程序段的名字作为动作符号插入到输入文法各产生式右部的适当位置上,从而形成翻译文法。

6.3 自顶向下语法制导翻译

在第 4 章中已介绍了自顶向下的语法分析方法,包括递归下降分析和 LL(1)分析方法。自顶向下的语法制导翻译也同样有递归下降翻译和 LL(1)翻译。

6.3.1 递归下降翻译

在递归下降分析方法中,将文法的每一个非终结符都编写成一个过程,每个过程识别一个非终结符号所定义的符号串的分析。分析从文法的开始符号所对应的过程开始,并根据文法符号出现的顺序去调用各有关过程,以实现输入符号串是否为文法所能导出的符号串分析。递归下降翻译器的实现思路与递归下降分析基本相同,要求也一样,即不能有左递归,头符号集不能相交,只需要在适当的位置插入实现动作符号的子程序。

下面以算术表达式翻译文法为例,介绍递归下降翻译的具体实现。

算术表达式翻译文法如下（@为输出其后的符号串）：

$E \rightarrow E + T @ +$

$E \rightarrow T$

$T \rightarrow T * F @ *$

$T \rightarrow F$

$F \rightarrow (E)$

$F \rightarrow i @ i$

由于文法中存在左递归，所以要修改文法，去掉左递归，修改后的文法为：

$E \rightarrow T \{ + T @ + \}$

$T \rightarrow F \{ * F @ * \}$

$F \rightarrow (E) | i @ i$

对应于每个非终结符号的递归下降翻译程序流程图如图 6-1(a)、(b)和(c)所示。

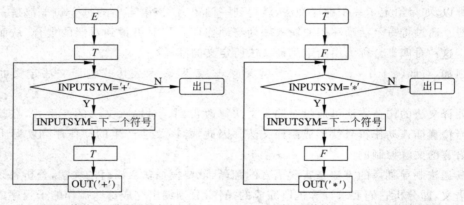

(a) 处理 E 的递归下降翻译程序流程图　　　　(b) 处理 T 的递归下降翻译程序流程图

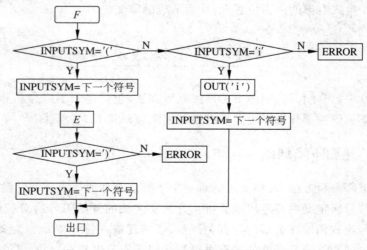

(c) 处理 F 的递归下降翻译程序流程图

图　6-1

其 C 语言翻译程序如下:

```
//本程序将简单中缀算术表达式翻译成波兰后缀表达式,表达式中只有+和 * 运算符
//文法为 E→E+T@ + ,E→T,T→T * F@ * ,T→F,F→(E),F→i@ i
//其中 i 可为任意字母
//去掉左递归,修改后文法为: E→T{+T@ + },T→F{ * F@ * },F→(E)|i@ i
#include "stdio.h"
#include "ctype.h"
char ch;
int T();
int F();
int E()                          //分析 E 子程序 E→T{+T@ + }
{   int es=0;
   es=T();                       //调用分析 T 子程序
   while(ch=='+')
   {  ch=getchar();
      es=T();
      printf("+");
   }
   return(es);
}
int T()                          //分析 T 子程序 T→F{ * F@ * }
{   int es=0;
   es=F();                       //调用分析 F 子程序
   while(ch=='*')
   {  ch=getchar();
      es=F();                    //调用分析 F 子程序
      printf(" * ");
   }
   return(es);
}
int F()                          //分析 F 子程序
{   int es=0;
   if(ch=='(')
   {
      ch=getchar();
      es=E();                    //调用分析 E 子程序
      if(ch !=')') return(3);
      else {ch=getchar();return(es);}
   }else
   {
      if  (isalpha(ch))          //判断是否为字母
      {  printf("%C",ch);
         ch=getchar();
```

```
            return(es);
        }else return(4);
    }
}
main()
{
    int es=0;
    printf("请输入算术表达式(操作数只能是字母): ");
    ch=getchar();
    printf("波兰算术表达式: ");
    es=E();                        //调用分析表达式 E 的翻译程序
    if(es==0) printf("\n 翻译成功!\n");
    else printf("\n 表达式有语法错误!\n");
}
```

上面的程序可以对只有运算符＋和 * 的表达式翻译。如果输入中缀表达式为 a＋b * (c＋d)，则该翻译程序产生波兰后缀表达式为 abcd＋ * ＋。

6.3.2　LL(1)翻译器

考虑下面的输入文法：

(1) $A \rightarrow aBcD$

(2) $A \rightarrow b$

(3) $B \rightarrow c$

(4) $B \rightarrow aA$

(5) $D \rightarrow cD$

(6) $D \rightarrow b$

按照第 4 章中介绍的 LL(1)方法，可以很容易地构造其 LL(1)分析表，见表 6-1。

表 6-1　输入文法的 LL(1)分析表

符号	输入符号			
	a	b	c	#
A	POP,PUSH(DcBa)	POP,PUSH(b)		
B	POP,PUSH(Aa)		POP,PUSH(c)	
D		POP,PUSH(b)	POP,PUSH(Dc)	
a	POP,NEXTSYM			
b		POP,NEXTSYM		
c			POP,NEXTSYM	
#				ACCEPT

如果在该输入文法的适当地方插入翻译所需要的动作符号，那么，可得到如下的翻译文法：

(1) $A \rightarrow @va@wB@xc@yD@z$

(2) $A \rightarrow b$

（3）$B \to c@r$

（4）$B \to a@mA$

（5）$D \to cD@n$

（6）$D \to @sb$

为了简化，假定动作符号的动作是输出动作标记后面的符号串。根据该假设，这个文法构成一个符号串翻译文法。为了实现翻译文法的分析，需要对输入文法的 LL(1) 分析器做相应的扩充，即可得到翻译文法的翻译分析器。其翻译器的分析表构造方法与第 4 章介绍的相同，只不过加入了动作符号。例如，对上面翻译文法中的产生式：

$A \to @va@wB@xc@yD@z$

其对应的输入文法的产生式为：

$A \to aBcD$

原来输入文法的分析表元素为：

$M[A, a] = \text{"POP, PUSH}(DcBa)\text{"}$

则翻译文法的分析表元素为：

$M[A, a] = \text{"POP, PUSH}(@zD@yc@xB@wa@v)\text{"}$

这样可得到翻译文法的分析表，见表 6-2。

表 6-2 翻译文法的 LL(1) 分析表

符号	输 入 符 号			
	a	b	c	#
A	POP, PUSH(@zD@yc@xB@wa@v)	POP, PUSH(b)		
B	POP, PUSH(A@ma)		POP, PUSH(@rc)	
D		POP, PUSH(b@s)	POP, PUSH(@nDc)	
a	POP, NEXTSYM			
b		POP, NEXTSYM		
c			POP, NEXTSYM	
#				ACCEPT

由此可见，对于翻译文法，动作符号像其他符号一样入栈。但当动作符号处于栈顶时，无论当前的输入符号是什么，都要执行由该动作符号所规定的操作，并将该动作符号从栈顶弹出，且不移动读符号指针。假如翻译器的分析栈的栈顶符号为 A，且当前输入符号为 a，那么将发生的动作是弹出 A，"@zD@yc@xB@wa@v" 入栈。由于此时栈顶为动作符号 @v，因此 @v 出栈，并执行由该动作符号所规定的操作，对于该符号串翻译文法就是要输出 v，即 out(v)。紧接着，a 出栈，读下一个符号。然后，动作符号 @w 为栈顶，因此 @w 出栈，并执行由该动作符号所规定的操作，对于该符号串翻译文法就是要输出 w，即 out(w)。此时栈的情况和语法语义分析动作如图 6-2 所示。

所以翻译文法确定了所要实施的语义动作的顺序。而上述翻译器工作的过程正确地

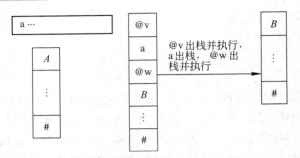

图 6-2 栈顶的动作符号出栈并执行

确定了调用相应的语义程序的时间和顺序。根据上述分析可见,将LL(1)分析扩充为LL(1)语言的翻译器,只需扩充相应分析表的动作部分,并具体实现完成每个动作符号的子程序,就可得到翻译文法所确定的语言的翻译程序。现对翻译文法的LL(1)翻译的总控程序总结如下。

(1) 当翻译器的控制执行程序根据栈顶符号和当前输入符号查该表得到的元素为空时,则转错误处理程序;

(2) 若控制执行程序识别栈顶符号为动作符号时,不管当前输入符号是什么,将该动作符号从栈中弹出并转相应的子程序以完成所需的翻译;对于符号串翻译文法,其语义动作为输出动作符号中的符号串。

根据上述讨论,构造翻译文法的 LL(1) 翻译器并不是难事。

6.4 属性翻译文法

此前见到的文法的非终结符号、终结符号和动作符号都没有值的概念。而属性文法中的符号可以有值,这个值称为该符号的属性。

在词法分析中,所有无符号整数这一类单词符号都用 NUM 作为记号,而具体的数值实际是符号 NUM 的属性。如对于表达式 $3+5$,经词法分析输出为

$$\text{NUM}_{\downarrow 3} + \text{NUM}_{\downarrow 5}$$

其中↑3和↑5就是属性的表示,意味着第一个 NUM 符号的值是 3,第二个 NUM 符号的值是 5。符号不但可以有属性,而且其属性还有类型。符号的属性分综合属性和继承属性两种,下面就介绍这两种属性。

6.4.1 综合属性

为了说明什么是综合属性,首先从一个算术表达式的翻译入手。假设要设计一个语法分析程序,该语法分析程序接受算术表达式,并通过添加动作符号输出这个表达式的值。能够完成输出表达式值的符号串翻译文法如下:

(1) $S \rightarrow E@\text{ANSWER}$

(2) $E \rightarrow E+T$

(3) $E \rightarrow T$

(4) $T \rightarrow T * F$

(5) $T \rightarrow F$

(6) $F \rightarrow (E)$

(7) $F \rightarrow NUM$

文法中的动作符号@ANSWER的动作是输出表达式的计算结果。比如对于 $3+2*3$，希望能得到结果 9。现在的问题是如何将表达式的值传递给动作符号@ANSWER呢?

假设对于表达式 $3+2*3$，进行词法分析后的结果如下:

$$NUM_{\uparrow 3} + NUM_{\uparrow 2} * NUM_{\uparrow 3}$$

其中，NUM 代表无符号整数，"↑数字串"是该符号的属性部分，对应于原表达式，可见词法分析将所有无符号整数用一个统一符号 NUM 表示，而具体的数值则在属性中体现。根据所给定的翻译文法，可画出该输入符号串的语法树，如图 6-3(a)所示。

为了计算表达式的值，首先要分别计算各子表达式的值，然后再计算父表达式的值，直到求得整个表达式的值。语法树中非终结符 E、T 和 F 的每次出现都表示该输入表达式的一个子表达式，所以其值部分应是其子表达式的计算结果。根据这个规则，若有产生式 $F \rightarrow NUM$，$T \rightarrow F$，则 F 的值部分应等于 NUM 的值部分，T 的值部分应等于 F 的值部分。同理，若有产生式 $E \rightarrow E+T$，则产生式左边的 E 的值部分等于产生式右边 E 的值部分加上 T 的值部分，以此类推。从语法树上看，F、T 和 E 这些符号的属性符合自底向上的求值法则，所以用"↑"表示。最后对文法的第 1 个产生式提供这样的规则，即@ANSWER的值部分等于 E 的值部分，这不符合自底向上的求值法则，所以，引进一个向下的箭头表示动作符号@ANSWER 的属性值。这样，就可自底向上地将代表子表达式的计算结果作为属性分别加到各非终结符上，从而得到图 6-3(b)所示的带有属性计算的语法树。

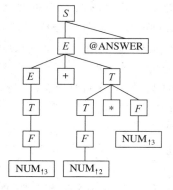

(a) $NUM_{\uparrow 3}+ NUM_{\uparrow 2}*NUM_{\uparrow 3}$的语法树

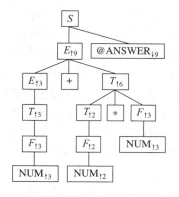

(b) 带有属性计算的语法树

图　6-3

为了形式化地表示上述表达式的求值过程，必须改写每一个产生式，使得对出现在产生式中的每个属性值都给它一个不同的名字，并使用这些名字定义这个产生式中各符号属性之间的关系，即属性求值规则。上述计算表达式值的翻译文法可改写为(右边为属性求值规则）：

(1) $S \rightarrow E_{\uparrow q}@ANSWER_{\downarrow r}$ $r = q$

(2) $E_{\uparrow p} \rightarrow E_{\uparrow q} + T_{\uparrow r}$ $p = q + r$

(3) $E_{\uparrow p} \rightarrow T_{\uparrow q}$ $p = q$

(4) $T_{\uparrow p} \rightarrow T_{\uparrow q} * F_{\uparrow r}$ $p = q * r$

(5) $T_{\uparrow p} \rightarrow F_{\uparrow q}$ $p = q$

(6) $F_{\uparrow p} \rightarrow (E_{\uparrow q})$ $p = q$

(7) $F_{\uparrow p} \rightarrow NUM_{\uparrow q}$ $p = q$

产生式中出现的 p、q 和 r 称为属性变量名，且规定属性变量名都局部于每个产生式。

在图 6-3(b)所示的语法树中，每个非终结符的属性值都由它下面的那些符号来确定。这种可通过自底向上进行求值的属性就称为综合属性，用"↑"来表示。对于处于语法树叶结点的终结符号，其综合属性具有初始值。如图 6-3(b)中的 $NUM_{\uparrow 3}$，综合属性 3 由词法分析给出。

6.4.2　继承属性

继续看图 6-3(b)所示的语法树，其中动作符号@ANSWER 的属性来源于左边非终结符号 E 的属性，这不符合自底向上的求值法则。所以，用一个向下的箭头表示该动作符号的属性值，这就是继承属性的一个例子。

考虑下列声明语句文法：

(1) ＜声明语句＞→TYPE ID ＜变量表＞；

(2) ＜变量表＞→，ID ＜变量表＞

(3) ＜变量表＞→ε

其中，TYPE 代表类型，其值可为 int、real 或 bool。

假设词法分析程序在输出单词符号时，对变量名 V 除返回一个单词记号外，同时返回一个值部分，它就是变量名。在返回 TYPE 的同时还返回其类型值。

语法分析程序在处理该声明语句时，假定调用 SET_TYPE 过程。该过程根据 TYPE 的属性（即具体类型）确定变量的类型，并输出变量名及类型。调用 SET_TYPE 的时间是语法分析程序在读到一个变量之后，该调用时间可用以下的翻译文法来描述，此文法使用动作符号@SET_TYPE 来表示调用 SET_TYPE。

(1) ＜声明语句＞→TYPE ID @SET_TYPE ＜变量表＞；

(2) ＜变量表＞→，ID@SET_TYPE ＜变量表＞

(3) ＜变量表＞→ε

过程 SET_TYPE 需要两个参数：一个是变量名，另一个是变量的类型。那么，从文法上看，动作符号@SET_TYPE 有两个属性。因此，动作符号@SET_TYPE 的形式为：

@SET_TYPE$_{\downarrow 变量名, 类型}$

其中，动作符号后面带有两个属性，即变量名和类型。

用属性变量来表示符号的属性，对第 1 个产生式，TYPE 和 ID 的属性值可由词法分析程序的返回值得到。对第 2 个产生式，除从词法分析程序得到 ID 的属性值（变量名）以外,无法求得动作符号@SET_TYPE 和变量表的表示类型的属性值。为了解决这个问题,可令第 2 个产生式左边的变量表的属性值等于第一个产生式右边变量表的属性值。这样,上述翻译文法可写成(包括属性求值规则):

(1) <声明语句>→TYPE$_{↑t}$ID$_{↑n}$@SET_TYPE$_{↓n_1,t_1}$<变量表$_{↓t_2}$> ;

　　　$t_2=t,t_1=t,n_1=n$

(2) <变量表$_{↓t}$>→,ID$_{↑n}$@SET_TYPE$_{↓n_1,t_1}$<变量表$_{↓t_2}$>

　　　$t_2=t,t_1=t,n_1=n$

(3) <变量表$_{↓t}$>→ε

如果输入符号串为"int a,b;",词法分析后输出为"TYPE$_{↑int}$ID$_{↑a}$ID$_{↑b}$;",则带有属性的语法树如图 6-4 所示。把这种按自顶向下或自左向右的方式求得的属性称为继承属性。对这种属性在其前面冠以"↓"表示。

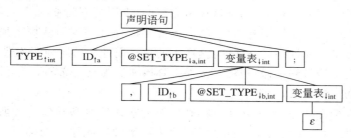

图 6-4　TYPE$_{↑int}$ID$_{↑a}$ID$_{↑b}$;的语法树

6.4.3　属性翻译文法定义

简单说来,当翻译文法的符号具有属性,并带有属性求值说明时,就称为属性翻译文法。其具体定义如下。

(1) 文法的每个终结符号、非终结符号和动作符号都可以有一个有穷的属性集。

(2) 每个符号属性可分为综合属性和继承属性。

(3) 继承属性的求值规则如下:

① 开始符号的继承属性具有初始值;

② 对产生式左部的非终结符,其继承属性则继承前面产生式中该符号已有的继承属性值;

③ 对产生式右部的符号,其继承属性由产生式中其他符号属性值进行计算。

(4) 综合属性的求值规则如下:

① 终结符号的综合属性具有指定的初始值;

② 产生式右部的非终结符号的综合属性值,则取后面以该非终结符号为产生式左部时求得的综合属性值;

③ 产生式左部的非终结符号的综合属性值,由产生式中左部或右部的某些符号的属性值进行计算;

④ 给定一个动作符号,其综合属性值将用该动作符号的其他属性值进行计算。

在构造属性翻译文法的产生式时，将每个符号的属性都用一个标识符表示，并称该标识符为属性变量名。用"↑属性变量名"表示综合属性，用"↓属性变量名"表示继承属性。例如，一翻译文法有产生式 $X{\rightarrow}bY@Z$，可写成：

$$X_{\downarrow p\uparrow q,r}{\rightarrow}b_{\uparrow s}Y_{\downarrow y\uparrow u}@Z_{\downarrow v\uparrow w}$$

其属性求值规则为：

$q=\sin(u+w),r=s*u,v=s*u,y=p,w=v$

属性翻译文法生成带有属性的活动序列。属性活动序列又分为属性输入序列和属性动作序列。根据属性翻译文法可构造出由该文法所定义的任一属性活动序列的属性翻译树。开始符号的继承属性和终结符号的综合属性赋予给定的初始值，然后根据属性求值规则自顶向下和自底向上地计算语法树中间结点的各种属性值，并附加到语法树的相应结点上，该过程直到再不能计算时为止。如果通过上述属性求值过程，使语法树上的所有符号的属性变量都能得到赋值，则称该树是完整的；否则是不完整的。

虽然文法中的每个属性都有求值规则，但并不能保证一棵语法树上所有的属性都能得到属性值。如果一属性翻译文法，对其产生的任一属性活动序列所构造的属性语法树，按属性求值规则都能得到一棵完整的树，那么称该文法为良定义的。为了设计编译程序，只处理良定义的属性文法。

给定一属性翻译文法，由该文法可得到由属性输入符号和动作符号所组成的属性活动序列，这个属性活动序列的动作符号序列称为对属性输入序列的翻译。从属性翻译文法得到的属性输入序列和动作序列组成的对偶，称为由该属性翻译文法所定义的属性翻译。如果属性翻译文法是非二义性的，则每个属性输入序列至多有一棵语法树，并至多有一个属性翻译。

6.4.4　属性翻译文法举例——算术表达式的翻译

下面构造一个属性翻译文法来介绍算术表达式的翻译。假定这个属性翻译文法的输出是四元组代码。要求翻译程序产生的四元组具有下面的性质：

(1) 输出符号串中的每个双目运算都用一个四元式表示；

(2) 四元组中的四元式的顺序与执行时要完成的运算顺序相同；

(3) 每个四元式有三个参数，自左向右的顺序为左操作数、右操作数和运算结果。例如，翻译器处理表达式 $a+b$ 将生成如下的四元式：

ADD,a,b,t1

其中 t1 是临时变量，保存表达式的结果。

对于表达式：$a+a*b$，经词法分析后应为 $ID_{\uparrow a}+ID_{\uparrow a}*ID_{\uparrow b}$，其中 ID 代表标识符。希望经属性翻译文法能输出：

MULT,a,b,t1

ADD,a,t1,t2

下面根据上述要求进行翻译程序的设计。

第一步，先设计满足上述要求的翻译文法：

对规则 $E{\rightarrow}E+T$ 添加动作符号@ADD 成为：

$E \rightarrow E + T @ \text{ADD}$

对 $T \rightarrow T * F$ 添加动作符号 @MULT 成为：

$T \rightarrow T * F @ \text{MULT}$

得到的翻译文法如下：

$E \rightarrow E + T @ \text{ADD}$

$E \rightarrow T$

$T \rightarrow T * F @ \text{MULT}$

$T \rightarrow F$

$F \rightarrow (E)$

$F \rightarrow \text{ID}$

第二步，构造属性和求值规则，把翻译文法构造成属性翻译文法。

（1）令每个非终结符有一个综合属性，该属性为一个临时变量，保存由它产生的表达式的结果。

（2）输入符号 ID 有一个综合属性，它是该符号的变量名。

（3）每个动作符号有三个继承属性，它们分别是指：左操作数、右操作数和运算结果。

E 为文法的开始符号，则实现这个方案的属性翻译文法如下：

$E_{\uparrow x} \rightarrow E_{\uparrow q} + T_{\uparrow r} @ \text{ADD}_{\downarrow y,z,t}$ 　　　 $y = q, z = r, t = \text{NEWT}, x = t$

$E_{\uparrow x} \rightarrow T_{\uparrow p}$ 　　　 $x = p$

$T_{\uparrow x} \rightarrow T_{\uparrow q} * F_{\uparrow r} @ \text{MULT}_{\downarrow y,z,t}$ 　　　 $y = q, z = r, t = \text{NEWT}, x = t$

$T_{\uparrow x} \rightarrow F_{\uparrow p}$ 　　　 $x = p$

$F_{\uparrow x} \rightarrow (E_{\uparrow p})$ 　　　 $x = p$

$F_{\uparrow x} \rightarrow \text{ID}_{\uparrow p}$ 　　　 $x = p$

其中，NEWT 是一个函数，每次调用它时返回一个新的临时变量名，临时变量名按产生顺序分别为 t1、t2、…。动作符号 @ $\text{ADD}_{\downarrow y,z,t}$ 输出 "ADD, y, z, t"，而 @ $\text{MULT}_{\downarrow y,z,t}$ 输出 "MULT, y, z, t"。

为了说明这些动作符号与特定的语法树有关的属性，图 6-5 给出了对输入符号串 a+a * b 翻译的属性语法树。

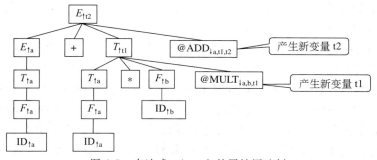

图 6-5　表达式 a+a * b 的属性语法树

6.5　属性文法的自顶向下翻译

观察 6.4.4 节中第一步给出的表达式翻译文法，它能将表达式 a＋a＊b 翻译成
MULT 和 ADD，即只翻译出运算命令，但不能说明具体哪些操作数进行运算，因为具体
的数在属性中体现，可见没有属性的翻译是不完全的。属性翻译文法由翻译文法和有
关的属性计算规则组成。如果属性计算规则给得不当，就不能保证所有的属性都计算
出来。那么，如何才能保证所有属性都能计算出来呢？对于不同的分析方法有不同的
要求。下面介绍对于自顶向下的分析方法，如何保证所有属性能计算出来，这就是 L-
属性翻译文法。

6.5.1　L-属性翻译文法

L-属性的作用是保证可以按照自顶向下的有序方式来计算属性值，即按照自顶向下
的有序方式对某个属性求值时，所需要的基本值已知。

一个属性翻译文法称为 L-属性，当且仅当下面 3 个条件成立。

（1）给定一个产生式，其右部符号的继承属性值是以左部符号的继承属性，或出现在
给定符号左边的产生式右部符号的任意属性为变元的函数。

（2）给定一个产生式，其左部符号的综合属性值是以左部符号的继承属性，或某个右
部符号的任意属性为变元的函数。

（3）给定一个动作符号，其综合属性值是以该动作符号的继承属性为变元的函数。

将 L-属性翻译文法与 6.4.3 节的属性文法定义比较可以发现：（1）是对继承属性求
值规则第③条的限制；（2）是对综合属性的求值规则第③条的限制；（3）是对综合属性的
求值规则第④条的限制。在 L-属性文法中没有对初始化规则加以限制。

L-属性除了用于文法，还可以应用于求值规则、产生式和动作符号，如果一个求值规
则满足上述三个条件中的任何一个，那么称该求值规则为 L-属性。如果一产生式或动作
符号的所有属性的求值规则都是 L-属性，那么称该产生式或动作符号是 L-属性。因此，
如果一个属性文法的所有产生式和动作符号都是 L-属性，那么该属性文法是 L-属性翻译
文法。例如，文法中有产生式为：

$$A_{\downarrow I1 \uparrow S2, S3} \to B_{\downarrow I4} C_{\uparrow S5} D_{\downarrow S6 \downarrow I7, I8} E_{\downarrow I9}$$

那么，根据 L-属性的限制条件，I4 = F(I1)、I4 = 123、I7 = G(I1) 合法，而 I4 = H(S2)、
I4 = K(S6, I4) 则不合法。

L-属性翻译文法中的条件（1）的重要性在于：使符号的继承属性只依赖于该符号左
边的信息（"L-属性"中的"L"表示左边的意思）。这有利于自顶向下地对属性求值。因为
每个符号都是在它右边的输入符号读入之前进行处理，而条件（2）和条件（3）是保证在求
值过程中避免出现循环依赖性。综合上述，L-属性的 3 个条件保证了当按自顶向下的方
式进行翻译时，所有属性值都能够被计算。对于形式为 A→BC 的产生式，A、B 和 C 的属
性可以按下面的顺序进行求值：

（1）A 的继承属性；

（2）B 的继承属性；

（3）B 的综合属性；

（4）C 的继承属性；

（5）C 的综合属性；

（6）A 的综合属性。

6.5.2　L-属性翻译文法的翻译实现——递归下降翻译

与 6.3.1 节中介绍的翻译文法递归下降比较，L-属性文法的递归下降翻译的思路是相同的。但由于加入了属性，就必须对这些属性进行处理，对每个非终结符的分析过程进行改造。其方法如下。

（1）若该非终结符具有属性，那么该非终结符的分析过程就有形参，且形参的数目就是该非终结符的属性个数；

（2）对于继承属性，采用值形参的传参方式将继承属性值传入被调过程，即在过程调用中所对应的实在参数是继承属性的值；

（3）对于综合属性，采用变量形参的传参方式以便将值回传给主调过程，即所对应的实在参数是一个变量，在过程返回之前，把综合属性的值赋给这个变量；如果用 C 语言实现属性文法的翻译，可用指针变量代表综合属性的形参。

为了进行属性翻译的程序设计，采用下述约定。

（1）可以把属性产生式中的属性名字用作变量和参数的名字。这样可以将属性的命名和递归下降过程的实现联系起来。

（2）除属性翻译使用的常用记法约定以外，还必须加上一些属性命名约定。这些约定是：所有出现在左部的同名非终结符应具有相同的属性名表。

（3）如果两个属性有相同的值，那么可给它们相同的名字，但当左部符号的属性值相等时，不能改变成相同的名字。例如，产生式

$$L_{\uparrow a \downarrow b} \to E_{\downarrow i} R_{\downarrow j} \qquad\qquad i,j=b,a=i+2$$

$$L_{\uparrow x \downarrow y} \to H_{\uparrow z \downarrow w} \qquad\qquad w=y,z=2,x=z+y$$

按约定的第 2 条，必须改成

$$L_{\uparrow a \downarrow b} \to E_{\downarrow i} R_{\downarrow j} \qquad\qquad i,j=b,a=i+2$$

$$L_{\uparrow a \downarrow b} \to H_{\uparrow z \downarrow w} \qquad\qquad w=b,z=2,a=z+b$$

注意：当 x、y 改成 a、b 后，相应的属性求值规则中涉及 x、y 的属性名也要进行变化。

对规则 $S \to A_{\uparrow a} B_{\downarrow b} C_{\downarrow c}$，当 $b=a,c=a$ 时，可写成

$$S \to A_{\uparrow a} B_{\downarrow a} C_{\downarrow a}$$

对规则 $L_{\uparrow a} \to A_{\downarrow b} @ f_{\downarrow c}$，当 $a=b,c=b$ 时，也可写成

$$L_{\uparrow a} \to A_{\downarrow a} @ f_{\downarrow a}$$

对规则 $L_{\downarrow a \uparrow b} \to a B_{\downarrow c} C_{\downarrow d}$，当 $c=a,d=a$ 时，可写成

$$L_{\downarrow a \uparrow b} \to a B_{\downarrow a} C_{\downarrow a}$$

但当 $b=a$ 时，不能写成

$$L_{\downarrow a \uparrow a} \to aB_{\downarrow a}C_{\downarrow a}$$

这是因为左部非终结符号的属性将作为该非终结符号分析过程的形参，而一个过程的形参不能重名，如过程 $L(\text{int } a, \text{int } b)$ 不可写成 $L(\text{int } a, \text{int } a)$。

下面给出采用 C 语言编写属性翻译程序时采用的方法。

（1）形式参数。产生式左部非终结符的属性名表设计成相应过程的形式参数表。将继承属性的形参名说明为值形参（即简单变量），综合属性形参名说明为指针变量。

（2）局部变量。在产生式中，与在左部出现的属性名不同的属性名变成相应过程的局部变量。

（3）非终结符的代码。对应于右部出现的每个非终结符的过程调用，该非终结符的属性作为实参。

注意：如果实参是简单变量，形参是指针变量，调用时实参应为简单变量的地址。

（4）输入符号的代码。对文法中出现的每个输入符号（即终结符号），将赋值语句插入到过程中它所对应的 NEXTSYM 之前，把保存在读符号程序 NEXTSYM 中的终结符号属性（某个全局变量中）赋给输入符号属性中的每个属性变量。

（5）动作符号的代码。对出现在文法中的每个动作符号，插入代码便于对动作符号的综合属性进行计算，并且把结果赋给对应于该综合属性的变量，然后输出相应的符号。

（6）属性规则的代码。对与每个产生式有关的属性求值规则，插入其代码以便对属性求值规则的右部求值，并把结果赋给该规则左部的每个变量。可以把这些代码放在属性计算规则的所有自变量已知之后，且函数值被使用之前的任何地方。

（7）主程序。C 语言都是从 main 函数开始运行。在 main 函数中，对文法的开始符号，其相应的每一个综合属性的名字变成主程序的局部变量，然后调用开始符号对应的过程。在调用时，如果实参对应开始符号的继承属性，则对每个继承属性以该属性的初始值作为值参传入，对每个综合属性取该属性的局部变量的地址传入。

下面以算术表达式的属性翻译文法为例，用 C 语言实现属性翻译器。

算术表达式属性翻译文法如下：

$$E_{\uparrow t} \to T_{\uparrow p}E'_{\downarrow p \uparrow t}$$

$$E'_{\downarrow p \uparrow t} \to +T_{\uparrow r}@\text{ADD}_{\downarrow p,r,t0}\ E'_{\downarrow t0 \uparrow t} \qquad\qquad t0 = \text{NEWT}$$

$$E'_{\downarrow p \uparrow t} \to \varepsilon \qquad\qquad t = p$$

$$T_{\uparrow t} \to F_{\uparrow p}T'_{\downarrow p \uparrow t}$$

$$T'_{\downarrow p \uparrow t} \to *F_{\uparrow r}@\text{MULT}_{\downarrow p,r,t0}\ T'_{\downarrow t0 \uparrow t} \qquad\qquad t0 = \text{NEWT}$$

$$T'_{\downarrow p \uparrow t} \to \varepsilon \qquad\qquad t = p$$

$$F_{\uparrow p} \to (E_{\uparrow p}) \mid \text{ID}_{\uparrow p}$$

其中，NEWT 是一个函数，每次调用它时返回一个新的临时变量名，为了编程方便，临时变量按产生顺序分别命名为 A、B、…。动作符号 $@\text{ADD}_{\downarrow y,z,t}$ 输出"ADD, y, z, t"，而 $@\text{MULT}_{\downarrow y,z,t}$ 输出"MULT, y, z, t"。ID 的属性 p 只能是一个小写字母，表示表达式中的操作数都是变量，且变量名只能是一个小写字母，如 $a+b$、$c*d$ 都可以。这个属性翻译文法是 6.4.4 节中的属性翻译文法去掉左递归后得到的，由于用扩充的 BNF 表示无法进行属性的表示，所以，改成了右递归的形式。

对于产生式 $E_{\uparrow t} \rightarrow T_{\uparrow p} E'_{\downarrow p \uparrow t}$，左部符号 E 有一个综合属性 t，因此，子程序的形参用指针变量，形式为：int E(int $* t$)，属性翻译流程图如图 6-6 所示。规则右部有两个属性变量 p 和 t，t 在形参中定义为指针变量，在过程 E 中，需要定义变量 p，调用过程 T 时，由于 T 具有综合属性，过程 T 的形参是指针变量，而在过程 E 中，属性 p 定义为局部整型变量，因此在调用过程 T 时，实参要取属性变量 p 的地址，调用形式为 $T(\& p)$。调用过程 $E1$ 时，由于 $E1$ 具有继承属性 p 和综合属性 t，过程 $E1$ 的形参一个是整型变量，一个是指针变量，而在过程 E 中，属性 t 在形参中定义为指针变量，属性 p 定义为局部整型变量，因此在调用过程 $E1$ 时，调用形式为：$E1(p,t)$。

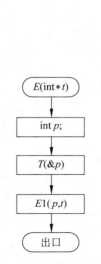

图 6-6　E 的属性翻译流程图

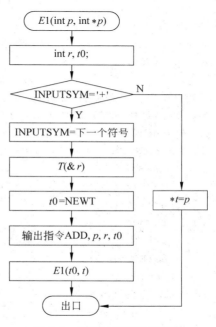

图 6-7　T 的属性翻译流程图

对于产生式 $E'_{\downarrow p \uparrow t} \rightarrow + T_{\uparrow r} @ADD_{\downarrow p,r,t0} E'_{\downarrow t0 \uparrow t}$ 和 $E'_{\downarrow p \uparrow t} \rightarrow \varepsilon$，左部符号 E' 有一个继承属性 p，一个综合属性 t，因此，子程序有两个形参，一个为整型变量，另一个为指针变量，形式为 int $E1$(int p,int *t)，属性翻译流程图如图 6-7 所示。过程 T 的形参是指针变量，属性 r 定义为整型变量，所以调用过程 T 时实参为 $\& r$，调用形式为：$T(\& r)$。将属性 p 的值赋给属性 t 时，由于 t 定义为指针变量，所以赋值时要写成 $* t = p$。

其他产生式的子程序也是如此，具体实现见下段 C 程序：

```
//本程序将简单中缀算术表达式翻译成四元式,表达式中只有+和 * 运算符
#include "stdio.h"
#include "ctype.h"
char ch;
int T(int * p);
int F(int * p);
int E1(int p,int * t);
```

```
int T1(int p,int * t);
int NEWT()                     //返回一个临时变量,顺序产生 A、B、…、Z,最多产生 26 个临时变量
{ static int i=64;            //设置 i 为静态变量,确保下次调用时 i 为上次调用的结果
  i=i+1;
  return(i);
}
```

//产生式 $E_{\uparrow t} \to T_{\uparrow p} E'_{\downarrow p}$ 的翻译子程序,t 为综合属性,形参用指针变量

```
int E(int * t)
{   int es=0;
    int p;
    es=T(&p);                      //调用分析 T 子程序
    es=E1(p,t);                    //调用分析 E1 子程序
    return(es);
}
```

//产生式 $E'_{\downarrow p \uparrow t} \to + T_{\uparrow r} @ \text{ADD}_{\downarrow p,r,t0} E'_{\downarrow t0 \uparrow t}$ 和 $E'_{\downarrow p \uparrow t} \to \varepsilon$ 翻译子程序
//p 为继承属性,形参用整型变量;t 为综合属性,形参用指针变量

```
int E1(int p,int * t)
{   int r,es,t0;
    if(ch=='+')
    {   ch=getchar();
        es=T(&r);
        t0=NEWT();                 //产生一个临时变量
        printf("      ADD %c,%c,%c\n",p,r,t0);
        es=E1(t0,t);
        return(es);
    }else
    {   * t=p;
        return(0);
    }
}
```

//产生式 $T_{\uparrow p} \to F_{\uparrow p} T'_{\downarrow p \uparrow t}$ 的翻译子程序,t 为综合属性,形参用指针变量

```
int T(int * t)
{   int es=0,p;
    es=F(&p);                      //调用分析 F 子程序
    es=T1(p,t);                    //调用分析 T1 子程序
    return(es);
}
```

//产生式 $T'_{\downarrow p \uparrow t} \to * F_{\uparrow r} @ \text{MULT}_{\downarrow p,r,t0} T'_{\downarrow t0 \uparrow t}$ 和 $T'_{\downarrow p \uparrow t} \to \varepsilon$ 翻译子程序
//p 为继承属性,形参用整型变量;t 为综合属性,形参用指针变量

```
int T1(int p,int * t)
{
    int r,es,t0;
    if(ch=='*')
```

```
    {   ch=getchar();
        es=F(&r);
        t0=NEWT();                        //产生一个临时变量
        printf("        MULT %c,%c,%c\n",p,r,t0);
        es=T1(t0,t);
        return(es);
    }else
    {   *t=p;
        return(0);
    }
}
```

//产生式 $F_{\uparrow p} \rightarrow (E_{\uparrow p}) | ID_{\uparrow p}$ 的翻译子程序,p 为综合属性,形参用指针变量

```
int F(int * p)                        //分析 F 子程序
{   int es=0;
    if(ch=='(')
    {
        ch=getchar();
        es=E(p);                      //调用分析 E 子程序
        if(ch!=')') return(3);
        else {ch=getchar();return(es);}
    }else
    {
      if(isalpha(ch))                 //判断是否为字母
      {   *p=ch;
          ch=getchar();
          return(es);
      }else return(4);
    }
}
```

//主程序

```
main()
{
    int es=0,t;
    printf("请输入算术表达式(操作数只能是单个字母):");
    ch=getchar();
    printf("输出四元式为:\n");
    es=E(&t);                        //调分析表达式 E 的翻译程序
    if(es==0)printf("\n 翻译成功!\n");
    else printf("\n 表达式有语法错误!\n");
}
```

运行本程序,输入 $a * (b+c) + b * d$,输出四元式序列为:

ADD b,c,A

```
MULT a,A,B
MULT b,d,C
ADD B,C,D
```

其中 A、B、C、D 都是临时变量。

如果采用 C++ 来实现属性翻译，形式参数设计有些变化，继承属性的形参名仍然设计为值形参，而综合属性形参名要声明为引用类型。而且，在每个非终结符号的分析过程中，调用非终结符号的分析过程时实参也变得简单多了，也不存在何时使用 & 和 * 的问题。下面以前面的算术表达式规则为例进行说明。

对于产生式 $E_{\uparrow t} \rightarrow T_{\uparrow p} E'_{p \uparrow t}$，左部符号 E 有一个综合属性 t，因此，子程序的形参用引用变量，形式为 int E(int & t)，调用过程 T 的形式为 T(p)。调用过程 E1 的形式为 E1(p,t)，如图 6-8 所示。

对于产生式 $E'_{p \uparrow t} \rightarrow + T_{\uparrow r} @ \text{ADD}_{\downarrow p,r,t0} E'_{\downarrow t0 \uparrow t}$ 和 $E'_{p \uparrow t} \rightarrow \varepsilon$，左部符号 E' 有一个继承属性 p，一个综合属性 t，因此，子程序有两个形参，一个定义为整型变量 p，另一个定义为引用变量 t，形式为：int E1(int p, int & t)，属性翻译流程图如图 6-9 所示。过程 T 的形参是引用变量，属性 r 定义为整形变量，所以调用过程 T 时实参为 r，调用形式为：T(r)。将属性 p 的值赋给属性 t 时，由于 t 定义为引用变量，所以赋值时直接写成 $t = p$。

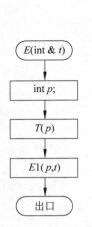

图 6-8 C++ 实现 E 的属性翻译流程图

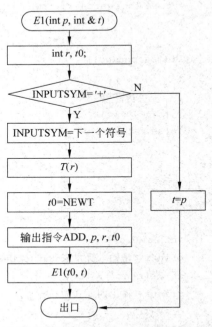

图 6-9 C++ 实现 T 的属性翻译流程图

6.5.3 L-属性翻译文法的翻译实现——LL(1)法

在前面翻译文法的 LL(1) 翻译器的基础上，进一步对分析器扩充，就可以实现对属性翻译文法的翻译。对翻译文法,允许动作符号入栈,当栈顶是动作符号时,就执行动作,同时栈顶动作符号出栈,从而构造出翻译文法的翻译器。对于属性翻译文法,其扩充方法是:对于所有符号,不仅符号进分析栈,其属性也同时进栈。为此,对每个入栈的符号在栈中的表示(称为栈符号)要进行扩充,将栈符号设计为符号名和属性域两部分。任何栈符号的域都是在栈内的一些存储单元。例如,对符号串 ABC,假定 A 有两个属性,B 有一个属性,而 C 没有任何属性。若符号名也占用一个存储单元,则相应 A 的栈符号用三个存储单元,B 用两个,C 用一个。压入堆栈以后的情况如图 6-10 所示。其中'♯'为栈底符号。

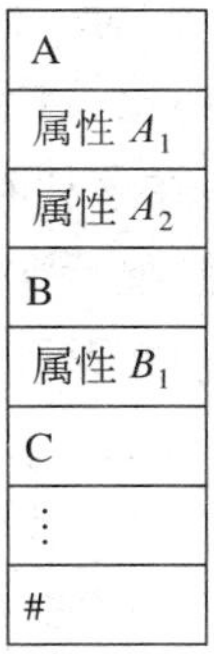

A
属性 A_1
属性 A_2
B
属性 B_1
C
⋮
♯

图 6-10 分析栈

考虑如下文法:

$$S{\rightarrow}E_{\uparrow p}@\text{ANSWER}_{\downarrow r} \qquad\qquad r=p$$
$$E_{\uparrow p}{\rightarrow}+E_{\uparrow q}E_{\uparrow r}@\text{ADD}_{\downarrow A_1,A_2\uparrow R} \qquad A_1=q,A_2=r,R=A_1+A_2,p=R$$
$$E_{\uparrow p}{\rightarrow}*E_{\uparrow q}E_{\uparrow r}@\text{MULT}_{\downarrow A_1,A_2\uparrow R} \qquad A_1=q,A_2=r,R=A_1*A_2,p=R$$
$$E_{\uparrow p}{\rightarrow}\text{NUM}_{\uparrow q} \qquad\qquad p=q$$

如何构造该属性翻译文法的翻译器呢?下面来介绍。

首先,如果把属性删除,则该文法变成普通的符号串翻译文法,那么,在 LL(1)分析器的基础上加进动作符号就可构造出一个 LL(1)翻译器的分析表,实现由该符号串翻译文法所定义的翻译,见表 6-3。该文法为符号串翻译文法。所以当动作符号处在栈顶时,不管输入符号是什么,翻译器将输出动作符号中的符号串。

表 6-3 LL(1)翻译器的分析表

符号	输 入 符 号			
	+	*	NUM	♯
S	1	1	1	
E	2	3	4	
+	5			
*		5		
NUM			5	
♯				ACCEPT

1:POP,PUSH(@ANSWER E)
2:POP,PUSH(@ADD E E +)
3:POP,PUSH(@MULT E E *)
4:POP,PUSH(NUM)
5:POP,NEXTSYM

其次,再进一步扩充这个机器就可得到处理属性文法的翻译器,其方法如下。

1. 栈符号设计

属性文法的每个符号都有属性,所以每个符号入栈时,必须连属性一起入栈,这样,栈符号就由文法符号及存放该符号属性的域所组成。由于属性类型不同,属性域存放的内容就要根据属性的类型来定。有的可能直接存放属性值,也有的存放的是指向属性值的指针。对于综合属性，其属性域不存放其属性值，而是存放一个指针，指向存储该属性值的单元。对于继承属性，其属性域直接保存其属性值。继承属性的属性域刚入栈时为空，但是在该栈符号变成栈顶符号之前的某一时刻，它们必须接受相应的属性值，即在成为栈顶时，继承属性的属性域必须有值。对于本文法中出现的所有符号，其相应的栈符号如图 6-11 所示。

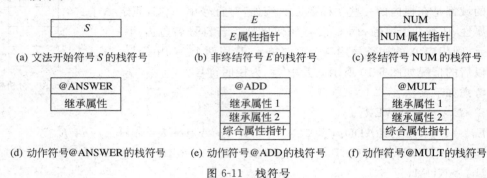

图 6-11　栈符号

根据设计好的栈符号，就可以对属性翻译文法构造分析表，见表 6-4。

表 6-4　属性翻译文法的分析表

符号	输 入 符 号			
	＋	＊	NUM	＃
S	1	1	1	
E	2	3	4	
＋	5			
＊		5		
NUM			5	
＃				ACCEPT

1：POP，PUSH(@ANSWER$_{\downarrow r}$ $E_{\uparrow p}$)
2：POP，PUSH(@ADD$_{\downarrow A_1 \cdot A_2 \uparrow R}$ $E_{\uparrow r}$ $E_{\uparrow q}$ ＋)
3：POP，PUSH(@MULT$_{\downarrow A_1 \cdot A_2 \uparrow R}$ $E_{\uparrow r}$ $E_{\uparrow q}$ ＊)
4：POP，PUSH(NUM$_{\uparrow q}$)，把 NUM 的属性值 q 放入 NUM 的属性域指向的单元
5：POP，NEXTSYM

2. 语义动作设计

下面给出当动作符号出现在栈顶时，根据翻译的具体要求所要完成的语义动作。假定要求翻译器所要完成的工作是计算由文法定义的表达式的值并输出。那么三个动作符号的翻译动作如下。

（1）@ADD。把头两个域的内容相加，并把计算结果存储在第三个域所指的单元中；POP；

（2）@MULT。把头两个域的内容相乘，并把积存储在第三个域所指的单元中；POP；

（3）@ANSWER。输出属性域的内容结果；POP。

3. 输入符号串＋NUM$_{↑2}$NUM$_{↑3}$♯的分析过程

为了理解 LL(1)的工作过程中对属性的处理，下面以输入符号串＋NUM$_{↑2}$NUM$_{↑3}$♯为例来介绍处理过程。输入串＋NUM$_{↑2}$NUM$_{↑3}$♯对应的表达式为＋23，这是一种前缀表示。

NUM 为词法分析输出的整数记号。分析过程如下。

（1）♯入栈，文法的开始符号 S 入栈，输入指针指向符号＋，见图 6-12(a)。

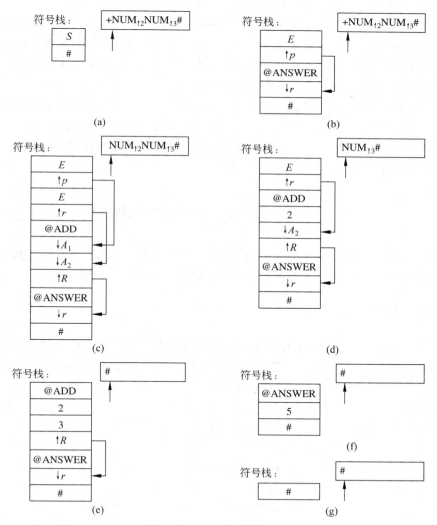

图 6-12　LL(1)的工作过程

（2）查分析表 S 行＋列，执行动作 POP，PUSH(@ANSWER$_{↓r}$ $E_{↑p}$)。因为 $r=p$，所以，E 属性域 p 为指向@ANSWER 属性 r 的指针，结果见图 6-12(b)。

（3）查分析表 E 行＋列，执行动作 POP，PUSH(@ADD$_{↓A_1·A_2↑R}$ $E_{↑r}$, $E_{↑q}$＋)。E 出栈

前,属性 p 指向 @ANSWER 的属性 r,因为 E 的属性 p 等于 @ADD 的属性 $\uparrow R$,所以 @ADD 的属性 $\uparrow R$ 也指向 @ANSWER 的属性 r,对于新入栈的两个 E 的属性 r 和 q,其属性分别指向 @ADD 的属性 A_1 和 A_2。然后,因栈顶为＋,＋出栈,读下一个符号,结果见图 6.12(c)。

（4）查分析表 E 行 NUM 列,执行动作 POP,PUSH(NUM,q)。E 出栈前,E 的属性 p 指向 @ADD 的属性 A_1,而 p 等于 NUM 的属性值 q,所以,NUM,q 入栈,把 NUM 的属性值 2 放入原来 E 出栈前的属性 p 指向的单元,即 @ADD 的属性 A_1。然后,NUM 符号出栈,读下一个符号,结果见图 6-12(d)。

（5）查分析表 E 行 NUM 列,执行动作 POP,PUSH(NUM,q)。E 出栈前,E 的属性 r 指向 @ADD 的属性 A_2,而 E 的属性 r 等于 NUM 的属性值 q,所以,NUM,q 入栈,把 NUM 的属性值 3 放入原来 E 出栈前的属性 r 指向的单元,即 @ADD 的属性 A_2。然后,NUM 符号出栈,读下一个符号,结果见图 6-12(e)。

（6）栈顶为动作符号 @ADD。把头两个域的内容 2 和 3 相加,并把计算结果 5 存储在第三个域 $\uparrow R$ 所指的 @ANSWER 的属性 $\downarrow r$ 中,出栈,结果见图 6-12(f)。

（7）栈顶为动作符号 @ANSWER,输出属性域的内容 5,出栈,结果见图 6-12(g)。到此,栈内为 ♯,输入指针指向 ♯,成功结束。

6.6　自底向上语法制导翻译

在第 5 章中介绍了自底向上的分析方法——LR 分析法。LR 的分析过程是真正归约当前句型句柄的语法分析方法。本节只介绍自底向上的波兰翻译方法。

6.6.1　波兰翻译

对于一个文法,当且仅当文法中每个产生式的右部的所有动作符号都只出现在所有输入符号和非终结符号的右边,则这种翻译文法称为波兰翻译文法。

考虑如下算术表达式文法及其翻译文法:

（0）$S \rightarrow E$	（0）$S \rightarrow E$
（1）$E \rightarrow E + T$	（1）$E \rightarrow E + T$@ADD
（2）$E \rightarrow T$	（2）$E \rightarrow T$
（3）$T \rightarrow T * F$	（3）$T \rightarrow T * F$@MULT
（4）$T \rightarrow F$	（4）$T \rightarrow F$
（5）$F \rightarrow (E)$	（5）$F \rightarrow (E)$
（6）$F \rightarrow i$	（6）$F \rightarrow i$

由于该文法中的所有动作符号都只出现在所有输入符号和非终结符号的右边,显然,这个算术表达式翻译文法就是波兰翻译文法。

波兰翻译文法的翻译器很容易通过修改其输入文法的分析表得到。为了实现波兰翻译,首先构造文法的 LR 分析表,见表 6-5,然后,扩充该分析表。扩充主要体现在归约操作上。如果一条规则中含有动作符号,则使用这条规则归约的同时,还要执行动作符号规定的动作。对于上面的文法,由于产生式 R_1 和 R_3 有动作符号,所以在归约动作 R_1 中执行动作符号@ADD,输出 ADD,在归约动作 R_3 中执行动作符号@MULT,输出 MULT。扩充后的分析表之所以有效,是因为翻译文法的动作符号只出现在产生式的右端。因此,可以在进行符号串分析的同时实现所要求的翻译。表 6-6 给出了输入符号串 i+i# 的详细翻译过程。

表 6-5　算术表达式的 LR 分析表

状态	ACTION						GOTO		
	i	＋	*	(	)	#	E	T	F
0	S_5			S_4			1	2	3
1		S_6				ACCEPT			
2		R_2	S_7		R_2	R_2			
3		R_4	R_4		R_4	R_4			
4	S_5			S_4			8	2	3
5		R_6	R_6		R_6	R_6			
6	S_5			S_4				9	3
7	S_5			S_4					10
8		S_6			S_{11}				
9		R_1	S_7		R_1	R_1			
10		R_3	R_3		R_3	R_3			
11		R_5	R_5		R_5	R_5			

表 6-6　输入符号串 i＋i# 的翻译过程

步骤	状态栈	符号栈	输入符号串	ACTION	GOTO	说　明
1	0	#	i+i#	S_5		开始时,0 入状态栈,# 入符号栈,输入符号为 i。查动作表 0 行 i 列为 S_5,5 入状态栈,i 入符号栈
2	05	#i	+i#	R_6	3	输入符号为＋,查动作表 5 行 * 列为 R_6,用 F→i 归约,i 出符号栈,F 入符号栈,5 出状态栈,0 为栈顶,查 GOTO 表 0 行 F 列得 3,3 入状态栈
3	03	#F	+i#	R_4	2	输入符号为＋,查动作表 3 行＋列为 R_4,用 T→F 归约,F 出符号栈,T 入符号栈,3 出状态栈,0 为栈顶,查 GOTO 表 0 行 T 列得 2,2 入状态栈
4	02	#T	+i#	R_2		输入符号为＋,查动作表 2 行＋列为 R_2,用 E→T 归约,T 出符号栈,E 入符号栈,2 出状态栈,0 为栈顶,查 GOTO 表 0 行 E 列得 1,1 入状态栈

续表

步骤	状态栈	符号栈	输入符号串	ACTION	GOTO	说　明
5	01	$\#E$	$+i\#$	S_6		输入符号为＋，查动作表 1 行＋列为 S_6，6 入状态栈，＋入符号栈
6	016	$\#E+$	$i\#$	S_5		输入符号为 i，查动作表 6 行 i 列为 S_5，5 入状态栈，i 入符号栈
7	0165	$\#E+i$	$\#$	R_6	3	输入符号为＃，查动作表 5 行＃列为 R_6，用 $F{\to}i$ 归约，i 出符号栈，F 入符号栈，5 出状态栈，6 为栈顶，查 GOTO 表 6 行 F 列得 3，3 入状态栈
8	0163	$\#E+F$	$\#$	R_4	9	输入符号为＃，查动作表 3 行＃列为 R_4，用 $T{\to}F$ 归约，F 出符号栈，T 入符号栈，3 出状态栈，6 为栈顶，查 GOTO 表 6 行 T 列得 9，9 入状态栈
9	0169	$\#E+T$	$\#$	R_1	1	输入符号为＃，查动作表 9 行＃列为 R_1，用 $E{\to}E+T$ 归约，$E+T$ 出符号栈，E 入符号栈，169 出状态栈，0 为栈顶，查 GOTO 表 0 行 E 列得 1，1 入状态栈，执行@ADD，输出 ADD
10	01	$\#E$	$\#$	ACCEPT		输入符号为＃，查动作表 1 行＃列为 ACCEPT，接受

6.6.2　S-属性文法

前面已经介绍了 L-属性文法及其含义，L-属性能保证自顶向下分析时顺利进行属性计算。那么为了保证自底向上的属性翻译过程中所有属性都能够获得值，就需要文法为 S-属性文法。下面介绍 S-属性文法的概念。

一个属性翻译文法称为 S-属性文法，当且仅当以下 3 个条件成立：

（1）所有非终结符号的属性都是综合属性；

（2）综合属性的每一个求值规则与正被确定属性的那个符号的综合属性无关；

（3）继承属性的每个规则只依赖于产生式右部一些符号的属性，这些符号出现在正被确定属性的那个符号的左边。

如果一个波兰翻译文法符合 S-属性文法的 3 个条件，那么，就称为 S-属性波兰翻译文法。

考虑如下算术表达式属性翻译文法：

（0）$S{\to}E_{\uparrow x}$

（1）$E_{\uparrow x}{\to}E_{\uparrow q}+T_{\uparrow r}@\mathrm{ADD}_{\downarrow q,r,x}$　　　　　$x=\mathrm{NEWV}$

（2）$E_{\uparrow x}{\to}T_{\uparrow x}$

(3) $T_{\uparrow x} \rightarrow T_{\uparrow q} * F_{\uparrow r} @MULT_{\downarrow q, r, x}$ $x = NEWV$

(4) $T_{\uparrow x} \rightarrow F_{\uparrow x}$

(5) $F_{\uparrow x} \rightarrow (E_{\uparrow x})$

(6) $F_{\uparrow x} \rightarrow i_{\uparrow x}$

该文法符合 S-属性文法的 3 个条件,因此是 S-属性文法,而且是 S-属性波兰翻译文法。

6.6.3 S-属性波兰翻译文法的翻译实现

给定一个 S-属性波兰翻译文法,构造翻译器的步骤如下:首先,将 S-属性翻译文法中的属性和动作符号去掉,形成输入文法,为输入文法构造 LR 分析表;其次,确定文法中每个符号的栈符号,并扩充该分析表的移进和归约动作即可完成 S-属性翻译文法翻译器的构造。

在 S-属性翻译文法的翻译器中,每个栈符号由名字部分和属性域组成。栈中任何符号的域都是一些存储单元,当该符号在栈内时,这些域用于保存该符号的属性信息。这与前面介绍的 LL(1)方法的栈符号组织是相同的。

为了实现自底向上的属性文法的翻译,还需要对相应分析器的移进和归约动作做适当的扩充。扩充方法如下。

(1) 移进动作的扩充方案。把当前输入符号的属性放在移进操作压入的那个栈符号的相应属性域中。

(2) 归约动作的扩充方案。当选用产生式 p 进行归约操作时,此时顶部的栈符号串表示输入文法的产生式 p 的右部,且这些域含有文法符号的属性。现在扩充这个归约操作,使用这些属性来计算与该产生式有关的所有动作符号以及左部非终结符号的所有属性。

① 使用这些动作符号属性来产生所需要的输出或完成有关的动作。

② 使用左部非终结符属性来填写表示左部非终结符的属性域,同时归约操作把这个左部非终结符压入栈中。

表 6-7 列出了输入符号串 $i_{\uparrow 3} + i_{\uparrow 5} \#$ 的翻译过程。

表 6-7 输入符号串 $i_{\uparrow 3} + i_{\uparrow 5} \#$ 的翻译过程

步骤	状态栈	符号栈	输入符号串	ACTION	GOTO	说 明
1	0	#	$i_{\uparrow 3} + i_{\uparrow 5} \#$	S_5		开始时,0 入状态栈,# 入符号栈,输入符号为 i。查动作表 0 行 i 列为 S_5,5 入状态栈,i 入符号栈
2	05	$\# i_{\uparrow 3}$	$+ i_{\uparrow 5} \#$	R_6	3	输入符号为 +,查动作表 5 行 * 列为 R_6,用 $F \rightarrow i$ 归约,i 出符号栈,F 入符号栈,F 的属性取 i 的属性 3,5 出状态栈,0 为栈顶,查 GOTO 表 0 行 F 列得 3,3 入状态栈

续表

步骤	状态栈	符号栈	输入符号串	ACTION	GOTO	说　明
3	03	#F_3	$+i_5$#	R_4	2	输入符号为＋，查动作表3行＋列为R_4，用$T{\rightarrow}F$归约，F出符号栈、T入符号栈，T的属性取F的属性，3出状态栈，0为栈顶，查GOTO表0行T列得2,2入状态栈
4	02	#T_3	$+i_5$#	R_2	1	输入符号为＋，查动作表2行＋列为R_2，用$E{\rightarrow}T$归约，T出符号栈，E入符号栈，E的属性取T的属性3,2出状态栈,0为栈顶,查GOTO表0行E列得1,1入状态栈
5	01	#E_3	$+i_5$#	S_6		输入符号为＋，查动作表1行＋列为S_6，6入状态栈，＋入符号栈，输入符号为i
6	016	#E_3＋	i_5#	S_5		输入符号为i，查动作表6行i列为S_5，5入状态栈，i入符号栈，输入符号为#
7	0165	#E_3＋i_5	#	R_6	3	输入符号为#，查动作表5行#列为R_6，用$F{\rightarrow}i$归约，i出符号栈，F入符号栈，F的属性取i的属性5,5出状态栈，6为栈顶，查GOTO表6行F列得3,3入状态栈
8	0163	#E_3＋F_5	#	R_4	9	输入符号为#，查动作表3行#列为R_4，用$T{\rightarrow}F$归约，F出符号栈、T入符号栈，T的属性取F的属性5,3出状态栈，6为栈顶，查GOTO表6行T列得9,9入状态栈
9	0169	#E_3＋T_5	#	R_1	1	输入符号为#，查动作表9行#列为R_1，用$E{\rightarrow}E＋T$归约，$E＋T$出符号栈、E入符号栈，执行@ADD，用NEWV生成新变量A，输出"ADD,3,5,A"，E的属性为A,169出状态栈,0为栈顶,查GOTO表0行E列得1,1入状态栈
10	01	#E_A	#	ACCEPT		输入符号为#，查动作表1行#列为ACCEPT，接受

　　综上所述，给定一个S-属性波兰翻译文法，就有一个输入文法与之相对应。可为该输入文法构造一个LR分析表。在该分析表的基础上，可进一步构造出S-属性翻译文法的翻译器。该翻译器可通过对栈符号增加属性域以及对移进和归约操作进行适当的动作扩充构造出来。

习　　题

1. 构造符号串翻译文法，它接受由 0 和 1 组成的任意符号串，并产生下面的输出符号串：

(1) 输入符号串的倒置；

(2) 符号串 0^m1^n。

2. 根据上题得到的翻译文法，设计递归下降翻译，并用 C 程序实现翻译。

3. 输入文法为：

$S \rightarrow aAS$

$S \rightarrow b$

$A \rightarrow cASb$

$A \rightarrow \varepsilon$

翻译文法为：

$S \rightarrow aA@xS$

$S \rightarrow b@z$

$A \rightarrow c@yAS@vb$

$A \rightarrow \varepsilon@w$

设计递归下降翻译。

4. 为上题的输入文法设计 LL(1)翻译。

5. 属性翻译文法如下：

$S \rightarrow dT_{\downarrow p \uparrow r}$ $\qquad\qquad\qquad p=r$

$T_{\downarrow u \uparrow w} \rightarrow a_{\uparrow y}@g_{\downarrow z}T_{\downarrow p \uparrow r}$ $\qquad z=r, p=u+r, w=r+1$

$T_{\downarrow u \uparrow w} \rightarrow b_{\uparrow y}$ $\qquad\qquad\qquad w=y$

对输入符号串 $da_{\uparrow 2}a_{\uparrow 1}b_{\uparrow 5}$ 构造属性计算语法树。

6. 对下面的 L-属性符号串翻译文法，设计递归下降翻译和 LL(1)翻译。

$S ::= a_{\uparrow i}A_{\uparrow j}@d_{\uparrow k, l}B_{\downarrow n}$ $\qquad\qquad k=i, \quad l, n=j$

$S ::= b_{\uparrow m}B_{\downarrow x}@g_{\downarrow y}$ $\qquad\qquad\qquad x, y=52$

$A_{\uparrow Q_4} ::= a_{\uparrow p}A_{\uparrow Q_1}@d_{\downarrow Q_2, Q_3}A_{\uparrow N}$ $\qquad Q_4, Q_3, Q_2=Q_1$

$A_{\uparrow R_2} ::= b_{\uparrow T_1}@q_{\downarrow T_2}a_{\uparrow R_1}$ $\qquad\qquad T_2=T_1-10, R_2=R_1+3$

$B_{\downarrow T} ::= a_{\uparrow i}@d_{\downarrow T_1}$ $\qquad\qquad\qquad T_1=T-5$

7. 设有文法如下：

(0) $S \rightarrow L_{\uparrow S_1}$

(1) $L_{\uparrow s} \rightarrow E_{\uparrow S_2}, L_{\uparrow S_1}@x_{\downarrow I_1}$ $\qquad S=S_2+S_1, I_1=S_1$

(2) $L_{\uparrow s} \rightarrow E_{\uparrow S_2}@y_{\downarrow I_2}$ $\qquad\qquad S=S_2, I_2=S_2$

(3) $E_{\uparrow S_2} \rightarrow a_{\uparrow v}@x_{\downarrow q}@y_{\downarrow I_3}$ $\qquad S_2=v+I_3, q=v, I_3=q$

(4) $E_{\uparrow S_2} \rightarrow b_{\uparrow t}@y_{\downarrow I}@x_{\downarrow r}$ $\qquad S_2, I=t, r=I+t$

该文法是 S-属性文法吗？设计 LR 翻译，并说明每个归约的动作。

8. 表达式属性翻译文法如下：

$E_{\uparrow t} \rightarrow T_{\uparrow p} E'_{\downarrow p \uparrow t},$

$E'_{\downarrow p \uparrow t} \rightarrow + T_{\uparrow r} @ADD_{\downarrow p, r, t_0} \ E'_{\downarrow t_0 \uparrow t} \mid - T_{\uparrow r} @SUB_{\downarrow p, r, t_0} \ E'_{\downarrow t_0 \uparrow t}$ 　　　　$t_0 = NEWT$

$E'_{\downarrow p \uparrow t} \rightarrow \varepsilon$ 　　　　　　　　　　　　　　　　　　　　　　　　　$t = p$

$T_{\uparrow t} \rightarrow F_{\uparrow p} T'_{\downarrow p \uparrow t}$

$T'_{\downarrow p \uparrow t} \rightarrow * F_{\uparrow r} @MULT_{\downarrow p, r, t_0} \ T'_{\downarrow t_0 \uparrow t} \mid / F_{\uparrow r} @DIV_{\downarrow p, r, t_0} \ T'_{\downarrow t_0 \uparrow t}$ 　　　$t_0 = NEWT$

$T'_{\downarrow p \uparrow t} \rightarrow \varepsilon$ 　　　　　　　　　　　　　　　　　　　　　　　　　$t = p$

$F_{\uparrow p} \rightarrow (E_{\uparrow p}) \mid i_{\uparrow p}$

编程实现该文法的递归下降翻译。

第 7 章　符号表管理技术

　　在编译的各个阶段经常要收集和使用出现在源程序中的各种信息,为了方便,通常把这些信息用一些表格进行记录、存储和管理,如常量表、数组信息表、保留字表和标识符表等,这些表统称为符号表。本章介绍的符号表主要保存各类标识符的属性,它在翻译过程中有两个方面的重要作用:一是检查语义的正确性;二是辅助生成代码。达到这两个目的的途径是通过插入和检索符号表中记录的标识符属性来实现的。这些属性(如名字、类型和维数等)在声明语句中可直接找到,有些可根据程序中标识符出现的上下文间接地获得。

　　在第 3 章中介绍词法分析时提到,从字符串源程序中分离出标识符后,首先查保留字表,如果没有,则确认为标识符,词法分析输出标识符符号,同时还要记住该标识符符号的属性值。

　　在编译时,源程序中每出现一次标识符,就要与符号表打一次交道,主要工作是查表和存取操作,因此,与符号表的交互占据了大量的编译时间。所以,如何有效地操作符号表直接影响编译的效率。

7.1　何时建立和访问符号表

　　符号表可在词法分析时创建,也可在语义分析时创建。在有的编译程序中,符号表在词法分析遍内创建,符号表此时只含有标识符的名字,其他属性要在语义分析阶段填入。而变量在符号表中的位置信息将作为标识符符号的属性出现,构成词法扫描器所产生的单词符号的一部分;语法分析阶段只检查源程序语法的正确性,一般不使用符号表;语义分析程序对该编码形式进行语义正确性分析,遇到声明语句时会填入有关标识符的属性。在符号表中记录的标识符的属性信息会在代码生成阶段用于产生目标代码。因此,直到语义分析和代码生成阶段,许多与变量有关的属性才能够相继填入符号表。

　　还有的编译程序只在语义分析时才创建符号表。词法分析只输出标识符符号,而标识符名字作为标识符符号的属性输出。这样,在语义分析阶段根据标识符的属性创建符号表记录,并同时填入其他的属性信息。

　　总之,如果在词法分析阶段创建符号表,只能在符号表中将标识符的名字填入符号表,而其他属性则要在语义分析和代码生成阶段填入。如果在语义分析阶段创建符号表,那么与符号表打交道的就仅局限于语义分析和代码生成部分。

7.2 符号表的组织和内容

在编译程序中，符号表主要用来存放源程序中的各种有用的信息，在编译各阶段要不断地对这些信息进行访问、增加和更新。因此，需要合理组织符号表，使符号表占尽量少的内存；同时还要尽可能提高符号表的访问效率，从而提高编译效率。所以，符号表的管理程序应该具有快速查找、快速删除、易于使用和易于维护的特点。符号表具体包含哪些内容以及属性的种类在一定程度上取决于程序设计语言的性质。同样，符号表的组织方式还要根据内存和存取速度的限制做相应的改变。下面主要以保存变量的符号表为例来介绍符号表的组织和内容。符号表基本上都是由一些表项组成的二维表格，每个表项可分为两部分：第一部分是名字域，用来存放符号的名字；第二部分是属性域，用来记录与该名字相对应的各种属性和特征。以下是保存变量的符号表中常见的属性，它们都是对一个具体的编译程序实现来说应该考虑的，但其中有些属性并不是对所有编译程序都是必须的。

（1）变量名；

（2）目标地址；

（3）类型；

（4）维数或过程的参数数目；

（5）变量声明的源程序行号；

（6）变量引用的源程序行号；

（7）以字母顺序列表的链域。

表 7-1 就是一个符号表属性的例子。

表 7-1 符号表属性示例

名字	目标地址	类型	维数	声明行	引用行	指针
Computer	0	2	1	2	9,4,5	7
X1	4	1	0	3	12,14	0
FORM	8	3	2	4		6
B2	48	1	0	5		1
ANS	52	1	0	5		4
M	56	6	0	6		2
FIRST	64	1	0	7		3

现对符号表属性功能介绍如下。

（1）名字。名字必须常驻在表中，因为它是在语义分析和代码生成中识别一个具体标识符的依据。在符号表的组织中，一个要解决的重要问题是标识符长度的可变问题。对标识符名字的处理要考虑语言中对标识符长度的规定是定长还是不定长。根据标识符的定义特点，通常采用的存储方法有两种。

① 定长存储方法,即为标识符名字域规定一个宽度,标识符按左对齐方式存放在其中。特点是简单且存取速度快;缺点是空间利用率低,标识符长度不能超过名字域的宽度。

② 集中存储方法,即开辟一个存放所有标识符的缓冲区,而在标识符名字域中只存放标识符在缓冲区中的偏移地址和标识符的长度。特点是存储效率高,标识符无长度限制,但存取效率低,如图 7-1 所示。

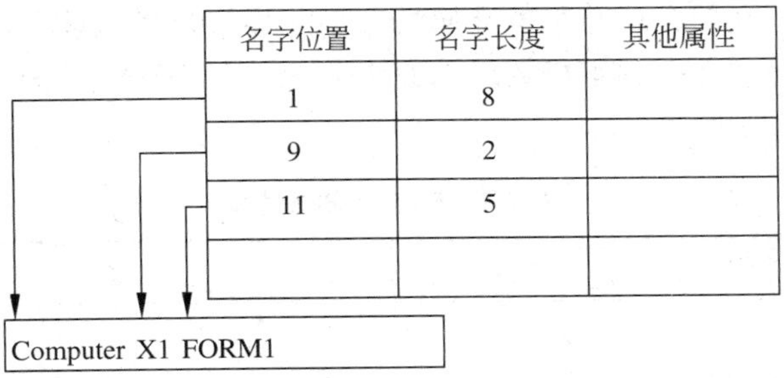

名字位置	名字长度	其他属性
1	8	
9	2	
11	5	

Computer X1 FORM1

图 7-1　集中存储方法符号表

（2）目标地址。标识符主要作为变量名字。程序中每个变量都必须有一个相应的目标地址,该地址是为该变量分配的内存地址(可能是相对的)。当声明一个变量时,就要为该变量分配内存地址,并将其分配的地址填入符号表中。当该变量在程序的其他处被引用时,可以从符号表中查询该地址,并填入存取该变量值的目标代码中。对于采用静态存储分配的语言(如 FORTRAN),分配的地址是连续顺序分配的。对于采用动态存储分配的语言,每个程序块内的变量连续分配,这是一个相对地址,运行时还要根据该程序块分配的数据区的起始地址和变量的相对地址计算出变量的绝对内存地址。如果标识符表示的是函数名或子程序名,则目标地址是该函数或子程序代码的开始地址。如果是数组名,则应为数组模板的起始地址。

（3）类型。不同数据类型的变量占据不同大小的内存空间,另外类型检查是语义分析的一项重要工作,所以符号表中要保存每个标识符的数据类型,以便分配内存和进行类型检查。

（4）维数及参数个数。这两个属性对类型检查都是重要的。在数组引用时,其维数应当与数组声明中所定义的维数一致,类型检查阶段必须对这种一致性进行检查。另外,维数也用于数组元素地址的计算。在过程调用时,实参个数也必须与形参个数一致。实际上,在符号表组织中,把参数的个数看成它的维数是很方便的,因此可以将两个属性合并成一个,这种方法也是协调的,因为对这两种属性所做的类型检查是类似的。

（5）交叉引用表。它是一个由编译程序提供的十分重要的程序设计辅助工具。该表包含前面已经讨论过的许多属性,加上声明该变量或首次引用该变量的语句行号以及所有引用该变量的语句行号。

（6）链域。列在符号表中的最后一个属性,通常称为链域,其作用是为了便于产生按字母顺序排序的变量交叉引用表。如果编译程序不产生交叉引用表。则符号表中的链域以及语句的行号属性都可从表中删去。

符号表中的属性域的内容因标识符代表的含义不同而不同，因此，各个属性所占的空间大小往往也不一样。如果按照统一格式安排这些属性值显然不合适，可把一些公共属性直接放在符号表的属性域中，而把其他一些特殊属性另外存放，并在属性域中附设一个指示器，指向存放特殊属性的地方。例如，对于数组来说，需要存储的信息有维数、每一维的上下界、数组的存储区等。如果把数组的这些属性与其他简单变量按同样格式存放在一张符号表中，处理起来很不方便。因此，常采用下面的方式：专门开辟一些单元存放数组的某些属性。这些专门存放数组特殊属性的单元称为数组信息向量。程序中的所有数组的信息向量集中存放在一起组成数组信息向量表，见表 7-2。其中，L_i、U_i（$i=1,2,\cdots,n$）表示数组第 i 维的下界和上界。

表 7-2　数组信息向量表

维数	数组首地址
L_1	U_1
L_2	U_2
$\vdots$	$\vdots$
L_n	U_n

一般来说，对于数组、过程及其他一些包含特殊属性较多的名字，都可采用上述方法。即开辟另外的附加表，用于保存不宜放在符号表中的属性，而在符号表中则要保存与附加表的连接指针。

在源程序中，由于不同种类的符号起着不同的作用，相应于各类符号所需记录的属性往往不同，因此，多数编译程序都是根据符号的不同种类分别建立不同的符号表。如常数表、变量名表、数组信息表、过程信息表、保留字表、特殊符号表、标准函数名表等，这样处理起来更方便一些。

从编译系统建造符号表的过程来划分，符号表可分为两大类：一是静态表，即在编译前就已经构造好了的符号表，如保留字表、标准函数名表等。二是动态表，即在编译过程中根据需要构造的符号表，如变量表、数组信息表、过程信息表等。编译过程中，静态符号表的内容不发生变化，而动态符号表的内容则可能不断地变化。总之，符号表应包括符号的所有相关属性，以便在编译过程中能进行语义的正确性检查和目标代码生成。

7.3　符号表上的操作

在符号表上最常执行的操作是插入和查找，这些操作根据所编译的语言是否具有显式声明而稍有不同。

1. 强类型语言

所谓强类型语言，即指所有变量都必须显式说明。插入操作发生在变量声明时，即处理一个变量声明语句的时候。在进行插入操作前，首先要查符号表，以确定符号表中无该变量记录，即变量不是重复声明。如果符号表是有序表，则插入之前还要找到需要插入变量的正确位置,以便将变量插入符号表的适当位置;如果符号表不是有序表,则可以直接将变量附加在符号表尾部。

查找符号表操作发生的次数很多。除了插入前要先查符号表外,每次变量引用时都要查找符号表。如果查到,那么查找出的信息将用于语义检查和代码生成;如果没有查到,说明存在变量没有声明就引用的错误,应报告相应的错误信息。

2. 弱类型语言

所谓弱类型语言,即允许对变量做隐式说明。插入和查询同时发生在每一次变量出现时,因为声明不是显式和强制的,所以任一变量引用都需要处理成首次引用。因为无法知道此变量是否已经存在于符号表中,所以对变量的引用都需要先查表。如存在,则直接获取变量的全部属性;否则进行插入操作,而且需要从上下文中推测出隐式变量的全部属性。例如,程序中首次出现 a=5 和 x=3.14 时,可根据常量 5 和 3.14 确定 a 为整型变量、x 为实型变量。

另外,对于具有块程序结构的语言,允许不同块之间的变量同名,这就要求每个程序块都有一个符号子表。一个程序块内的所有变量属性保存在一个子表中,这就允许不同程序块使用相同的变量名,而在一个程序块内,变量则不允许同名。这种情况下,符号表是一个栈式结构,而在进入块程序和离开块程序时,需要两种附加操作,即定位和重定位。

7.4 非块程序结构语言的符号表结构

在整个编译过程中,经常要访问符号表,因此,如何构造符号表和如何查找符号表是编译程序设计的主要问题之一。

所谓非块程序结构语言,是指用它编写的每一个可独立编译的程序是一个不包含子块的单一模块程序,该模块中声明的所有变量是属于整个模块的。非块程序结构语言的符号表有几种组织方式,其中比较简单的是无序表和有序表。

1. 无序表

无序表也称为线性表。构造一个符号表最简单的方法是变量的属性项按变量被声明的先后顺序填入表中。无序表插入和查找操作比较简单,但查找效率低。在编译过程中,当需要查找某个符号时,只能采用线性查找的方法,即从表的第一项开始,一项一项地顺序查找,直到找到需要的符号,否则要一直查到表尾。如果符号表内容较多,采用该方法查找效率很低。但如果符号表较小,采用无序表则非常合适。无序表的优点是结构简单、节省空间、添加及查找操作简单、易于实现。

2. 有序表

在编译过程中,由于查找符号表的次数远大于插入符号表的次数,所以如何提高符号表的查找效率直接影响编译的效率。有序符号表的表项是根据变量名按字母顺序存放的。因此,每次插入符号表前,首先要进行查表工作,以确定要插入的符号在符号表中的位置;然后将符号插入。这样难免会造成原有一些符号的移动,所以,这种符号表结构在插入符号时开销较大。对于有序表,最常用的查找技术是折半查找法。

折半查找首先把变量名与符号表的中间记录比较,结果或是找到该变量名,或是指出下一步要在哪半张表中进行查找,重复此过程,直到找到该变量名或确定该变量名不在表中为止。由于符号表上的查询操作的次数远多于插入操作,所以采用有序表能提高编译速度。

3. 散列符号表

散列符号表是多数编译程序采用的符号表,这种符号表的插入和查找效率都比较高。散列符号表又称哈希(Hash)符号表,其关键在于使用一种函数——哈希函数,将程序中出现的符号通过哈希函数进行映射,得到的函数值作为该符号在表中的位置。

散列函数(哈希函数)具有如下性质:

(1) 函数值只依赖于对应的符号;

(2) 函数的计算简单且高效;

(3) 函数值能比较均匀地分布在一定范围内。

构造散列函数的方法很多,主要有除法散列函数、乘法散列函数、多项式除法散列函数、平方取中散列函数等。散列符号表的表长通常是一个定值 N,因此,散列函数应该将符号名的编码散列成 $0 \sim N-1$ 之间的某一个值,以便每个符号都能散列到这种符号表中。

由于用户使用的符号名是随机的,所以很难找到一种散列函数使得符号名与函数值一一对应。如果有两个或两个以上的不同符号散列到同一个位置,则称为散列冲突。散列冲突是不可避免的,因此,如何解决冲突是构造散列符号表主要考虑的问题之一。常用的处理冲突的办法有顺序法、倍数法和链表法。

下面介绍用"质数除余法"来构造散列符号表。

(1) 根据各符号名中的字符确定正整数 h,这可以利用将字符转换成整数的函数来实现(如 ASC 函数)。

(2) 将(1)中确定的整数除以符号表的长度 N,然后取其余数。这个余数就作为符号的散列位置。如果 N 是质数,散列的效果较好,即冲突较少。

(3) 处理冲突可采用链接法,即将出现冲突的符号用指针连接起来。

假设现有 5 个符号 C_1、C_2、C_3、C_4、C_5,分别转换成正整数为 87、55、319、273 和 214,符号表的长度是 5,那么,利用质数除余法得到的散列地址为 2、0、4、3、4,如图 7-2 所示。

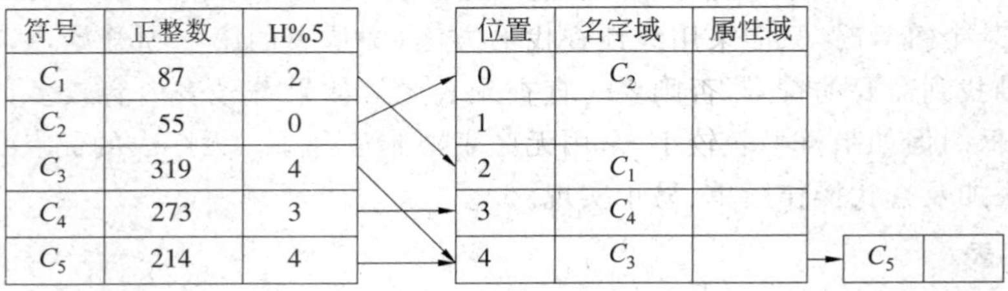

符号	正整数	H%5
C_1	87	2
C_2	55	0
C_3	319	4
C_4	273	3
C_5	214	4

位置	名字域	属性域
0	C_2	
1		
2	C_1	
3	C_4	
4	C_3	C_5

图 7-2　散列符号表

使用散列符号表的查表过程是:如果查找符号 S,首先计算 hash(S),根据散列函数值即可确定符号表中的对应表项。如果该表项是 S,即为所求,否则通过链指针继续查找,直到找到或到达链尾为止。

显然,采用散列技术查询效率较高,因为查找时只需进行少量比较,甚至无须比较即可定位。到目前为止,散列符号表可以说是构造符号表最常用的结构。

7.5　块程序结构语言的符号表组织

7.5.1　块程序结构语言的概念

所谓块程序结构语言,是指程序模块可包含嵌套的子模块,每一个子模块可以有一组自己的局部变量。按块程序结构语言的规定:变量的作用域是定义它的块程序;同一块内的变量不能重名,但不同块以及嵌套块之间的变量可以重名,因而某变量的声明可与嵌套块的内层变量同名,使用时局部变量优先。

下面为一段 C 程序,右边给出当编译程序编译到此处时的有效变量及函数名。

有效变量

```
(1)     real x,y;
(2)     char name;                      name,y,x
(3)     int fun1(int ind)               ind,fun1,name, y,x
(4)     {  int x;                       x,ind, fun1,name, y,x
(5)         x=m2(ind+1);
(6)     }                               fun1,name, y,x
(7)     int fun2(int j)                 j,fun2, fun1,name, y,x
(8)     {
(9)        { int f[10];
(10)          bool test1;               test1,f, j,fun2, fun1,name, y,x
(11)        }                           j,fun2, fun1,name, y,x
(12)     }                              fun2, fun1,name, y,x
(13)    main()                          main, fun2, fun1,name, y,x
(14)    {
(15)        char name;                  name, main, fun2, fun1,name, y,x
(16)        x=2;y=5;
(17)        printf("%d\n",fun1(x/y));
(18)    }
```

当编译完第 2 行时,符号表中应含有变量 name、y、x 的记录。编译到第 4 行时,符号表中应含有变量 x、ind、fun1、name、y、x 的记录。此时,符号表同时含有两个变量 x 的记录,而在函数 fun1 内有效的变量是局部变量 x,即第 4 行声明的变量。而编译到第 6 行时,符号表中有变量 fun1、name、y、x 的记录,x 和 ind 失效。编译到第 10 行时,有效变量为 test1、f、j、fun2、fun1、name、y、x。而编译到第 11 行时,符号表中有变量 j、fun2、fun1、name、y、x 的记录,test1 和 f 失效。编译到第 15 行时,符号表中应含有变量 name、main、fun2、fun1、name、y、x 的记录,此时,在主函数 main 内使用的变量 x 和 y 都是全局变量。

7.5.2 栈式符号表

对于块程序结构语言,其最简单的符号表结构为栈式符号表,它包括一个符号表栈及一个块索引栈。符号表栈记录变量的属性,块索引栈指出每个块的符号表的开始位置。栈式符号表操作过程十分简单,当遇到变量声明时,将包含变量的属性压入堆栈;当遇到块程序开始时,将当前的符号表栈顶位置压入块索引栈,从而开始一个新块的变量处理;当到达块程序结尾时,则根据块索引栈指出的本块的开始位置,将该块程序中声明的所有变量记录弹出堆栈,从而使局部声明的变量在块外不再存在。

栈式符号表的插入操作并不难。首先,刚开始编译时,设符号表栈顶指针 TOP 为 0,当第一个标识符出现时,将该标识符的属性入栈,同时将该标识符的地址 0 压入块索引栈,然后栈顶指针 TOP 为 1。其次,再遇到标识符时,如果新的标识符与栈顶的标识符在同一块中,则只需将新记录压入符号表栈顶单元,然后,栈顶指针 TOP 加 1(图 7-3(a));如果新的标识符与栈顶的标识符不在同一块中,表示刚才处理的程序块嵌套着一个程序块,而现在进入了这个嵌套的程序块中,则要进行定位操作,即将栈顶指针 TOP 入块索引栈,再将该标识符属性压入符号栈,然后栈顶指针 TOP 加 1,如图 7-3(b)和图 7-3(c)所示。当编译遇到程序块的结尾时要进行重定位操作,即将块索引栈的栈顶单元出栈并将内容赋给栈顶指针 TOP。

注意：栈顶指针 TOP 始终指向符号表栈顶第一个空闲的存储单元。

块结构语言程序中允许存在重名变量的声明,但重名变量不能出现在同一块中,因此所有标识符插入前要检查当前处理的块中是否有同名变量。其方法是：从栈顶单元(TOP-1)开始到块索引栈的栈顶单元所指的单元逐一进行检查。如果有与要插入的变量同名,则表示源程序中存在变量重复声明的错误;如果没有,才可将该标识符的属性入栈。查表操作要对符号栈从顶(TOP-1)到底进行线性搜索,这样确保找到的变量满足局部变量优先于全局变量的规则。由于栈式符号表中记录是无序的,因而查询效率比较差。

【例 7-1】   有一段 C 程序如下,画出编译到 a、b、c、d 处的栈式符号表。

```
real x,y;
char name;                              // ·············· a
int fun1(int ind)
{   int x;                              // ·············· b
    x=m2(ind+1);
}
int fun2(int j)
{
    {   int f[10];
        bool test1;                     // ·············· c
    }
}
main()
```

```
{    char name;                                    // ·············· d
     x=2; y=5;          printf("%d\n",fun1(x/y));
}
```

解：a、b、c、d 处的栈式符号表如图 7-3 所示。

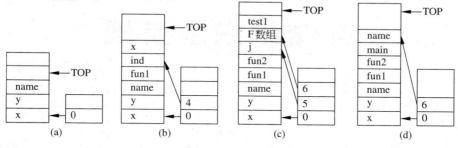

图 7-3　栈式符号表

习　　题

1. 给出编译下面程序的有序表。

```
main()
{
  int m,n[5];
  real x;
  char name;
}
```

2. 按"质数除余法"，给出上题程序的散列符号表。

3. 给出编译到下面程序 a、b、c 处的栈式符号表。

```
real x,y;
char str;                                          // ················ a
int fun1(int ind)
{   int x;                                         // ················ b
    x=m2(ind+1);
}
main()
{   char y;                                        // ················ c
    x=2;y=5;     printf("%d\n",fun1(x/y));
}
```

第 8 章 程序运行时的存储组织及管理

在程序的执行过程中,程序中数据的存取是通过对应的存储单元进行的。在早期的计算机上,这个存储管理工作由程序员自己来完成。在程序执行以前,首先要将用机器语言或汇编语言编写的程序输送到内存的某个指定区域中,并预先给变量和数据分配相应的内存地址。而有了高级语言之后,程序员不必直接和内存地址打交道,程序中使用的存储单元都由逻辑变量(标识符)来表示,它们对应的内存地址都是由编译程序在编译时分配或由其生成的目标程序在运行时进行分配。所以,对编译程序来说,存储的组织及管理是一个复杂而又十分重要的问题。另外,有些程序设计语言允许有递归过程,有的允许有可变长度的串,有的允许有动态数组,而有些语言则不允许有这些,为什么呢?这都是因为采用了不同的存储分配方式。本章介绍 3 种不同的存储分配方法:静态存储分配、动态存储分配和堆式存储分配。

8.1 程序运行时的存储组织

程序运行时,系统将为程序分配一块存储空间。这块空间用来存储程序的目标代码以及目标代码运行时需要或产生的各种数据。从用途上看,这块空间可分为以下 4 个部分。

(1) 目标程序区。用来存放目标代码。

(2) 静态数据区。用来存放编译时就能确定存储空间的数据。

(3) 运行栈区。用来存放运行时才能确定存储空间的数据。

(4) 运行堆区。用来存放运行时用户动态申请存储空间的数据。

编译程序分配存储空间的基本依据是程序设计语言对程序运行中存储空间的使用和管理办法的规定。编译程序生成的目标程序代码所需要的空间大小在编译时就可以确定,因此目标程序区属于静态区域。并非所有的程序语言的存储分配都需要上述 4 部分。例如,早期的 FORTRAN 语言在编译时完全可以确定程序所需要的所有数据空间,因此,存储空间只有目标程序区和静态数据区。但对于像 C、Pascal 这样的语言,在编译时不能完全确定程序所需要的数据空间,因此,需要采用动态存储分配。动态存储分配包括两种方式:栈式和堆式。栈式分配方式主要采用一个栈作为动态存储分配的存储空间。当调用一个程序时,过程中各数据项所需要的存储空间动态地分配于栈顶,当过程结束时,就释放这部分空间。堆式分配方式给程序运行分配一个大的存储空间(称为堆),每当运行需要时,就从这片空间中借用一块,用过之后再退还给堆。

有些语言能实现过程递归调用,而有些语言则不能;有些语言允许可变数组,而有些语言不允许。如果一个程序设计语言允许使用递归过程、可变数组的话,那么就需要采用动态存储空间分配方式。程序运行时,堆和栈的大小可随程序运行而变化。

8.2　静态存储分配

静态存储分配是最简单的存储分配方式。早期的 FORTRAN 语言就采用这种分配方式。在静态存储分配方式中,对于源程序中出现的各种数据项,必须在编译时就知道它们的存储空间的大小,如常量、简单变量、常界数组和非变体记录等,在编译时就给它们分配固定的存储空间,而且在目标程序运行时,总是使用这些在编译时就分配好的存储单元作为它们的数据空间。采用静态存储分配的语言必须满足下列条件:

(1) 不允许过程有递归调用;

(2) 不允许有可变大小的数据项,如可变数组或可变字符串;

(3) 不允许用户动态建立数据实体。

静态存储分配由编译程序在编译时进行,而动态存储分配则是在编译时生成相应的存储分配目标代码,在目标程序运行时进行。采用静态存储分配的典型语言是 FORTRAN 语言。FORTRAN 语言没有长度可变的串,也没有动态数组,其子程序和函数也不允许递归调用,所以像 FORTRAN 这样的语言完全可采用静态存储分配。

实现静态存储分配策略比较简单。编译程序对源程序进行处理时,对每个变量在符号表中创建一个记录,保存该变量的属性,其中包括为变量分配的存储空间地址即目标地址。由于每个变量需要的空间大小已知,则可按下列简单的办法给每个变量分配目标地址:将数据区开始位置的地址 A 分配给第一个变量,设第一个变量占 n_1 字节,则 $A+n_1$ 分配给第二个变量,同理,$A+n_1+n_2$ 分配给第三个变量等。例如,整型变量占 2B,实型占 4B,字符型占 1B 等。如果愿意的话,可以在编译时就分配好为保存程序变量值所需的数据空间,但一般情况下这是不必要的,因为该数据区能够在程序开始执行之前由系统来建立(通常称为加载)。

目标地址可以是绝对地址,也可以是相对地址。如果编写的编译程序是用于单任务环境,那么,通常采用绝对地址作为目标地址。而开始地址 A 可以这样来确定,即程序和数据区可以放在操作系统的常驻区以外的存储区中。如果编译程序是在多程序任务的环境中,那么目标地址可采用相对地址,也就是相对于程序数据区的基地址。若使用相对地址方式,那么程序的每一次执行,程序及其数据区可以处在不同的存储区内。加载器通过设置一个寄存器,并将数据区的头地址送入该寄存器内以完成数据区的定位。

| 隐式参数 |
| 形式参数 |
| 简单变量、数组及其他程序变量 |

图 8-1　静态存储分配的典型数据区格局

图 8-1 是一个 FORTRAN 程序模块在采用静态存储分配

策略时的典型数据区格局。对于一个程序块（相当于一个过程），其数据区分成 3 个部分：第一块用于隐式参数，第二块用于形式参数，第三块用于程序变量。

（1）隐式参数主要用于和主调模块的通信，在一般情况下这个参数可以是主调过程的返回地址，或在不能利用寄存器返回函数值时传回函数返回值。这些信息不会在程序中明显地出现，所以称为隐式参数。

（2）形式参数部分存放相应实在参数的地址或值。

（3）程序变量部分将作为简单变量、数组、记录，以及编译程序所产生的临时变量的存储空间。

8.3　栈式动态存储分配

有些语言允许有长度可变的串和动态数组，并允许过程递归调用，那么在编译时就无法确定数据空间的具体大小，故其存储分配必须留到目标程序运行时动态地进行，这种存储分配方式称为动态存储分配。动态存储分配分栈式和堆式两种方式，本节先介绍栈式动态存储分配。

在栈式动态存储方式中，一个程序在运行时所需要的数据区大小事先是未知的，因为每个目标所需要的数据区的大小在编译时是不知道的。但当它们运行中进入一个程序模块时，该模块所需要的数据区大小必须是已知的。类似地，数据目标的多次出现也是允许的，运行时，每当进入一个程序块，就为其分配一个新的数据区。栈式动态存储分配策略是将整个程序的数据空间设计为一个栈。每当程序调用一个过程时，就在栈顶为被调过程分配一个新的数据空间；当被调过程结束时，则释放栈顶的这部分空间。C、Pascal 等语言即采用这种存储分配方式。

根据块程序的嵌套性质，动态存储分配策略可以简单地使用一个类似于堆栈（通常称为运行栈）的数据区来实现。

（1）申请。程序内的每个程序模块都有自己的数据区，在程序运行中，当模块被调用时，就从总的数据区中请求一个空间作为其数据区（即加入运行栈中），并保留该空间直到执行完整个模块为止。

（2）释放。当模块执行完毕，退出模块时，释放它所占有的数据空间（即从运行栈中弹出）。

（3）嵌套调用。从模块被调用到它运行结束之间，还可以通过过程调用或程序块入口进入其他的模块，此时，也按上面所介绍的方法将这些模块的数据区压入或弹出运行栈。当嵌套的被调程序运行结束返回到主调程序中的调用点时，运行栈中的格局和内容会恢复到调用之前的情况。

下面通过一段 C 程序运行来说明运行栈的变化情况。

```
real x;                              // ………………… 块 1
int m1(int ind)                      // ………………… 块 2
{  int x;
   x=m2(ind+1);
}
int m2(int j)                        // ………………… 块 3
```

```
{
  {   int f[10];                        // ……………… 块 4
      bool test1;
  }
}
main()                                    // ……………… 块 5
{   int x;
    x=2;
    printf("%d\n",m1(x/5));
}
```

当这段程序刚开始运行时,其存储分配如图 8-2(a)所示。接下来主函数 main()运行,则为主函数 main()分配数据区,运行栈为图 8-2(b)。在 main()中调用了函数 m1,当函数 m1 运行时,运行栈为图 8-2(c)。在函数 m1 中又调用了函数 m2,当函数 m2 运行时的运行栈如图 8-2(d)所示。由于函数 m2 中嵌套着块 4,当运行块 4 时,运行栈如图 8-2(e)所示。当块 4 运行完后,块 4 数据区出栈,运行栈恢复到图 8-2(d)所示。当函数 m2 运行完后,运行栈恢复到图 8-2(c)所示。当函数 m1 运行完后,运行栈恢复到图 8-2(b)所示。当所有程序运行后,运行栈为空。

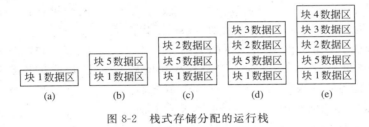

图 8-2　栈式存储分配的运行栈

分析图 8-2 所示的运行栈动态变化情况可以发现：运行栈的动作与一个普通的堆栈上的动作是相同的。当进入一个程序模块时,就在运行栈的栈顶创建一个专用数据区,该数据区通常称为活动记录(active record),它包含该程序模块内定义的局部变量所必需的存储空间、全局数据区指针,以及隐式参数、形式参数区等。当该模块执行结束时(即到达模块的出口),其相应的活动记录将从运行栈的栈顶删除。因此在该模块中所定义的变量在该模块的外部是不存在的。对于 C 语言,函数是程序块,一对大括号内的程序(即复合语句)也可以看成是一个程序块。

8.3.1　活动记录

当程序运行进入一个程序块时,就要在运行栈中为此程序块添加一个活动记录。活动记录中除了存储局部变量外,还包括一个参数区和一个 display 区。图 8-3 表示了一个典型的活动记录的概貌。

1. 参数区

参数区保存的内容包括以下两项。

图 8-3　典型的活动记录

（1）隐式参数。隐式参数常包含下列 3 项。

返回地址。主调程序中调用语句的下一条可执行语句的地址。

指向前一个活动记录起始位置的指针。该基地址指针存放该模块的主调模块的活动记录的基地址，用于确保控制返回主调过程时，能使环境恢复到调用前的格局。

函数返回值。有的隐式参数区包含此项，有的不包括，还有更好的处理返回值的方法。

（2）显式参数。显式参数区是形式参数的通信区。

形式参数的传递有传值、传地址和传名等方法。有些语言如 Pascal 语言既可传值，也可传地址。C 语言采用的是传值的方式，采用这种参数传递方法，实在参数的值将赋给形式参数。形式参数是一种局部被定义于被调用过程的参数。由于形式参数与变元值是相同的，所以在值调用的方式中，通常将形式参数放置在参数区。

2. display 区

对于一个子程序、一个函数或一个程序块，除了使用局部定义的变量外，还可以使用位于程序块外的全局变量。display 区用于保存对当前正在执行的模块来说是全局的程序变量区的信息。它由一系列地址指针所组成，每一个指针指向一个程序块的活动记录的开始位置，而这个程序块对于当前正在执行的程序块来说是全局的。

例如，上面的 C 程序，当执行块 4 时，在块 1 和块 3 中所声明的变量都可以作为全局变量访问。所以当块 4 被激活时所建立的 display 区应包括两个指针：一个指向块 1 活动记录的开始位置；另一个指向块 3 活动记录的开始位置。

根据变量的二元地址和 display 区的结构可以计算出变量在运行栈中的地址，从而找到变量的值。如果所引用的变量是一个外层模块的局部变量，则它的层次号 BL 值必须小于当前正在执行的模块的层次号。对这种情况而言，包含该变量单元的活动记录能够间接通过当前活动记录中 display 区中的相应指针来获取。

构造一个 display 区的算法如下：

（1）如果 $j=i+1$（即进入一个程序块），则复制 i 层的 display，然后增加一个指向 i 层模块活动记录基地址的指针；

（2）如果 $j \leqslant i$（即调用对当前模块来说是属于全程声明的过程模块），则来自 i 层模块活动记录中的 display 区前面 $j-1$ 个入口将组成 j 层模块的 display 区。

图 8-4 给出了图 8-2（e）的运行栈中各活动记录的内容。对于块 4 的活动记录有 6 项。因为块 4 有两个全局变量区，因此 display 区有两个指针 d1 和 d2，分别指向全局变量区的地址 abp0 和 abp3。隐式参数区有两个参数：第一个是返回地址，因块 4 不是一个独立的函数，是一嵌套的块程序，所以，没有返回地址，同样也没有形参。第 2 个参数 abp3 表示在运行栈中，前一个活动记录是开始地址为 abp3 的 m2 活动

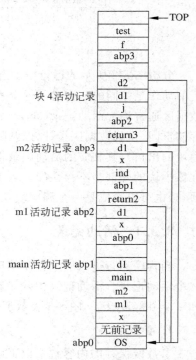

图 8-4　栈中活动记录的内容运行

记录。其余的两项 f 和 test 是块 4 的局部数据区。

8.3.2　运行时的地址计算

给定一个要访问的具有地址为(BL,ON)的变量,设该变量在 LEV 层的一个模块中。该变量的地址 ADDR 可按如下方法计算:

```
if BL=LEV
then ADDR=abp+ (BL-1)+nip+ON
else if BL<LEV
    then ADDR=display[BL]+(BL-1)+nip+ON
    else write("地址错,不合法的模块层次")
```

其中,abp 是当前活动记录基址指针值;display[BL]指当前活动记录中 display 区中第 BL 个元素;nip 是指隐式参数的数目。

注意:表达式(BL-1)+nip 可解释为 display 区的大小加隐式参数区的大小。

由于这两个值在编译时是已知的,因此,某些编译程序是先计算出(BL-1)+nip,然后将它们加到 ON 中去。这种方法降低了运行时地址计算的复杂性。通过这种处理,对于局部变量就可按 abp+ON 计算,对全局变量则可按 display[BL]+ON 进行计算。

8.3.3　递归过程的处理

对于具有递归块程序结构的语言来说,一个程序模块可以和多个活动记录相关。如下面的 C 程序中包含一个递归的 factorial(阶乘)过程,在程序执行期间对运行栈的变化情况如图 8-5 所示。

地址	内容	说明
abp4	n, 2	第 3 次调用 fact 函数 n=2,返回 2 给全局变量区的 fact 单元
	abp3	
	ret2	
	abp0	
abp3	n, 3	第 2 次调用 fact 函数 n=3,返回 6 给全局变量区的 fact 单元
	abp2	
	ret2	
	abp0	
abp2	n, 4	第 1 次调用 fact 函数 n=4,返回 24 给全局变量区的 fact 单元
	abp1	
	ret1	
	abp0	
abp1	m, 4	主函数运行, m=4,调用 fact 函数
	abp0	
	ret0	
	abp0	
abp0	main	fact 用于保存 fact 函数的返回值,开始时无值,最后 fact 函数返回后为 24
	fact, 2, 6, 24	
	0	
	OS	

图 8-5　递归程序的运行栈

递归程序如下：

```
int fact(int n)
{                                                    ret2
  if(n<3)return(n)else return(n*fact(n-1));
}
main()
{
  int m;
  m=4;                                     ret1
  printf("%d!=%d\n",m,fact(m));
}
```

这段程序运行时，随着 fact 函数的每一次调用，在运行栈栈顶将设置一个新的活动记录，返回地址也与每个活动记录相联系。返回地址 ret1 指示从 fact 函数的特定动作返回到 main 函数内部的调用点之后。返回地址 ret2 指示从 fact 函数的特定动作返回到 fact 函数内部的调用点之后。

8.4　堆式动态存储分配

栈式存储分配适合那些过程允许嵌套定义和递归调用的语言，其过程的进入和退出具有"后进先出"的特点。如果语言允许动态申请和释放存储空间，那么，栈式存储分配就不适合了，这时，可以采用一种称为堆式的动态存储分配策略。

堆式存储分配是在运行时动态地进行的，它是最灵活的也是最昂贵的存储分配方式。堆式分配策略的基本思路是：假设程序运行时有一个大的连续的存储空间，该存储空间通常称为堆。当存储管理程序接收到程序运行的存储空间请求时，就从堆中分配一块空间给程序运行。当程序运行用完后再退还给堆，即释放。管理程序回收其存储空间以备后面使用。由于每块空间可以按任意顺序释放，这样，程序经过一段运行后，堆将被划分成若干块。有些块正在使用，叫做已用块；而有些块是空闲的，叫做空闲块。对于堆式存储分配，需要解决两方面问题：一是堆空间的分配，即当程序运行需要一块空间时，应该分配哪一块给它；另一个问题是分配空间的释放，由于返回给堆的不用空间是按任意次序进行的，所以需要专门研究释放的策略。

许多程序语言都提供显式地分配堆空间和释放空间的语句和函数，如 C 语言中的 alloc 和 free 函数，C++ 语言中的 new 和 delete 函数。堆式存储分配方式和存储管理技术相当复杂，在某种程度上有效的堆管理问题是数据结构理论专门讨论的问题。这里只对堆分配方式做简单的介绍。

8.4.1　堆分配方式

当程序运行请求一块体积为 N 的空间时，应该如何分配呢？理想的分配方法是从比 N 稍大的空闲块中取出 N 个单元分配给申请空间的程序，以便使其他更大的空闲块有更大的用处。但这种分配方法实现难度较大。实际上常采用的方法如下。

（1）先遇到哪个大于 N 的空闲块就从中取出 N 个单元进行分配；

（2）如果在堆中找不到大于 N 的空闲块，但所有空闲块的总和比 N 大，就需要将空闲块连接在一起，从而形成大于 N 的空闲块；

（3）如果所有空闲块的总和都小于 N，则需要采用更复杂的办法；如废品回收技术，将那些程序运行已经不使用但还没有释放的块，或程序运行目前很少使用的块回收，再重新分配。

8.4.2 堆式存储管理技术

在系统运行之前，整个内存区是一个完整的"空闲块"。随着系统的运行，程序会不断提出存储请求，动态存储管理系统在响应过程中依次对存储请求进行分配。因此，在系统运行的初期，整个内存区基本上分成两大部分：低地址区包含若干连续的占用块；高地址区是一个完整的空闲块，见图 8-6(a)。随着程序动态内存的不断申请和释放，堆空间将呈现图 8-6(b)所示的犬牙交错的格局。

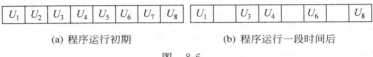

(a) 程序运行初期   (b) 程序运行一段时间后

图　8-6

当有新的用户进入系统请求分配内存时，系统可以用两种策略分配空间。

（1）系统继续从高地址的空闲块中进行分配，而不查看已分配给用户的内存区是否已空闲，直到分配无法进行（即剩余的空闲块不能满足分配的请求）时，系统才去回收所有用户不再使用的空闲块。

（2）用户使用一旦结束，便将所占内存区释放成空闲块。同时，每当新的用户请求分配内存时，系统需要巡视整个内存中的所有空闲块，并从中找出一个"合适"的空闲块加以分配。由此，系统需要建立一张记录所有空闲块的"可利用空间表"，表的结构可以采用"目录表"，如图 8-7(b)所示，也可以采用链表，如图 8-7(c)所示。

(a) 内存状态

起始地址	内存大小	使用情况
10000	5000	空闲
20000	3000	空闲
30000	8000	空闲

(b) 可利用空间目录表

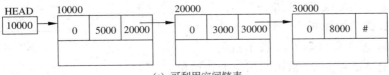

(c) 可利用空间链表

图 8-7　堆式存储管理的可利用空间表

堆式动态存储管理的方案有多种。如利用可利用空间表进行存储管理和分配,或采用边界标志法、伙伴系统、无用单元收集和存储压缩等方法。

1. 定长块的管理

定长块的管理是最简单的堆式存储管理。定长块的管理方法是将总的可被利用的堆存储区划分成大小适当的一系列块。这些块通过每块中的 LINK 域链接起来形成单向线性链表,即可利用空间表,如图 8-8 所示。然后由一个分配程序如函数 GET_BLOCK 来处理对一个存储块的请求。

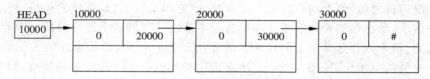

图 8-8　定长块可利用空间链表

其算法如下:

```
Function GET_BLOCK(HEAD)
//HEAD 为指向可用存储块链表上第一个块的指针,GET_BLOCK 返回一个可用块的地址 p
//(1) 溢出吗?
    if HEAD=NULL
    then 转错误处理程序;
//(2) 分配存储块
    p=HEAD
    HEAD=p↑.LINK
    return(p)
```

该算法的第一步是检查分配是否已超出了存储区。如果已经超出（HEAD＝NULL）,那么结束程序运行。由于各块大小相同,故在分配函数中不用查找,只需要将头指针所指的第一块分配给申请空间的程序,然后头指针指向下一个空闲块。同样,当用户释放内存时,系统只要将用户释放的空间块插入到表头即可。在这种情况下的可利用空间表实质上是一个链栈。

2. 变长块的管理

变长块的管理是常用的堆式存储管理方法。系统运行期间分配给用户的内存块的大小不固定,可以随请求而变。因此,可利用空间表中的结点,即空闲块的大小也是随意的。

系统开始时,整个堆存储空间是一个空闲块,可利用空间表中只有一个大小等于整个存储区的结点。随着分配和回收的进行,可利用空间表中的结点大小和个数也随之改变,见图 8-7(c)。

结点的数据结构如图 8-9 所示,其中:

图　8-9

TAG：标记,0 表示空闲,1 表示占用。

SIZE：记录结点大小,指示空闲块的存储量。

LINK：指向下一个结点。

SPACE：地址连续的内存空间。

由于可利用空间表中的每个空闲块的大小不同，则在分配时就有如何分配的问题。假设用户请求一个大小为 n 的存储块，而"可利用空间表"中仅有一块大小为 $m \geqslant n$ 的空闲块，则分配时只需要将大小为 n 的部分分配给申请的用户，同时将剩余的 $m-n$ 部分作为一个结点留在链表中即可。若可利用空间表中有若干个大于 n 的空闲块时，可采用首次满足法、最优满足法或最差满足法来分配块。

（1）首次满足法。从表头指针开始查找可利用空间表，将找到的第一个大小不小于 n 的空闲块的一部分分配给用户。可利用空间表本身既不按结点的初始地址排序，也不按结点的大小排序。在回收时，只要将释放的空闲块插入在链表的表头即可。

（2）最优满足法。将可利用空间表中一个不小于 n 且最接近 n 的空闲块的一部分分配给用户。系统在分配前，首先要对可利用空间表从头至尾扫描一遍，然后从中找出一块不小于 n 且最接近 n 的空闲块进行分配。为了提高效率，避免每次分配都要扫描整个链表，通常预先将"可利用空间表"按空间的大小从小到大进行排序。在回收时，必须将释放的空闲块插入到合适的位置上去。

（3）最差满足法。将可利用空间表中不小于 n 且是链表中最大的空闲块的一部分分配给用户。为了减少查找时间，应该对"可利用空间表"按空闲块的大小从大到小排序。每次分配时无须查找，只需从链表中删除第一个结点，并将其中一部分分配给用户，而将剩余部分作为一个新的结点插入到可利用空间表的适当位置上。回收时也将释放的空闲块插入到链表的适当位置上。

以上三种分配方式各有所长。最优满足法比较适合于请求分配的内存大小范围较广的系统。因为按最优满足法的原则进行分配时，总是寻找大小最贴近需求的空闲块，因此系统中可能产生一些存储空间很小而无法利用的内存碎片，同时也保留了那些较大的内存块，以备响应后面可能发生的对大存储空间的请求，从而使整个链表趋向于结点大小差别甚远的状态。最差满足法每次都从空间最大的结点中进行分配，从而使链表中的结点空间大小趋于均匀，因此，它适用于请求分配的内存大小范围较窄的系统。首次满足法的分配是随机的，所以其特点介于前两者之间，通常适用于事先对系统运行期间可能出现的内存分配和释放情况不能准确把握的场合。从时间上对三种分配法进行比较，首次满足法在分配时需要查询"可利用空间表"，而回收时仅需要将回收块插入在空闲链表头即可。最差满足法在分配时无须查询链表，而回收过程中在将新的"空闲块"插入到链表中适当位置时，需要进行查找。最优满足法无论是分配还是回收，都需要先进行查找，因此最费时间。

不同的应用场合应采用不同的分配策略。通常在选择时需要考虑下列因素：用户的逻辑要求，请求的内存空间的大小分布；分配和释放的频率以及效率对系统的重要性等因素。为了减少首次满足法的搜索时间，可对"可利用空间表"进行排序；也可采取改变搜索起点的办法，即从前一次搜索结束的地方开始而不是像通常那样从第一块开始去搜索一个大小适当的块。其效果能使分配在整个表上分布均匀，而不会造成被分配的块都集中在表前部的情况。

3. 释放方法

对于已经分配的存储块，如果不再使用，则应该释放。最简单的释放方法是作为一个新的空闲块插入到无序的可利用空间表中。这样所需要的处理是最少的，但它有一个严重的缺点：在堆式存储管理程序运行一段时间以后，可利用空间表中会含有大量的小块，分配程序的搜索时间将变长，并且不能满足某些请求的危险也将逐渐增长。这时，就需要将两个连续的块合并成一个块。对每一个新释放的块检查在可利用空间表中是否有与其相邻的块，如果有就合并它们，这样可使可利用空间表具有最少数目的存储结点。为此，需要对可利用空间表按块的地址顺序进行组织，同时为了要确定当前释放块的插入位置，还需要对可利用空间表进行搜索。

有的程序设计语言干脆不做释放的工作，直到内存空间用完为止。如果空间用完了，运行程序还申请空间，则停止程序运行。这样做的缺点是浪费空间，但如果系统的内存很大，这种方法也是可行的。

在了解了符号表以及程序运行时的存储管理之后，就可以实现语义分析及代码生成。在第9章，将以一个抽象机作为目标机来生成目标代码。

习　题

1. 什么是静态存储分配？什么是动态存储分配？它们之间有什么不同？
2. 活动记录由哪几部分组成？display 的作用是什么？
3. 静态存储分配对语言有何要求？
4. 只有采用动态存储分配的程序设计语言允许有过程递归调用，为什么？
5. 画出下段程序运行到 a 点和 b 点时的运行栈内容。

```
main()
{  int a;                    //······························ a
   a=f(5);
   printf("%d\n",a);
}
int f(int b)
{  int c;
   c=10;
   {  int d;
      d=10;
      b=c+d;                 //······························ b
      return(b);
   }
}
```

第9章 语义分析和代码生成

第 6 章介绍了语法制导翻译技术,但并没有介绍程序语言的语句是如何进行翻译的。在第 7 章和第 8 章中介绍了符号表管理技术及运行时的存储分配,有了这些知识后,下面就可以介绍程序语句的翻译了。

这里,处理的语言为 TEST 语言,其属性翻译文法将在介绍各种典型语句的翻译时给出。为了提高可读性和简化代码生成过程,采用一台抽象的栈式计算机作为目标机,生成的目标代码是抽象机的汇编指令代码。虽然本章只介绍 TEST 语言语句的翻译及实现,但所有程序设计语言语句的翻译及实现方法基本上一样,掌握了 TEST 语言的翻译方法,其他程序设计语言的翻译也就不难理解。本章对 TEST 语言的翻译采用递归下降的属性翻译,因为该方法最便于手工编程来实现。

9.1 语义分析的概念

程序语言是用上下文无关文法描述的。在语法分析中,严格按文法来检查语句的语法是否正确,而有些语句,单看语法结构并没有错误,但和该语句所处的上下文联系考虑就有错误,那么,这种错误就称为语义错误。语义分析就是处理这种语义错误。

考虑下段程序:

```
(1)    { int a;
(2)      int b;
(3)      real a,c;
(4)      d=a+b;
(5)    }
```

第 3 行语句 real a,c;为声明语句,单看这一行没有语法错误,但和第一行语句比较,发现变量 a 属于重复定义。第 4 行语句为表达式语句,单看这一行也没有错误,但查询前面的声明语句,发现变量 d 没有声明。因此,可看到语句的是否正确还与上下文密切相关。

语义分析主要借助于符号表记录的信息来实现语义分析动作。常见的语义分析动作有如下两种方法。

(1) 对表达式中的操作数进行类型一致性检查。对于强类型语言,要求表达式中的各个操作数、赋值语句左部的变量和右部的表达式的类型应该相同；若不相同则报告语义错误，并要求程序员作显式转换。对于无此项要求的语言，编译程序也要进行类型检查，当发现类型不一致时，则自动做相应的类型转换。

（2）语义分析的另一个重要功能是分析由语法分析所识别出来的语句的意义并作相应的语义处理。例如，对声明语句，用户通过这类语句声明程序中要使用的变量，并说明其类型等特性。语义分析程序就要将变量名及其有关属性填入符号表，以备后面使用。对于程序中的可执行语句，则要根据该语句的语义生成相应的中间代码或目标代码。

9.2 中 间 代 码

源程序的中间形式（也称中间代码）是在编译程序将高级语言程序翻译为汇编语言或机器代码的过程中产生的，在编译过程中起着桥梁的作用。如果不使用中间代码，若有 M 种语言要在 N 种机器上运行，则需要编制 $M \times N$ 套编译程序；而如果采用中间代码，则只需要编制 $M + N$ 套编译程序。使用中间代码有如下优点。

（1）在生成中间代码时，可以不考虑机器的特性，使得编制生成中间代码的编译程序变得较为简单；

（2）由于中间代码形式与具体机器无关，所以，生成中间代码的编译程序能很方便地被移植到别的机器上，只需要为该中间代码开发一个解释器或者将中间代码翻译成目标机指令就能在目标机上运行；

（3）在中间代码上更便于做优化处理。

使用中间代码的主要缺点是：编译的效率比直接产生机器码编译的效率要低一些。

中间代码的选择也是一个重要的研究课题。人们期望能找到这样一种中间语言，它既适合于将各种高级程序设计语言翻译成该中间语言，又能比较方便地将该中间语言翻译成各种类型机器的目标语言。目前，中间代码有很多种，下面介绍几种常见的中间代码。

9.2.1 波兰后缀表示

波兰后缀表示是使用较早并且流行至今的一种中间代码形式。对于波兰后缀表达式，处理起来比较容易。在将中缀表达式转换成波兰后缀表示的算法中，设置一个操作符栈，当扫描到操作数时，就立即输出该操作数。当遇到操作符时，则要与栈顶操作符比较其优先级，若栈顶操作符优先级高于等于栈外操作符，则输出该栈顶操作符；反之，则栈外操作符入栈。而对于赋值表达式，只需定义赋值操作符＝的优先级低于可在表达式中出现的其他操作符，那么可使用同一算法将其转换成波兰后缀表示。

例如，对于算术表达式：F * 3.1416 * R * (H+R)

可转换成波兰后缀表示：F3.1416 * R * HR+ *

对于赋值表达式：S＝F * 3.1416 * R * (H+R)

可转换为：SF3.1416 * R * HR+ * ＝

波兰后缀表示除可用来表示表达式类的语言结构以外，也能够通过操作符的扩充来表示其他的语言结构。增加相应的操作符就可以表示条件转移和下标变量语法单位的语言结构。

例如,条件语句:

if $<$expr$>$ then $<$stmt$_1>$ else $<$stmt$_2>$

可转换成波兰后缀表示:

$<$expr$><$label$_1>$BZ$<$stmt$_1><$label$_2>$BR$<$stmt$_2>$

在该波兰表示中,引入了 BZ 和 BR 结构。BZ 是二目操作符,如果$<$expr$>$的计算结果为 0(false),则产生到$<$label$_1>$的转移,而$<$label$_1>$是$<$stmt$_2>$的入口地址。BR 则是一个单目操作符,它产生到$<$label$_2>$的转移,而$<$label$_2>$是一个紧跟在$<$stmt$_2>$后面的语句的入口地址。

9.2.2 N-元表示

N-元表示是一种常见的中间代码形式。N-元表示中,每一条指令由 n 个域组成。第一个域说明操作符,剩下的 $n-1$ 个域则用来表示操作数。可以将 N-元表示的标准格式翻译为寄存器机器的代码,因为在该表示中,操作数常常是作为某些前步计算的结果列出的。N-元表示中最常见的有三元式和四元式。

1. 三元式

三元式的每条指令只有 3 个域。如算术表达式 X+Y,可用一个三元式(+,X,Y)来描述。三元式的第一个域是操作符+,第二个和第三个域分别是两个操作数 Y 和 Z。三元式的缺点是优化较困难。三元式的一般表示如下:

$<$操作符$>$,$<$操作数 1$>$,$<$操作数 2$>$

例如,表达式 W * X+(Y+Z)可用如下三元式序列表示:

(1) * ,W,X

(2) + ,Y,Z

(3) + ,(1),(2)

对三元式序列中的每一个三元式都编上号码,且对前面三元式的计算结果的引用可用在括号内加上三元式的编号来表示。

例如,条件语句 if (X$>$Y) Z=X; else Z=Y+1;可以用如下三元式序列表示:

(1) $-$,X,Y

(2) BMZ,(1),(5)

(3) $=$,Z,X

(4) BR,,(7)

(5) $+$,Y,1

(6) $=$,Z,(5)

(7) …

其中,操作符 BMZ 和 BR 分别表示零转移和无条件转移。

2. 四元式

四元式是另一种 N-元表示。该表示法的形式如下:

<操作符>，<操作数 1>，<操作数 2>，<结果>

其中，<操作数 1>和<操作数 2>是运算数；<结果>表示操作符操作的结果，该结果通常是一临时变量，在以后可以由编译程序分配给一个寄存器或者一个主存地址。四元式的优点是便于进行优化处理。

例如，表达式$(A+B)*(C+D)-E$能够由下列四元式序列表示：

$+$，A，B，T_1

$+$，C，D，T_2

$*$，T_1，T_2，T_3

$-$，T_3，E，T_4

在上面的四元式序列中，T_1、T_2、T_3 和 T_4 均是临时变量。

3. 抽象机代码

编译程序设计的重点是要开发出既可移植又适用的编译程序。一种方法是使编译程序产生一种作为源程序中间形式的抽象机的代码。而该抽象机的指令应当尽可能模仿所编译的源语言的结构，且具备下列两个特点。

（1）可移植性。如果花很小的代价，就能将一个程序移植到另一台机器上，那么称该程序是可移植的。移植的开销在本质上要小于当初编制程序时的开销。

（2）可适应性。如果一个程序能够容易地进行修改就能满足不同的用户和系统的需求，那么称该程序是可适应的。

假定需要将一个给定的编译程序从 X 机移植到 Y 机，为了实现这种移植，需要产生 Y 机的代码，所以，必须重写现有编译程序的代码生成程序。如果原来的编译程序已分成两部分，而且这两部分之间定义有良好的接口，那么完成改写的任务将是很轻的。第一部分（前端）分析源语言，第二部分（后端）处理目标机。如果在前后端之间有一个良好的接口，那么移植的主要工作仅仅是改变目标机部分。一种较理想的接口形式是汇编程序。编译程序两部分之间的信息流在一端为源语言结构形式，在另一端为目标机信息。两者的接口能够通过抽象机来实现，即能够将源语言的各种语法结构映射到该抽象机的伪操作上。对每一种特定的高级程序设计语言都可以为其设计抽象机。构建抽象机模型的基本原则如下。

（1）与源语言的操作和数据的良好对应。根据源语言中的原始操作和数据模式来建立抽象机模型。编译程序的前端将源程序中的每一个原始操作和原始数据模式翻译成抽象机指令。所以，抽象机的原始操作应该与组成源程序的最简单和最直接的操作语句相对应；另外，抽象机的原始数据模式也应该能与源语言中的最简单的数据类型，或是更复杂的数据模式建立起对应关系。

（2）在目标机上的高效实现。抽象机的伪操作能够迅速转换成目标机的机器指令。

（3）虚拟体系结构。需要为抽象机体系构建一个运行环境，以便在该环境中模拟语言的数据模式和操作的相互作用。

9.2.3 栈式抽象机及其汇编指令

为了提高可读性和简化代码生成过程，目标平台所采用的机器是一台抽象的栈式计

算机,它用一个栈来保存操作数,并有足够的内存空间。该抽象机的常用汇编指令如下:

LOAD　　D　　　将 D 中的内容加载到操作数栈;

LOADI　常量　将常量压入操作数栈;

STO　　 D　　　将操作数栈栈顶单元内容存入 D,且栈顶单元内容保持不变;

POP　　　　　　将操作数栈栈顶出栈;

ADD　　　　　　将次栈顶单元与栈顶单元内容出栈并相加,和置于栈顶;

SUB　　　　　　将次栈顶单元与栈顶单元内容出栈并相减,差置于栈顶;

MULT　　　　　将次栈顶单元与栈顶单元内容出栈并相乘,积置于栈顶;

DIV　　　　　　将次栈顶单元与栈顶单元内容出栈并相除,商置于栈顶;

BR　　　 lab　　无条件转移到 lab;

BRF　　　lab　　检查栈顶单元逻辑值并出栈,若为假(0)则转移到 lab;

EQ　　　　　　 将栈顶两单元做等于比较并出栈,并将结果真或假(1 或 0)置于栈顶;

NOTEQ　　　　将栈顶两单元做不等于比较并出栈,并将结果真或假(1 或 0)置于栈顶;

GT　　　　　　 次栈顶大于栈顶操作数并出栈,则栈顶置 1,否则置 0;

LES　　　　　　次栈顶小于栈顶操作数并出栈,则栈顶置 1,否则置 0;

GE　　　　　　 次栈顶大于等于栈顶操作数并出栈,则栈顶置 1,否则置 0;

LE　　　　　　 次栈顶小于等于栈顶操作数并出栈,则栈顶置 1,否则置 0;

AND　　　　　　将栈顶两单元做逻辑与运算并出栈,并将结果真或假(1 或 0)置于栈顶;

OR　　　　　　 将栈顶两单元做逻辑或运算并出栈,并将结果真或假(1 或 0)置于栈顶;

NOT　　　　　　将栈顶的逻辑值取反;

IN　　　　　　 从标准输入设备(键盘)读入一个整型数据,并入操作数栈;

OUT　　　　　　将栈顶单元内容出栈,并输出到标准输出设备上(显示器);

STOP　　　　　停止执行;

例如,有下段程序:

```
int a,b;
a=10;
b=20 * a;
```

假设记录 a、b 属性信息符号表如表 9-1 所示。

表 9-1　记录 a、b 的属性信息符号表

名字	类型	维数	地址
a	1	0	0
b	1	0	2

则相对应的抽象机汇编程序如下:

```
LOADI   10
STO     0
POP
LOADI   20
```

```
LOAD    0
MULT
STO     2
POP
```

这台抽象机称做 TEST 机。TEST 机的指令仅能作为 TEST 语言的目标。实际上，TEST 机具有精简指令集计算机的一些特性。TEST 机的模拟程序直接从一个文件中读取汇编代码并执行它，因此避免了由汇编语言翻译为机器代码的过程。此外，为了避免与外部的输入输出例程连接的复杂性，TEST 机有内部整型的 I/O 设备；在模拟时，它们都对标准设备读写。附录 E 是用 C 语言编写的 TEST 抽象机模拟器的完整程序。

9.3　声明的处理

在目前流行的程序设计语言中，多数程序设计语言（如 FORTRAN、Pascal、C 语言等）普遍设有声明语句。随着计算机应用的普及与深入，对软件的数量和质量，特别是对软件可靠性的要求越来越高。从提高软件可靠性的观点考虑，程序设计语言都应该设置声明语句。

从代码生成和语义分析的要求出发，处理声明时编译程序的主要任务有两个：

（1）分离出每一个被声明的实体，并将它的名字填入符号表；

（2）尽可能多地将要保留在符号表中的有关该实体的信息填入符号表。

一旦声明了一个实体，编译器就可使用符号表中的信息进行如下的分析和处理：

（1）检查对所声明实体的引用是否正确；

（2）利用已声明实体的属性信息，例如类型和已分配的目标地址，为其他执行语句生成正确的目标代码。

不同的程序设计语言，声明语句的结构也不一样。有的语言类型说明在实体前，有的在实体后。有的语言要求每一个实体都要用一个独立的声明语句进行声明（Ada 语言即属于此类），有的语言在一个独立的声明语句中可声明多个类型相同的实体。而有的语言还允许将不同类型的实体在一个声明语句中定义（如 PL/I、FORTRAN），此类声明方式将给编译的实现增加困难，尤其是在实体的类型说明是放在一组实体名后面的时候。C 语言声明语句的类型说明是在实体前，而且允许一条声明语句可声明多个类型相同的实体，如"int a,b,c;"。在自左向右扫描和处理 C 语言声明语句时，编译器首先知道类型，在扫描到后面的实体后，就可为该实体建立符号表的记录，并可将类型及其他信息填入符号表中。而 Pascal 声明语句的类型说明是在实体后且允许一次声明多个实体，如"VAR age,day:integer"。那么，在自左向右扫描和处理这样的声明语句时，编译器分离出实体后，不知道该实体的类型，填符号表时，无法填写类型信息；因此，必须记住这些未填类型的实体在符号表中的位置，以便在扫描到类型之后，将声明语句中有关实体的全部信息回填到符号表中。很明显，如果一个声明语句只允许声明一个变量或变量的类型放在变量前，那么上述回填符号表的工作就不需要了。

9.3.1　符号常量

符号常量在程序的执行期间不发生改变，通过符号常量声明可用一个标识符（符号常量)表示一个常量。其优点是：符号常量名声明一次，在程序中就可以多次使用；若要改变符号常量的值只需修改符号常量声明中该符号常量的定义值，而不必去修改程序中该符号常量的每一次出现。

在大多数有符号常量声明的程序设计语言中，符号常量只能在任何独立的可编译模块中声明一次。符号常量标识符被看做全局的，因此要存放在符号表的全局部分。

例如 Pascal 语言的符号常量定义：const SYMBSIZE＝1024。

下面以 Pascal 语言的符号常量为示例文法，讲解符号常量的语义处理：

$<$常量声明$>\rightarrow$const $<$ID$>_{\uparrow n}=<$常量表达式$>_{\uparrow c,s}$@插入$_{\downarrow n,c,s}$

$<$常量表达式$>_{\uparrow c,s}\rightarrow<$int const$>_{\uparrow c,s}$

$\qquad\qquad\qquad|<$real const$>_{\uparrow c,s}$

$\qquad\qquad\qquad|<$string const$>_{\uparrow c,s}$

常量声明的处理流程如下。

（1）首先识别常量的名字，将其赋给属性 n。

（2）识别综合常量表达式，将其放在 c 中，并将表达式的类型赋给属性 s。

（3）调用动作程序@插入，其功能是调用符号表管理程序，将名字 n、类型 s 及表达式的值 c 填入符号表中。

注意：许多语言有符号常量，如 Pascal 语言。如果一个标识符声明为常量，在程序中不能对该标识符进行赋值，只能引用。因为符号常量名虽然也保存在符号表中，但符号表中记录了符号常量的名字、类型及符号常量的值，并没有为其分配内存地址，这是符号常量与变量的关键性区别。

C 语言没有符号常量的概念，但 C 语言提供了宏定义，如"♯define PI 3.14159"，其功能与符号常量差不多，但概念不一样。C 语言的宏定义是在预处理中完成的，在预处理中将 C 语言源程序中的所有 PI 替换成 3.14159，因此，C 语言编译系统实际编译的源程序并没有 PI 这个符号，PI 自然也不会出现在符号表中。

9.3.2　简单变量

简单变量是一种保存单个数据实体的数据区，该数据实体在程序中通常声明有指定的类型。遇到简单变量声明时，除了将其名字、类型、维数等信息填入符号表外，还要对变量分配存储空间。对于实型、整型、逻辑型和固定长度字符串类型的变量，根据所声明的变量类型就可以确定在运行时必须为变量分配的存储空间的大小。而对于动态数据类型，如可变长度的字符串、特殊类型、类数据类型等存储空间大小不定的数据类型，则需要作特殊的考虑。

考虑下列简单变量声明的属性翻译说明：

$<$svar_decl$>\rightarrow<$type$>_{\uparrow t,i}<$entity$>_{\uparrow n}$@svardef$_{\downarrow t,i,n}$；

$<$type$>_{\uparrow t,i}\rightarrow$real$_{\uparrow t,i}|int_{\uparrow t,i}|$char$_{\uparrow t,i}$

其中的动作符号解释如下：

@svardef$_{\downarrow t,i,n}$：查询符号表，若没有，将类型及变量名存入符号表，为该变量分配存储空间，并将存储空间地址存入符号表中；若有，则报告错误：变量重复定义。

符合上述文法的变量声明的例子如下：

```
real  x;
int   j;
char  s;
```

为了实现 TEST 语言各种语句的翻译，则约定：文法中所有规则的符号有 3 个继承属性 vartablep、datap、labelp。但为了规则表示简洁，将 3 个继承属性省略。假设有一块大的数据空间，且该数据区的指针为 datap。这个数据空间或者在编译时就分配好（静态分配），或者是在目标程序运行时动态地分配。由于 TEST 语言只有一种数据类型（整型），且没有数组，所以设计的符号表保存两个属性，分别为名字和分配的地址，省略了类型和维数。属性 vartablep 指出符号表的最后一个记录的下一个位置，即第一个空白记录位置。为简化起见，采用无序符号表，并用一个结构数组做符号表。

TEST 语言简单变量声明的属性翻译文法如下：

$<$declaration_stat$>$ →int ID$_{\uparrow n}$@name-def$_{\downarrow n}$;

下面对动作符号进行解释（注意所有符号有继承属性 vartablep，datap，labelp）。

vartablep 指出符号表的最后一个记录的下一个位置，即第一个空白记录位置。每当有一个记录加入符号表，该值加 1；datap 表示已经分配的地址空间，它开始时为 0，每声明一个变量，该值则根据变量类型累加，如整型加 2，实型加 4 等。但 TEST 语言只有整型，目标机又是抽象机，所以每声明一个变量，datap 加 1，即增加一个存储整型的单元。

@name-def$_{\downarrow n}$的动作。查询符号表，从 vartablep 所指的前一个位置起往回查直到第一个记录，若没有，将标识符名 n 及 datap 的值填入符号表 vartablep 所指的位置，然后 vartablep 加 1；若有，就报告错误：变量重复定义。

在具体程序实现时，可将代表 vartablep、datap 和 lablep 这 3 个继承属性的变量定义成同名的整型变量，并设为全局变量，初值均为 0。用结构数组做符号表，名为 vartable[maxvartablep]，maxvartablep 为符号表的最大容量，如下所示：

```
struct{
  char name[8];
  int address;
}vartable[maxvartablep];
int  vartablep=0,datap=0,labelp=0;
```

@name-def$_{\downarrow n}$的程序如下：

```
int name_def(char * name){                        //查符号表
    int i,es=0;
    if(vartablep>=maxvartablep) return(es=21); //符号表溢出
    for(i=vartablep-1;i==0;i--){
      if(strcmp(vartable[i].name,name)==0){
        es=22;                                //22 表示变量重复定义
        break;
      }
```

```
    }
    if(es>0)   return(es);
    strcpy(vartable[vartablep].name,name);      //将名字填入符号表
    vartable[vartablep].address=datap;          //将分配的地址填入符号表
    data p++
    vartablep++;
    return(es);
}
```

在过程 name_def 中,所要做的工作是将简单变量名类型等信息填入符号表。如果该名字在表中已存在,则返回值 22,表示变量重复定义的错误信息。返回值为 21 则说明符号表已满,这时编译失败,并停止编译,如果进一步编译将会导致一连串的语义错误。处理声明语句的程序如下:

```
int declaration_stat()
{
    int es=0;
    fscanf(fp,"%s %s\n",&token,&token1);        //读符号,fp 指向词法分析输出文件
    printf("%s %s\n",token,token1);
    if(strcmp(token,"ID"))   return(es=3);      //不是标识符
    es=name_def(token1);
    if(es>0) return(es);
    fscanf(fp,"%s %s\n",&token,&token1);
    printf("%s %s\n",token,token1);
    if(strcmp(token,";") )   return(es=4);
    fscanf(fp,"%s %s\n",&token,&token1);
    printf("%s %s\n",token,token1);
    return(es);
}
```

9.3.3 数组

数组是由具有公共名字且类型相同的元素所组成的数据实体,在数组名字上附加一个下标就能唯一地引用一个数组元素。

数组有两种类型:一种是数组的大小在编译时是已知的,即静态数组。编译程序在处理数组声明时,将建立一个模板,以便在执行期间能够间接引用该数组的元素。对于静态数组,该模板在编译期间建立。另一种数组的大小是在运行时动态地确定,即动态数组。对于动态数组,在编译时仅为模板分配一个空间,而模板本身将在运行时建立。

1. 数组模板内容

在介绍模板内容前,先看一下数组通常是如何存放在存储器中的。假设有一个二维数组 $A(1:3,-1:1)$,表示第一维下界为 1、上界为 3,第二维下界为 -1、上界为 1,那么,该数组有 9 个数组元素:

$$A(1,-1) \quad A(1,0) \quad A(1,1)$$
$$A(2,-1) \quad A(2,0) \quad A(2,1)$$
$$A(3,-1) \quad A(3,0) \quad A(3,1)$$

数组的存储有按行方式和按列方式。按行方式是指数组元素从第一行开始一行一行地顺序存储,如图 9-1(a)所示。按列方式是指数组元素从第一列开始一列一列地存储,如图 9-1(b)所示。多数语言采用按行存储方式,如 C 语言和 Pascal 语言,而 FORTRAN 语言采用按列存储方式。设数组维数为 n,$L(i)$ 为第 i 维的下界,$U(i)$ 为第 i 维的上界,那么数组维数 n 及每一维的上、下界值应存放在模板中,以便用来检测引用的数组元素下标是否越界以及下标数目是否与数组声明的维数相一致。

由于数组元素的排列是按行或按列规律排列,因此知道数组第一个元素的起始地址,则根据维数和各维的上下界,就能够推算出每个数组元素的内存地址。所以模板中的这些数据还用来计算数组元素的地址。

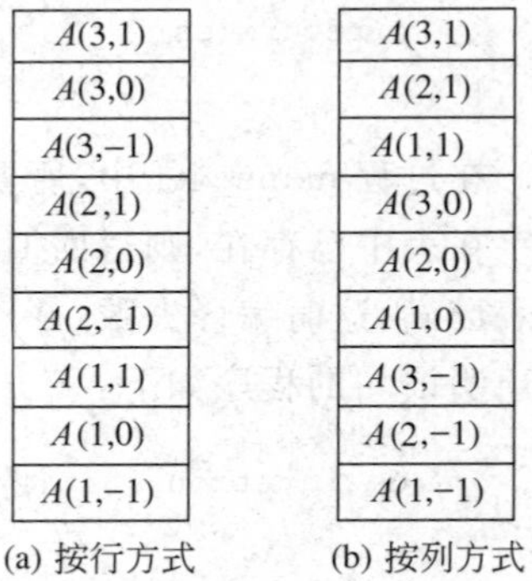

$A(3,1)$	$A(3,1)$
$A(3,0)$	$A(2,1)$
$A(3,-1)$	$A(1,1)$
$A(2,1)$	$A(3,0)$
$A(2,0)$	$A(2,0)$
$A(2,-1)$	$A(1,0)$
$A(1,1)$	$A(3,-1)$
$A(1,0)$	$A(2,-1)$
$A(1,-1)$	$A(1,-1)$
(a) 按行方式	(b) 按列方式

图 9-1　数组的存储方式

2. 数组元素的地址计算

假设数组按行存储,数组维数为 n,$L(i)$ 为第 i 维的下界,$U(i)$ 为第 i 维的上界,LOC 为分配给数组的数据空间的开始地址,那么可用如下公式来计算数组元素的绝对地址。假定数组元素的下标为 $V(1),V(2),\cdots,V(n)$,则:

$$\text{绝对地址} = \text{LOC} + \sum_{i=1}^{n}[V(i)-L(i)]P(i)$$

上式中:

(1) 当 $i=n$ 时,$P(i)=1$

(2) 当 $1 \leqslant i < n$ 时, $P(i) = \prod_{j=i+1}^{n}[U(j)-L(j)+1]$

令

$$\text{RC} = -\sum_{i=1}^{n}L(i)P(i)$$

$$\text{绝对地址} = \text{LOC} + \text{RC} + \sum_{i=1}^{n}V(i)P(i)$$

例如,对于数组 $A(1:3,-1:1)$ 计算 RC、每一维的 P 值以及元素 $A(2,1)$ 的绝对地址。

根据数组定义,$L(1)=1,U(1)=3,L(2)=-1,U(2)=1$

$$P(2) = 1$$
$$P(1) = U(2)-L(2)+1 = 1-(-1)+1 = 3$$
$$\text{RC} = -(L(1)P(1)+L(2)P(2)) = -(1\times 3 + (-1)\times 1) = -2$$
$$A(2,1) \text{ 的绝对地址} = \text{LOC} - 2 + (V(1)\times P(1) + V(2)\times P(2))$$
$$= \text{LOC} - 2 + (2\times 3 + 1\times 1) = \text{LOC} + 5$$

从图 9-1(a)可以验证,LOC 是数组第一个元素 $A(1,-1)$ 的绝对地址,LOC+5 就是元素 $A(2,1)$ 的绝对地址。

C 语言规定,数组的下界必须为 0,实际可用的上界为声明的上界减 1,而且引用数组元素时如果越界,并不报错,为什么呢? 观察上面的绝对地址计算公式可知,如果下界为 0,则 RC=0,这样绝对地址的计算公式为:

$$绝对地址 = \text{LOC} + \sum_{i=1}^{n} V(i)P(i)$$

而上式中:

(1) 当 $i=n$ 时,$P(i)=1$。

(2) 当 $1 \leqslant i < n$ 时,$P(i) = \prod_{j=i+1}^{n} [U(j)+1]$。

$U(j)$ 为第 j 维实际可用的上界,但如果实际可用的上界为声明的上界减 1,那么 $P(i)$ 的计算公式为:

(1) 当 $i=n$ 时,$P(i)=1$。

(2) 当 $1 \leqslant i < n$ 时,$P(i) = \prod_{j=i+1}^{n} U(j)$。

此时,$U(j)$ 就是声明的上界,由于它比实际可用的上界多 1,所以计算时就不必再加 1 了。可见,C 语言规定数组下界必须为 0,实际可用的上界为声明的上界减 1 简化了绝对地址的计算。从上面的公式分析可得出,如果是静态数组,编译时就知道维数和上下界,而 RC 和 P 的计算只和上下界有关,与引用元素的下标无关;而引用元素绝对地址的计算要使用 RC 和各维的 P 值,那么为了提高运行时绝对地址的计算速度,可在编译时先算出 RC 及各维的 P 值,并保存在模板中,见图9-2(a)。如果不做越界检查,那么模板中就没有必要保存各维的上下界了;如果规定下界为 0,则 RC=0,也不用保存,这样模板的内容可大大简化。由此,可猜测 C 语言的模板只保存了各维的 P 值,没有保存各维的上下界,如图9-2(b)所示。

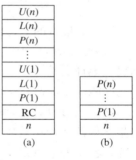

图 9-2　数组模板

3. 数组属性翻译文法

数组在声明时,无论什么格式,都必须指出数组的维数及每维的上下界。下面是某语言的数组声明文法:

$$\langle \text{array\_decl} \rangle \rightarrow \langle \text{type} \rangle_{\uparrow t} \langle \text{entity} \rangle_{\uparrow n} [@\text{init}_{\uparrow m,d1} \langle \text{sublist} \rangle_{\downarrow m,d1 \uparrow d2}]$$
$$@\text{symbinsert}_{\downarrow m,d2,n,t \uparrow rc} \qquad\qquad d1=0$$
$$\langle \text{sublist} \rangle_{\downarrow m,d \uparrow d2} \rightarrow \langle \text{subscript} \rangle_{\downarrow m,d2} \qquad\qquad d2=d+1$$
$$\mid \langle \text{subscript} \rangle_{\downarrow m,d1} [, \langle \text{sublist} \rangle_{\downarrow m,d1 \uparrow d2}] \quad d1=d+1,d2=d1$$
$$\langle \text{subscipt} \rangle_{\downarrow m,d2} \rightarrow \langle \text{integer expr} \rangle_{\uparrow e} @\text{lowerbnd}_{\downarrow m,d2,0,e}$$
$$[: \langle \text{integer expr} \rangle_{\uparrow e1} @\text{upperbnd}_{\downarrow m,d2,e,e1}]$$

下面对动作进行解释。

(1) 动作 @init 的功能是分配数组的模板首地址 m,在模板区保留两个存储单元,用

来保存数组维数 n 和 RC，并将保存数组维数计数的属性 $d1$ 初始化为 0。

（2）动作@lowerbnd$_{\downarrow 0,e}$在模板区开辟两个存储单元，生成一个存储命令，将数组模板数据区中 $d1$ 维的下界设为 0，上界设为 e 的值。

（3）动作@upperbnd$_{\downarrow e,e1}$并将 $d1$ 维的下界设为 e，上界设为 $e1$ 的值。

（4）动作@symbinsert 将数组名 n、类型 t 和维数 $d2$ 填入符号表的合适位置中，并为给定的模板计算 RC，将计算结果连同数组名 n 一起存入模板区内。

9.3.4 过程声明

使用过程声明的原因：一是对非嵌套过程定义的语言，如 C 语言，因为引用在定义之前为了能正确生成调用语句的代码，需要知道参数类型、顺序和个数。二是通过使用程序库和模块的分别编译，可以隐藏过程或模块的定义。Ada 是支持这一观点的最好例子，其基本思想是将模块说明的声明部分与模块体分开。声明部分的内容只需要为使用该模块的程序段可见，模块说明的实现细节则被隐藏在程序库中。程序库管理系统可利用各级权限，对模块体无访问权的模块实行限制。要实现这一目标，要求与每一个独立编译模块有关的符号表必须处于程序库管理系统的控制之下。

9.4 表达式语句

TEST 语言的表达式语句文法为：

$<$expression_stat$>::=<$expression$>;|;$

其属性翻译文法为：

$<$expression_stat$>::=<$expression$>$@POP$;|;$

从文法可以看出，所谓表达式语句就是在表达式后面加上分号。因为表达式的计算结果会保留在操作数栈的栈顶，因此表达式语句的属性翻译文法的设计只是在表达式后面加动作符号@POP，将栈顶内容弹出栈。表达式语句的处理程序如下：

```
//<expression_stat>::=<expression>@POP;|;
int expression_stat()
{
    int es=0;
    if(strcmp(token,";")==0)
    {
        fscanf(fp,"%s %s\n",&token,&token1);
        printf("%s %s\n",token,token1);
        return(es);
    }
    es=expression();
    if(es>0) return(es);
    fprintf(fout,"        POP\n");                    //输出出栈指令
    if(strcmp(token,";")==0)
```

```
    {
        fscanf(fp,"%s %s\n",&token,&token1);
        printf("%s %s\n",token,token1);
        return(es);
    }else
    {
        es=4;
        return(es);                                    //少分号
    }
}
```

表达式在大多数程序设计语言中是用得最多的语法成分。分析表达式的主要任务是生成能正确计算表达式值的目标代码。实现这个目标的基本思路是：

(1) 将表达式的操作数装载到操作数栈的栈顶或某个寄存器中；

(2) 执行表达式所指定的操作；

(3) 将结果保留在操作数栈或寄存器中。

以栈式抽象机作为目标机，因此当调用 ADD 过程时，需要生成一条无操作数的 ADD 指令，假定两个操作数均已存放在操作数栈的栈顶，执行动作后两个操作数出栈，结果则入栈。

TEST 语言的表达式与其他语言的表达式区别在于表达式中含有赋值运算符，其属性翻译文法如下：

$<$expression$>::=$ID$_{\uparrow n}$@LOOK$_{\downarrow n\uparrow d}$@ASSIGN$=<$bool_expr$>$@STO$_{\downarrow d}$|$<$bool_expr$>$

$<$bool_expr$>::=<$additive_expr$>$

        |$<$additive_expr$>><$additive_expr$>$@GT

        |$<$additive_expr$><<$additive_expr$>$@LES

        |$<$additive_expr$>>=<$additive_expr$>$@GE

        |$<$additive_expr$><=<$additive_expr$>$@LE

        |$<$additive_expr$>==<$additive_expr$>$@EQ

        |$<$additive_expr$>!=<$additive_expr$>$@NOTEQ

$<$additive_expr$>::=<$term$>\{(+<$term$>$@ADD$|-<$项$>$@SUB)$\}$

$<$term$>::=<$factor$>\{(*<$factor$>$@MULT$|/<$factor$>$@DIV)$\}$

$<$factor$>::=(<$expression$>)$|ID$_{\uparrow n}$@LOOK$_{\downarrow n\uparrow d}$@LOAD$_{\downarrow d}$|NUM$_{\uparrow i}$@LOADI$_{\downarrow i}$

动作符号解释如下：

@LOOK$_{\downarrow n\uparrow d}$：查符号表 n，给出变量地址 d；若没有，则变量未定义；

@ASSIGN：超前读一个符号，如果是 =，则表示进入赋值表达式；如果不是 =，则选择$<$布尔表达式$>$，然后还要将超前读的这个符号退回。

@STO$_{\downarrow d}$：输出指令代码 STO d；

@LOADI$_{\downarrow i}$：输出指令代码 LOADI i；

@LOAD$_{\downarrow d}$：输出指令代码 LOAD d；

@GT、@ADD 等：输出后的指令代码 GT、ADD 等。

在设计程序时要注意，对于规则

$$<expression>::=ID_{\downarrow n}@LOOK_{\downarrow n\uparrow d}@ASSIGN=<bool\_expr>@STO_{\downarrow d}|<bool\_expr>$$

ID 与<bool_expr>的 FIRST 集合可能相交，可能都是标识符，因此需添加了一个动作符号@ASSIGN，超前读一个符号，如果是＝，则表示进入赋值表达式；如果不是＝，则选择<比较表达式>，然后还要将超前读的这个符号退回。

表达式的处理程序如下：

```
//<expression>::=ID↓n@LOOK↓n↑d@ASSIGN=<bool_expr>@STO↓d|<bool_expr>
int expression()
{
    int es=0,fileadd;
    char token2[20],token3[40];
    if(strcmp(token,"ID")==0)
    {
        fileadd=ftell(fp);                      //@ASSIGN 记住当前文件位置
        fscanf(fp,"%s %s\n", &token2,&token3);
        printf("%s %s\n",token2,token3);
        if(strcmp(token2,"=")==0)               //'='
        {
            int address;
            es=lookup(token1,&address);
            if(es>0) return(es);
            fscanf(fp,"%s %s\n",&token,&token1);
            printf("%s %s\n",token,token1);
            es=bool_expr();
            if(es>0) return(es);
            fprintf(fout,"STO %d\n",address);

        }else
        {
            fseek(fp,fileadd,0);                 //若非'='则文件指针回到'='前的标识符
            printf("%s %s\n",token,token1);
            es=bool_expr();
            if(es>0) return(es);
        }
    }
    return(es);
}


//<bool_expr>::=<additive_expr>
//              |<additive_expr>(>|<|>=|<=|==|!=)<additive_expr>
/*
<bool_expr>::=<additive_expr>
```

```
|<additive_expr>><additive_expr>@GT
|<additive_expr><<additive_expr>@LES
|<additive_expr>>=<additive_expr>@GE
|<additive_expr><=<additive_expr>@LE
|<additive_expr>==<additive_expr>@EQ
|<additive_expr>!=<additive_expr>@NOTEQ
*/
int bool_expr()
{
    int es=0;
    es=additive_expr();
    if(es>0) return(es);
    if(strcmp(token,">")==0||strcmp(token,">=")==0
        ||strcmp(token,"<")==0||strcmp(token,"<=")==0
        ||strcmp(token,"==")==0||strcmp(token,"!=")==0)
    {
        char token2[20];
        strcpy(token,token2);                    //保存运算符
        fscanf(fp,"%s %s\n",&token,&token1);
        printf("%s %s\n",token,token1);
        es=additive_expr();
        if(es>0) return(es);
        if(strcmp(token2,">")==0)  fprintf(fout,"GT\n");
        if(strcmp(token2,">=")==0) fprintf(fout,"GE\n");
        if(strcmp(token2,"<")==0)  fprintf(fout,"LES\n");
        if(strcmp(token2,"<=")==0) fprintf(fout,"LE\n");
        if(strcmp(token2,"==")==0) fprintf(fout,"EQ\n");
        if(strcmp(token2,"!=")==0) fprintf(fout,"NOTEQ\n");
    }
    return(es);
}


//<additive_expr>::=<term>{(+|-)<term>}
//<additive_expr>::=<term>{(+<term>@ADD|-<项>@SUB)}

int additive_expr()
{
    int es=0;
    es=term();
    if(es>0)return(es);
    while(strcmp(token,"+")==0||strcmp(token,"-")==0)
    {
        char token2[20];
        strcpy(token,token2);
```

```
            fscanf(fp,"%s %s\n",&token,&token1);
            printf("%s %s\n",token,token1);
            es=term();
            if(es>0) return(es);
            if(strcmp(token2,"+")==0)fprintf(fout,"ADD\n");
            if(strcmp(token2,"-")==0)fprintf(fout,"SUB\n");
        }
        return(es);
    }


//<term>::=<factor>{(*|/)<factor>}
//<term>::=<factor>{(*<factor>@MULT|/<factor>@DIV)}
int term()
{
    int es=0;
    es=factor();
    if(es>0) return(es);
    while(strcmp(token,"*")==0||strcmp(token,"/")==0)
    {
        char token2[20];
        strcpy(token,token2);
        fscanf(fp,"%s %s\n",&token,&token1);
        printf("%s %s\n",token,token1);
        es=factor();
        if(es>0) return(es);
        if(strcmp(token2,"*")==0)fprintf(fout,"MULT\n");
        if(strcmp(token2,"/")==0)fprintf(fout,"DIV\n");
    }
    return(es);
}


//<factor>::=(<expression>)|ID|NUM
//<factor>::=(<expression>)|ID↑n@LOOK↓n↑d@LOAD↓d|NUM↑i@LOADI↓i
int factor()
{
    int es=0;

    if(strcmp(token,"(")==0)
    {
        fscanf(fp,"%s %s\n",&token,&token1);
        printf("%s %s\n",token,token1);
        es=expression();
        if(es>0) return(es);
        if(strcmp(token,")"))   return(es=6);                //少右括号
        fscanf(fp,"%s %s\n",&token,&token1);
        printf("%s %s\n",token,token1);
```

```
    }else
    {

        if(strcmp(token,"ID")==0)
        {
            int address;
            es=lookup(token1,&address);              //查符号表,获取变量地址
            if(es>0) return(es);                     //变量没声明
            fprintf(fout,"LOAD %d\n",address);
            fscanf(fp,"%s %s\n",&token,&token1);
            printf("%s %s\n",token,token1);
            return(es);
        }
        if(strcmp(token,"NUM")==0)
        {
            int address;
            fprintf(fout,"LOADI %s\n",token1);
            fscanf(fp,"%s %s\n",&token,&token1);
            printf("%s %s\n",token,token1);
            return(es);
        }else
        {
            es=7;                                    //缺少操作数
            return(es);
        }
    }
    return(es);
}
```

多数程序设计语言的表达式都不含有赋值运算符,也没有表达式语句,但有赋值语句。一般赋值语句的属性翻译文法为:

<赋值语句>::=<标识符>$\uparrow_n$@LOOK$\downarrow_n\uparrow_d$=<比较表达式>@STO$\downarrow_d$@POP

其中的动作符号的解释与上面的相同。由于赋值语句产生式的右部没有头符号集相交现象,所以赋值语句的处理比 TEST 语言的表达式简单。

9.5 if 语 句

多数语言的 if 语句文法为:

<if 语句>::=if<表达式>then<语句>[else<语句>],

而 TEST 的 IF 语句文法为:

<if_stat>::=if(<expression>)<statement>[else<statement>]

尽管各种语言的 if 语句写法稍有不同,但理解了 TEST 的 if 语句的处理思路,也就不难理解和实现其他语言的 if 语句。

if 语句的处理思路是处理<表达式>所生成的目标代码,计算该表达式的值(真或假),并将结果置于操作数栈的栈顶。如果<表达式>的值是假,则抽象机指令 BRF labA 将控制转到 labA;否则控制传给所生成的抽象机指令序列中的下一条指令。BR 指令是抽象机的无条件转移指令。

根据 if 语句的处理思路,设计 TEST 的 if 语句属性翻译文法为:

$$<if\_stat>::=if(<expression>)@BRF_{\downarrow label1}<statement>@BR_{\downarrow label2}@SETlabel_{\downarrow label1}$$
$$[else<statement>]\ @SETlabel_{\downarrow label2}$$

动作符号解释如下:

@BRF$_{\downarrow label1}$: 输出 BRF label1;

@BR$_{\downarrow label2}$: 输出 BR label2;

@SETlabel$_{\downarrow label1}$: 设置标号 label1;

@SETlabel$_{\downarrow label2}$: 设置标号 label2。

if 语句的处理程序如下:

```
int if_stat(){
    int es=0,label1,label2;                          //if
    fscanf(fp,"%s %s\n",&token,&token1);
    printf("%s %s\n",token,token1);
    if(strcmp(token,"("))      return(es=5);         //少左括号
    fscanf(fp,"%s %s\n",&token,&token1);
    printf("%s %s\n",token,token1);
    es=expression();
    if(es>0) return(es);
    if(strcmp(token,")"))    return(es=6);           //少右括号
    label1=labelp++;                                 //用 label1 记住条件为假时要转向的标号
    fprintf(fout,"      BRF LABEL%d\n",label1);       //输出假转移指令
    fscanf(fp,"%s %s\n",&token,&token1);
    printf("%s %s\n",token,token1);
    es=statement();
    if(es>0) return(es);
    label2=labelp++;                                 //用 label2 记住要转向的标号
    fprintf(fout,"      BR LABEL%d\n",label2);        //输出无条件转移指令
    fprintf(fout,"LABEL%d:\n",label1);               //设置 label1 记住的标号
    if(strcmp(token,"else")==0)                       //else 部分处理
    {
        fscanf(fp,"%s %s\n",&token,&token1);
        printf("%s %s\n",token,token1);
        es=statement();
        if(es>0)return(es);
    }
    fprintf(fout,"LABEL%d:\n",label2);               //设置 label2 记住的标号
    return(es);
}
```

例如,有 TEST 程序语句:if(a>5)a=1; else a=2;

按照 if 语句翻译文法,设 labelp=1,则应产生下列目标代码:

```
        LOAD    0                       //表达式 a>5 的代码
        LOADI   5
        GT
        BRF     LABEL1                  //执行动作符号@BRF↑label1所产生的
        LOADI   1                       //a=1;的代码
        STO     0
        POP
        BR      LABEL2                  //执行动作符号@BR↓label2所产生的
LABEL1:                                 //执行动作符号@SETlabel↓label1设置标号 label1
        LOADI   2
        STO     0
        POP
LABEL2:                                 //执行动作符号@SETlabel↓label2设置标号 label2
```

9.6　while 语句

几乎所有的程序设计语言都有 while 语句,虽然写法稍有不同,但理解了 TEST 的 while 语句的处理思路,也就不难理解和实现其他语言的 while 语句。

TEST 的 while 文法为:

<while_stat>::=while(<expression>)<statement>

当表达式成立时,执行语句。其属性翻译文法为:

<while_stat>::=while @SETlabel↓label1(<expression>)@BRF↑label2

　　　　　　　<statement>@BR↓label1 @SETlabel↓label2

动作符号解释如下:

@SETlabel↓label1:设置标号 label1;

@BRF↑label2:输出 BRF label2;

@BR↓label1:输出 BR label1;

@SETlabel↓label2:设置标号 label2。

while 语句的处理程序如下:

```
int while_stat()
{
    int es=0,label1,label2;
    label1=labelp++;
    fprintf(fout,"LABEL%d:\n",label1);          //设置 label1 标号
    fscanf(fp,"%s %s\n",&token,&token1);
    printf("%s %s\n",token,token1);
    if(strcmp(token,"("))  return(es=5);         //少左括号
    fscanf(fp,"%s %s\n",&token,&token1);
    printf("%s %s\n",token,token1);
```

```
        es=expression();
        if(es>0) return(es);
        if(strcmp(token,")"))  return(es=6);              //少右括号
        label2=labelp++;
        fprintf(fout,"        BRF LABEL%d\n",label2);      //输出假转移指令
        fscanf(fp,"%s %s\n",&token,&token1);
        printf("%s %s\n",token,token1);
        es=statement();
        if(es>0) return(es);
        fprintf(fout,"        BR LABEL%d\n",label1);       //输出无条件转移指令
        fprintf(fout,"LABEL%d:\n",label2);                //设置 label2 标号
        return(es);
}
```

例如，有 TEST 语句：while(a<3)a＝a＋2;，假设目前的标号记数的当前值为 labelp＝2，则属性翻译文法应产生下列代码：

```
LABEL2:  //label1
        LOAD   0
        LOADI  3
        LES
        BRF   LABEL3        //label2
        LOAD   0
        LOADI  2
        ADD
        STO   0
        POP
        BR    LABEL2
LABEL3: …
```

9.7 for 循环语句

各种程序设计语言都有 for 语句。但 C 语言的 for 语句功能最强，它包含了其他语言的 for 语句功能。能实现 TEST 的 for 语句，也就不难理解和实现其他语言的 for 语句。TEST 的 for 语句的属性翻译文法如下：

<for_stat>::=for(<expression>@POP;

$\qquad$ @SETlabel$_{\downarrow label1}$<expression>@BRF$_{\downarrow label2}$@BR$_{\uparrow label3}$;

$\qquad$ @SETlabel$_{\downarrow label4}$<expression>@POP @BR$_{\downarrow label1}$)

$\qquad$ @SETlabel$_{\downarrow label3}$<语句>@BR$_{\downarrow label4}$@SETlabel$_{\downarrow label2}$

动作符号解释如下：

@SETlabel$_{\downarrow label1}$：设置标号 label1；

@BRF$_{\downarrow label2}$：输出 BRF label2；

@BR$_{\uparrow label3}$：输出 BR label3；

@SETlabel↓label4：设置标号 label4；

@BR↑label1：输出 BR label1；

@SETlabel↓label3：设置标号 label3；

@BR↑label4：输出 BR label4；

@SETlabel↓label2：设置标号 label2；

@POP：输出 POP。

for 语句的处理程序如下：

```
int for_stat()
{
    int es=0,label1,label2,label3,label4;
    fscanf(fp,"%s %s\n",&token,&token1);
    printf("%s %s\n",token,token1);
    if(strcmp(token,"("))   return(es=5);              //少左括号
    fscanf(fp,"%s %s\n",&token,&token1);
    printf("%s %s\n",token,token1);
    es=expression();
    if(es>0) return(es);
    fprintf(fout,"        POP\n");                      //输出出栈指令
    if(strcmp(token,";"))        return(es=4);         //少分号
    label1=labelp++;
    fprintf(fout,"LABEL%d:\n",label1);                 //设置 label1 标号
    fscanf(fp,"%s %s\n",&token,&token1);
    printf("%s %s\n",token,token1);
    es=expression();
    if(es>0) return(es);
    label2=labelp++;
    fprintf(fout,"        BRF LABEL%d\n",label2);       //输出假条件转移指令
    label3=labelp++;
    fprintf(fout,"        BR LABEL%d\n",label3);        //输出无条件转移指令
    if(strcmp(token,";"))   return(es=4);              //少分号
    label4=labelp++;
    fprintf(fout,"LABEL%d:\n",label4);                 //设置 label4 标号
    fscanf(fp,"%s %s\n",&token,&token1);
    printf("%s %s\n",token,token1);
    es=expression();
    if(es>0) return(es);
    fprintf(fout,"        POP\n");                      //输出出栈指令
    fprintf(fout,"        BR LABEL%d\n",label1);        //输出无条件转移指令
    if(strcmp(token,")"))   return(es=6);              //少右括号
    fprintf(fout,"LABEL%d:\n",label3);                 //设置 label3 标号
    fscanf(fp,"%s %s\n",&token,&token1);
    printf("%s %s\n",token,token1);
    es=statement();
    if(es>0) return(es);
```

```
        fprintf(fout,"        BR LABEL%d\n",label4);           //输出无条件转移指令
        fprintf(fout,"LABEL%d:\n",label2);                    //设置 label2 标号
        return(es);


}
```

例如,有 TEST 语句:

for(i=1;i<3;i=i+1) a=a+10;

假设目前的标号记数的当前值为:labelp＝6,则属性翻译文法应产生下列代码:

```
        LOAD    2
        LOADI   1
        STO     2                                            //i 的地址是 2
        POP
LABEL6:                                                      //label1
        LOAD    2
        LOADI   3
        LES
        BRF     LABEL7                                       //label2
        BR      LABEL8                                       //label3
LABEL 9:                                                     //label4

        LOAD    2
        LOADI   1
        ADD
        STO     2
        POP
        BR      LABEL6                                       //label1
LABEL 8:                                                     //label3
        LOAD    0                                            //a 的地址是 0
        LOADI   10
        ADD
        STO     0
        POP
        BR      LABEL9                                       //label4
LABEL 7:
```

9.8　write_语句

TEST 语言的输出语句极为简单,其属性文法如下:

＜write_stat＞::＝write＜expression＞@ OUT;

动作符号解释如下:

@OUT:输出 OUT。

程序如下：

```
int write_stat()
{
    int es=0;
    fscanf(fp,"%s %s\n",&token,&token1);
    printf("%s %s\n",token,token1);
    es=expression();
    if(es>0)return(es);
    if(strcmp(token,";"))return(es=4);                 //少分号
    fprintf(fout,"        OUT\n");                      //输出指令
    fscanf(fp,"%s %s\n",&token,&token1);
    printf("%s %s\n",token,token1);
    return(es);
}
```

9.9 read_语句

TEST 语言的输入语句与输出语句一样极为简单，其属性文法如下：
<read_stat>::= read ID↑$_n$LOOK↓$_n$↑$_d$@IN@STO↓$_d$@POP；
动作符号解释如下：
@LOOK↓$_n$↑$_d$：查符号表 n，给出变量地址 d；若没有，则变量未定义；
@IN：输出 IN；
@STO↓$_d$：输出指令代码 STO d
程序如下：

```
int read_stat()
{
    int es=0,address;
    fscanf(fp,"%s %s\n",&token,&token1);
    printf("%s %s\n",token,token1);
    if(strcmp(token,"ID"))  return(es=3);              //少标识符
    es=lookup(token1,&address);
    if(es>0) return(es);
    fprintf(fout,"        IN   \n");                    //输入指令
    fprintf(fout,"        STO   %d\n",address);         //指令
    fprintf(fout,"        POP\n");
    fscanf(fp,"%s %s\n",&token,&token1);
    printf("%s %s\n",token,token1);
    if(strcmp(token,";"))  return(es=4);               //少分号
    fscanf(fp,"%s %s\n",&token,&token1);
    printf("%s %s\n",token,token1);
    return(es);
}
```

9.10　过程调用和返回

处理过程调用和返回时，主要涉及下列两个基本问题：

（1）实现程序中过程调用和返回的控制逻辑；

（2）处理实在参数和形式参数之间的数据传递问题。

在过程调用时，要将实在参数传递给形式参数。在执行过程或从过程返回时，要将过程的处理结果返回给相应的主调过程。在过程调用时不同语言、不同性质的形式参数将采用不同的数据传递方式，而不同的数据传递方法又将对过程和过程调用的语义分析和代码生成产生影响。

9.10.1　参数的基本传递形式

目前，常见的参数传递有值传递、引用传递（地址传递）、值结果传递和名字传递。这里，只介绍两个最常用的参数传递机制，即值传递和引用传递，对其他两个传递机制有兴趣的读者可查阅有关书籍。

1. 值传递

值传递又称为值调用，它是最简单的数据传递方式。在这种参数传递机制下，调用程序段要把实在参数的值计算出来，并存放在操作数栈、寄存器或被调过程能够取得的数据单元中；而在被调用的子程序或函数中，首先要将实在参数的值送进相应的形式参数的数据单元中。编译程序对过程体中形式参数的处理就像处理一般实在参数标识符那样，生成目标代码。在这种形式参数与实在参数的结合方式下，数据传递是单方向进行的，即调用段将实在参数的值传递到被调用段相应的形式参数的数据单元中；而在执行被调用段的过程中，不可能将赋值形参的数据单元中的内容再传回调用段的相应实在参数单元中去。C语言就采用这种参数传递机制。

2. 引用传递

所谓引用传递就是传递地址，又叫引用调用。在这种参数传递机制下，调用程序段要将实在参数的地址传递给相应的形式参数。对于实际参数的各种情况，处理方法如下。

（1）若实在参数是简单变量，则编译程序要生成将它们的地址保存在操作数栈、寄存器或某个被调过程能够取得的数据单元的代码；

（2）若实在参数是数组元素，则除上述代码外，在调用段中还应先有计算该数组元素地址的代码；

（3）若实在参数是表达式或常量，则编译程序应先分配一个临时数据单元，在调用程序中先要有计算表达式的值送进临时数据单元中的代码，还要有将该临时数据单元的地址保存在操作数栈、寄存器或某个被调过程能够取得的数据单元的目标代码。

而在被调程序段，对形参的处理方法是：首先将实在参数的地址抄进自己相应的形式参数的数据单元中。过程体中对形式参数的引用或赋值都将被处理成对形式参数数据单元的间接访问。在这种处理方式下，当被调用过程执行完毕返回时，形式参数数据单元所指的实在参数的值会随着被调程序对形参的改变而变化,也就是人们通常说的被调用过程的处理结果被送回调用过程。

很多语言既提供值传递也提供引用传递的参数传递机制。例如,Pascal、Visual Basic等,都提供了两种参数传递机制。C 语言虽然只提供了值传递机制,但 C 语言提供了地址运算符 & 和指针变量,这样,程序员可通过设置形式参数为指针变量类型来达到引用传递的效果。

9.10.2　过程调用

与过程调用有关的主要语义动作包括以下内容:

(1) 检查该过程是否已定义;与所定义的过程的类型是否相一致;实在参数的数量及类型与过程定义中的形式参数的说明是否相一致;

(2) 装载实在参数,如果是引用传递,则装载的是实在参数的地址;

(3) 装载返回地址;

(4) 转移到相应过程体。

例如,有如下函数调用语句:

```
x=fun(a,b,c);
```

则实现该调用语句要产生的目标代码指令如下:

```
LOAD    a 的地址
LOAD    b 的地址
LOAD    c 的地址
JSR     函数 fun 的目标指令地址 (将下条指令地址压入操作栈,转向被调函数)
STO     x 的地址
```

在所生成的代码中,假定采用值传递的参数传递机制。前三条指令将实在参数压入操作数栈。如果实在参数是表达式,那么显然应该产生表达式的计算代码,但表达式的计算结果应正好位于操作数栈。接下来发送转子指令,这个指令将控制转移到被调用过程体的指令代码的起始地址,并将下一条指令(STO x 的地址)的地址即返回地址压入操作数栈。

现以 C 语言的过程调用为例,其过程调用属性翻译文法如下:

<过程调用>::=<函数名>$_{\uparrow n}$@LOOK$_{\downarrow n \uparrow d, i=0}$([<表达式>$_{\uparrow t, i=i+1}$@CHKTYPE$_{\downarrow i, t}$
{,<表达式>$_{\uparrow t, i=i+1}$@CHKTYPE$_{\downarrow i, t}$}])@JSR$_{\downarrow d}$

其动作解释如下:

@LOOK$_{\downarrow n \uparrow d, i=0}$:查符号表,取指令地址,实参数目 $i=0$。

@CHKTYPE$_{\downarrow i, t}$:查符号表,检查表达式与第 i 个形参是否匹配。

@JSR$_{\downarrow d}$:生成 JSR d 指令,转到被调过程。

9.10.3　过程定义的处理

编译过程定义时,有关该过程和它的形式参数的信息都存放在符号表中。编译程序首先检查要填入的过程名是否合法,确定后填入名字、类型等信息,还要统计形参数目,接下来生成申请新的活动记录、存储返回地址和形参的值所必须的目标代码。很明显,在对过程处理完后,才能确定活动记录的大小,因此申请空间的代码指令生成时,尚缺少具体的大小,需要在处理完过程的所有声明语句后回填。

在过程调用语句的讨论中,仅描述了如何按值传递的参数传递形式。参数传递的另一种常用方法是引用传递,它可以用非常类似于按值传递的方法来实现,不是加载一个变量的值,而是加载传递变量的地址。于是形式参数保存的是实在参数的地址,这样被调用过程中的形式参数值的改变将自动地改变主调过程的变量的值。如果实在参数不是变量时,可为实在参数设置一个哑单元,该单元放实参的值,且该单元的地址传递给形参。很显然,改变对应哑单元的形参对被调过程的外部将无任何影响。

下面以 C 语言为例,说明过程定义的主要任务。

假设被调函数形式为:

int fun(int x,int y)

{…}

则在过程的开始处,必须生成下列指令:

ALLOCATE 4＋x(x 是隐式参数和 display 区大小)

STO   retaddr

STO   y 的地址

STO   x 的地址

过程声明处理:遇到过程名填符号表,将此时的指令记数作为过程的地址。维数一栏标记为过程或函数。过程定义属性翻译文法如下:

＜过程定义＞::＝＜类型＞ ＜过程名＞([＜形参＞{,＜形参＞}]) ＜复合语句＞

＜过程定义＞::＝＜类型＞$_{\uparrow t}$＜过程名＞$_{\uparrow n}$

@INSERT$_{\downarrow n, \uparrow \text{allop}, i=0 \uparrow, \text{vartable1},\text{ard}}$[＜形参＞$_{\downarrow i,\text{ard}}${,＜形参＞$_{\downarrow i,\text{ard}}$}])

@INSERTI$_{\downarrow i, \text{vartable1}}$ @ALLOCATE$_{\uparrow \text{allop}}$ @STO$_{\downarrow i}$

＜复合语句＞$_{\downarrow \text{ard}}$@ALLO$_{\downarrow \text{allop},\text{ard}}$

＜形参＞$\downarrow_{i,\text{ard}}$::＝＜类型＞$_{\uparrow t}$＜标识符＞$_{\uparrow n}$@INARD$_{\downarrow n,t,\text{ard}}$

动作解释如下:

@INSERT$_{\downarrow n, \uparrow \text{allop}, i=0 \uparrow \text{vartable1},\text{ard}}$:将过程名及函数指令的起始位置插入符号表,为过程的返回值开辟数据空间,形参数＝0,符号栈升级,初始化活动记录 ard,用 allop 记住函数指令的起始位置。

@INSERTI$_{\downarrow i, \text{vartable1}}$:回填形参数。

@ALLOCATE$_{\uparrow \text{allop}}$:产生申请活动记录的指令,但大小此时不能填,所以前面用 allop 记住指令的位置。

@ALLO$_{\downarrow \text{allop},\text{ard}}$:回填活动记录大小。

@STO$_{\downarrow i}$:按形参声明的逆序产生存储形参的指令。

@INARD$_{\downarrow n,t,\text{ard}}$:将形参 n 填符号表,根据类型 t 分配空间,并计算活动记录 ard 的大小。

9.10.4　返回语句和过程终止语句

不管是通过返回语句或是通过过程体的出口来返回主调程序,与过程结束有关的语义动作有下列几种。

(1) 如果过程是函数过程,则发送一条指令将返回值存入操作数栈或运行中为该函数预先分配的结果单元中;

(2) 发送一条将返回地址压入操作数栈栈顶的指令;

(3) 发送一条删除被调用过程的活动记录的指令;

(4) 发送无条件转移操作数栈栈顶所指地址的指令,从而返回到调用过程的调用点的下一条指令。

在返回语句或过程终止语句的属性翻译文法中,动作比较简单,此处不再讨论。

9.11　语义分析及代码生成实现

在前面介绍各种语句的属性翻译文法的处理时,已经给出了各语句的实现程序。我们仍采用递归下降分析法。在第 4 章中,已介绍了 TEST 语言的语法分析,用本章给出的各语句程序替换语法分析对应的同名函数程序,即可将语法分析改为语义分析和代码生成程序。另外,TESTparse 过程也进行了修改,包括语义错误报告。这样,TESTparse 程序同时完成语法分析、语义分析和代码生成,完整的 TESTparse 编译程序见附录 D。

9.12　错　误　处　理

为了简化起见,在 TEST 编译程序中没有进行复杂的错误处理。在语法和语义分析中,一旦遇到语法或语义错误,则停止编译,立即返回,并报告发生的错误。

在实际的编译程序中,错误处理要复杂得多。一般来讲,发现错误后,不仅要报告,还要进行适当处理,改正错误或局部化处理。目前,多数编译器在报告错误时,不仅要指出错误性质,还应报告错误发生的位置(行号),给出错误解释,以便修改程序。一个好的编译程序对错误的处理应包含下面几点。

(1) 错误改正。根据语法规则对程序的意图进行猜测,试图改正错误,但实现有很大难度。

例如,A[X][Y=D+C 可改成 A[X][Y]=D+C,而 A=B-C∗D+E) 少"(",但将"("放在何处很难判断,所以目前的编译器都没有实现错误改正。

(2) 错误局部化处理。尽可能将错误限制在一个局部范围(语法单位)内。如发现错误,则立即跳过错误所在的语法单位,继续分析。一般来说可以认为一个句子是一个语法单位。

(3) 遏止重复的错误信息。若标识符未声明,后面每一次引用标识符都会报错,这类错误只需报告一次,不应重复。

习　　题

1. 扩充 TEST 语言属性文法，加入<do_stat>，其属性文法如下：

<do_stat>::=do(<statement>)while(<expression>);

<do_stat>::=do @SETlabel$_{\downarrow label1}$

$\quad\quad\quad\quad$(<statement>)while(<expression>);

$\quad\quad\quad\quad$@BRF$_{\uparrow label2}$@BR$_{\downarrow label1}$@SETlabel$_{\downarrow label2}$

动作解释如下：

(1) @SETlabel$_{\downarrow label1}$：设置标号 label1；

(2) @BRF$_{\uparrow label2}$：输出 BRF label2；

(3) @SETlabel$_{\downarrow label2}$：设置标号 label2。

编程实现<do_stat>的翻译。

2. 为 TEST 语言构造 select-case 语句的属性翻译文法，并给出所有动作解释。

3. 为 TEST 语言构造逻辑表达式的属性翻译文法，并给出所有动作解释。

4. 为采用引用参数传递机制的函数过程构造属性翻译文法，并给出所有动作解释。

第10章 代码优化

所谓代码优化,是指编译程序为了生成高质量的目标程序而做的各种加工和处理。而高质量的目标程序是指对同一源程序在运行时所占的内存空间较小,且在同一台机器上运行时间也较短的目标程序。代码优化并不能保证得到的目标代码是最优的,而只能是相对较优的。优化的原则是:在编译阶段能够计算的量绝不留到运行时刻去做;能够在外层循环中计算的量绝不放到内层去做;能够共用存储单元(寄存器)的尽量共用。优化可在编译的各个阶段进行,最主要的时机是在语法和语义分析生成中间代码之后,在中间代码上进行。这一类优化不依赖于具体的计算机,而取决于语言的结构。另一类优化则是在生成目标程序时进行的,它在很大程度上与具体的计算机有关,主要包括寄存器的优化、多处理机的优化、特殊指令的优化和冗余代码的消除等几类。由于与机器相关的优化涉及具体的机器,所以本书不做介绍。对独立于机器的代码优化,根据所涉及的程序范围,可分为以下3种优化方法。

(1)局部优化。是指在只有一个入口和一个出口,且语句为顺序执行的程序段上所进行的优化。这种程序段,称为基本块。将基本块作为优化要考虑的主要范围为优化决策提供了基础,在一般情况下,将会产生更高质量的代码。

(2)循环优化。是对循环语句所生成的中间代码序列所进行的优化处理,这类优化包括外提不变表达式、强度削弱和删除归纳变量。

(3)全局优化。是在非线性程序段上的优化。因为程序段是非线性的,因此需要分析程序的控制流和数据流,处理比较复杂。

本章只介绍比较容易实现的局部优化和循环优化。

10.1 局部优化

局部优化是指局部范围内的优化。这个"局部范围"是指基本块,即只有一个入口和一个出口且语句为顺序执行的程序段。局部优化就是把程序划分为若干个"基本块",优化的工作分别在每个基本块内进行。由于这类优化是在顺序执行的线性程序段上进行的,不存在转进转出、分叉汇合等问题,所以处理起来比较简单。本节主要介绍如何划分基本块及在基本块上可进行的常用优化技术。

10.1.1　基本块的划分

所谓基本块，是指程序中一组顺序执行的语句序列，其中只有一个入口和一个出口。执行时只能从其入口进入，从其出口退出。基本块内的语句要么都被执行，要么都不执行。

考虑如下的程序段：

```
a=10;
b=a * 10;
c=a+b;
```

这是三条顺序执行的语句，显然，这三个语句形成了一个基本块。

再看下面的程序段：

```
a=0;
b=2;
if(b>0)a=b * a;          //出口1
else a=a/b;              //出口2
```

这段程序有一个入口、两个出口，所以不是一个基本块。

为了能将程序划分成基本块，程序中就不能有多出口语句，因此，直接从高级语言的语句上不好划分基本块。由于优化主要是在中间代码上进行，所以要以一种中间代码——四元式的程序为例来介绍优化技术。

对于一个给定的四元式程序，可以将它分成若干基本块。下面给出划分基本块的算法。

（1）确定各基本块的入口，其原则如下：

① 程序的第1条语句是一个基本块的入口；

② 由控制语句所转向的语句是一个基本块的入口；

③ 紧跟在条件转移语句之后的语句是一个基本块的入口。

（2）对每一个入口语句，确定其所属的基本块范围。它是由该入口语句到下一个入口语句之前，或到一个转移语句（包括该转移语句），或到一个停语句（包括停语句）之间的语句序列组成的。

（3）执行上述两步后，凡未包含在任何基本块中的语句，都是控制流程不可到达的语句。这些语句不会被执行，故应该删除。

【例10-1】　对下段程序划分基本块。

（1）（＝,100,　,a）

（2）（＞,a,5,c）

（3）（bf,c,　,6）

（4）（－,a,1,a）

（5）（br,2,　,　）

（6）（＝,10,　,c）

解：根据划分基本块的算法，

由步骤(1)的①确定(1)是入口语句；

由步骤(1)的②确定(2)和(6)也是入口语句；

由步骤(1)的③确定(4)也是入口语句；

由步骤(2)，可以求出各个基本块，如图10-1所示。

从图10-1中可看出，该段程序可划分成4个基本块 B_1、B_2、B_3 和 B_4，而且各基本块之间通过一些有向边连接起来，这种有向图称为程序流图。每个流图以基本块为结点，而且为了进行控制流分析，把控制信息加到了基本块集合上，形成了程序的有向图。在程序流图中，将程序的第一条语句所在的基本块作为流图的首结点。结点之间的有向边代表控制流，也就是说，如果在某个执行顺序中，基本块 B_2 紧随在基本块 B_1 之后，则从 B_1 到 B_2 有一条有向边。如果从结点 B_1 的最后一条语句有条件或无条件地控制转移到结点 B_2 的第一个语句，或者按程序语句顺序，结点 B_2 紧随结点 B_1 之后，且 B_1 的最后一条语句不是一个无条件转移语句，则称 B_1 是 B_2 的前驱，B_2 是 B_1 的后继。

在图 10-1 中，B_1 是首结点，B_1 的后继是 B_2，B_2 的后继是 B_3 和 B_4，B_3 的后继是 B_2，B_2 的前驱是 B_1 和 B_3，B_3 的前驱是 B_2，B_4 的前驱是 B_2。

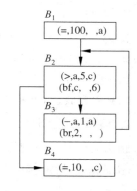

图 10-1　基本块划分示例

10.1.2　基本块的优化技术

1. 常数合并

常数合并是将能在编译时计算出值的表达式用其相应的值替代。如果在编译时，编译程序能知道一个表达式的所有操作数的值，则此表达式就可由其计算出的值替代。

例如，有如下程序段：

```
x=3.14*2
y=2*5*a;
z=x+1;
```

转换成四元式为：

```
(*,3.14,2,t₁)
(=,t₁,  ,x)
(*,2,5,t₂)
(*,t₂,a,t₃)
(=,t₃,  ,y)
(+,x,1,t₄)
(=,t₄,  ,z)
```

通过常数合并后的代码如下：

```
(=,6.28,  ,x)
(*,10,a,y)
```

```
(=,7.28,  ,z)
```

常数合并是一种主要的局部优化技术，它能很容易地在基本块内进行。在中间代码生成阶段，可利用变量的符号表来实现常数合并，只需在符号表中增加如下的信息域：

（1）标志域，它指明当前是否存在与该变量相关联的常数；

（2）常数域，如果常数存在，则该域存放的即是与该变量相关联的当前常数值。

2. 删除无用赋值

删除无用赋值或删除无用代码是指在程序中有些变量的赋值对程序运行结果没有任何作用，对这些变量赋值的代码可以删除。例如，有如下程序段：

```
x=2+a;
y=2+b;
x=2 * a * b;
y=x * y;
```

其中，第一条语句对 x 的赋值属于无用赋值，应该删除。

3. 冗余子表达式的消除

消除冗余子表达式的含义是：一旦计算出了一个表达式，则可重复使用它，而不必重复地对它进行计算。这样，当最终执行程序时将能减少运算次数。例如，有如下程序段：

```
(1)   a=b+c;
(2)   b=a-d;
(3)   c=b+c;
(4)   d=a-d;
```

其中，语句（2）和语句（4）是对相同表达式求值，因为语句（2）和语句（4）的 a 和 d 没有变化，故应优化为：

```
(1)   a=b+c;
(2)   b=a-d;
(3)   c=b+c;
(4)   d=b;
```

注意：虽然消除冗余子表达式只限在一个基本块内，但由于基本块可以包括改变变量值的赋值语句，而该变量可能会作为操作数在这一基本块的后一部分出现，因此，仅仅识别出句法上相同的表达式是不够的，还必须考虑到在同一块内的前后运算中操作数的值是否有改变。例如，上例中的语句（1）和语句（3），右边的表达式相同，但因在语句（1）和语句（3）之间，语句（2）改变了 b 的值，因此，语句（3）右边的表达式不是冗余表达式。

10.1.3　基本块的 DAG 表示

为了便于对基本块进行优化，使用 DAG(Directed Acyclic Graph，无回路有向图)来表示程序流图。在一个有向图中，从结点 n_i 到结点 n_j 的有向边用 $n_i \rightarrow n_j$ 表示，若存在有向边序列 $n_1 \rightarrow n_2$、$n_2 \rightarrow n_3$、…、$n_{k-1} \rightarrow n_k$，则称结点 n_1 到结点 n_k 之间存在一条路径，或称 n_1

与 n_k 是连通的。路径上有向边的个数称为路径的长度。如果存在一条路径,其长度≥2,$n_i \rightarrow \cdots \rightarrow n_j$,且 $n_i = n_j$,则称该路径是一个环路。如果有向图中的任一路径都不是环路,则称该有向图为无环路有向图。图 10-2 是一个带环路的有向图,图 10-3 是一个无环路有向图。

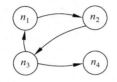

图 10-2 带环路有向图

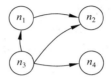

图 10-3 无环路有向图

因为基本块由顺序执行的一系列语句组成,所以,基本块可用一个无环路有向图(DAG)来表示,但图中的各个结点需按如下方式进行标记。

(1) 叶结点用变量名或常数做标记,以表示该结点代表此变量或常数之值。如果叶结点用来代表一个变量 A 的地址,则用 $\mathrm{addr}(A)$ 作为该结点的标记。

(2) 内部结点都用一个运算符作为标记,表示该结点代表应用该运算符对其直接后继结点进行运算得到的结果。

(3) 各结点上还可附加一个或多个标识符,附加在同一个结点上的这些标识符都具有该结点所代表的值。

按照上述方法,对一个无环路有向图中的每个结点加上相应的标识,就构成了一个DAG,所以,一个基本块的 DAG 是一种结点带有附加信息的无环路有向图。表 10-1 列出了各种四元式及相对应的 DAG 的结点形式。表中 n_i 为结点编号,结点下面的符号是各结点的标记(如运算符、变量名、常数),结点右边的符号是结点的附加标识符。一个基本块可用一个 DAG 表示,表 10-1 列出了一些常用语句的 DAG 表示。

为了便于介绍,把表 10-1 中的各种形式的四元式分成了 0 型、1 型、2 型、3 型和 4 型共 5 种类型。下面给出仅含 0 型、1 型和 2 型四元式的基本块的 DAG 构造算法。

假设 DAG 各结点信息采用某种适当的数据结构(如链表)来存放,并建立一个标识符(包括常数)与结点的对应表。定义一个函数 NODE(A)用于描述这种对应关系,函数值或者是一个结点的编号 n,说明 DAG 中存在着以 A 为标记的结点 n;或者是无定义(记作 NODE(A)=NULL),说明 DAG 中尚无以 A 标记的结点。

基本块的 DAG 构造算法如下,设 n 的初值为 0。

(1) 若 NODE(B)=NULL,则建立一个以 B 为标记的叶结点,并记 NODE(B)=n。根据下列情况,做不同的处理:

① 若当前四元式是 0 型,则转(4);

② 若当前四元式是 1 型,则转(2)中①;

③ 若当前四元式是 2 型,且如果 NODE(C)=NULL,则构造一个标记为 C 的结点,并定义 NODE(C)=n;否则转(2)中②。

(2) 根据下列情况,做不同的处理:

① 若 NODE(B)是以常数标记的叶结点,转(2)中③,否则,转(3)中①;

② 若 NODE(B)和 NODE(C)都是以常数标记的叶结点,转(2)中④,否则,转(3)中②;

表 10-1　常用四元式语句的 DAG 表示

类型	四元式	DAG 结点	说　明
0 型	$(=,B,,A)$	n_1 标记 A,B	把 B 赋给变量 A,即 A、B 具有同样的值。无条件转向语句也可这样表示
1 型	$(OP,B,,A)$	n_2 标记 A，OP 指向 n_1 标记 B	OP 是单目运算符,与 0 型类似
2 型	(OP,B,C,A)	n_3 标记 A，OP，左 n_1 标记 B，右 n_2 标记 C	B、C 为两个叶结点,OP 为运算符,运算结果赋给内部结点右边的标记 A
3 型	$(=[],B,C,A)$	n_3 标记 A，=[]，左 n_1 标记 B，右 n_2 标记 C	B 是数组,C 是数组下标地址,$=[]$ 表示对数组 B 中下标变量地址为 C 的元素进行运算,结果赋给变量 A
4 型	$(JROP,B,C,(s))$	n_3 标记 (s)，JROP，左 n_1 标记 B，右 n_2 标记 C	运算的结果将转向内部结点右边标出的语句(s)

③ 执行 OP B(即合并已知量),令得到的新常数为 P。若 NODE(B)或 NODE(C)是处理当前四元式新建立的结点,则应予以删除;若 NODE(P)＝NULL,则建立以常数 P 为标记的结点 n,置 NODE(P)＝n,转(4);

④ 执行 B OP C(即合并已知量),令得到的新常数为 P。若 NODE(B)或 NODE(C)是处理当前四元式新建立的结点,则应予以删除;若 NODE(P)＝NULL,则建立以常数 P 为标记的结点 n,置 NODE(P)＝n,转(4)。

(3) 处理如下。

① 检查 DAG 中是否有标记为 OP 且以 NODE(B)为唯一后继结点(即查找公共子表达式)。若有,则把已有的结点作为它的结点并设该结点为 n;若没有,则构造一个新结点 n,转(4)。

② 检查 DAG 中是否有标记为 OP,且其左右后继分别为 NODE(B)及 NODE(C)的结点(即查找公共子表达式)。若有,则把已有的结点作为它的结点并设该结点为 n;若没

有,则构造一个新结点 n,标记为 OP,左右后继分别为 B 和 C,转(4)。

(4) 若 NODE(A)=NULL,则把 A 附加到结点 n,并令 NODE(A)=n,转(4);否则,先从 NODE(A)的附加标识集中将 A 删去(注意,若 NODE(A)有前驱或 NODE(A)是叶结点,则不能将 A 删去),然后再把 A 附加到新的结点 n,并令 NODE(A)=n。

【例 10-2】 设有基本块如下:

```
(1) (=,3.14,  ,T₁)
(2) (*,2,T₁,T₂)
(3) (+,R₁,R₂,T₃)
(4) (*,T₂,T₃,A)
(5) (=,A,  ,B)
(6) (*,2,T₁,T₄)
(7) (+,R₁,R₂,T₅)
(8) (*,T₄,T₅,T₆)
(9) (-,R₁,R₂,T₇)
(10) (*,T₅,T₇,B)
```

用基本块的 DAG 构造算法构造该基本块的 DAG。

解:构造 DAG 的过程如下,设 $n=0$。

对四元式(=,3.14,　,T_1),根据算法第(1)步,因 NODE(3.14)=NULL,建立标记为 3.14 的结点 n_1,因为是 0 型,利用算法的第(1)步中①,NODE(3.14)=n_1,转第(4)步,因为 NODE(T_1)=NULL,所以将 T_1 附加到结点 n_1 上,并令 NODE(T_1)=n_1。构成的 DAG 如图 10-4(a)所示。

对四元式(*,2,T_1,T_2),利用算法的第(1)步,因 NODE(2)=NULL,建立标记为 2 结点 n_2;因为四元式是 2 型,转第(1)步中③;因 NODE(T_1)=n_1,转第(2)步中②;因为结点 n_1 和 n_2 都标记为常数的叶结点,所以转第(2)步中④,执行 3.14*2 得 P=6.28,因 n_2 是新建结点,删除 n_2,因为 NODE(6.28)=NULL,又建标记为 6.28 的结点 n_2,置 NODE(6.28)=n_2,转第(4)步;因 NODE(T_2)=NULL,所以将 T_2 附加到结点 n_2 上。构成的 DAG 如图 10-4(b)所示。

对四元式(+,R_1,R_2,T_3),利用算法的第(1)步,因 NODE(R_1)无定义,建立标记为 R_1 结点 n_3,因为四元式是 2 型,转第(1)步中③;因 NODE(R_2)=NULL,建立标记为 R_2 结点 n_4,转第(2)步中②;因为结点 n_3 和 n_4 都不是常数叶结点,所以转第(3)步中②;DAG 中没有标记为 + 且其左右后继结点为 R_1 和 R_2 的结点,所以,构造新结点 n_5 标记为 +,左右后继分别为 n_3 和 n_4,转第(4)步,因 NODE(T_3)为空,所以将 T_3 附加到结点 n_5 上,NODE(T_3)=n_5。构成的 DAG 如图 10-4(c)所示。

对四元式(*,T_2,T_3,A),利用算法的第(1)步,因 NODE(T_2)=n_2,四元式是 2 型,NODE(T_3)=n_5,转第(2)步中②;因 n_5 不是常数结点,转第(3)步中②;DAG 中没有标记为 * 且其左右后继结点标记为 T_2 和 T_3 的结点,所以,构造新结点 n_6 标记为 *,左右后继分别为 n_2 和 n_5,转第(4)步,因 NODE(A)为空,所以将 A 附加到结点 n_6 上,NODE(A)=n_6。构成的 DAG 如图 10-4(d)所示。

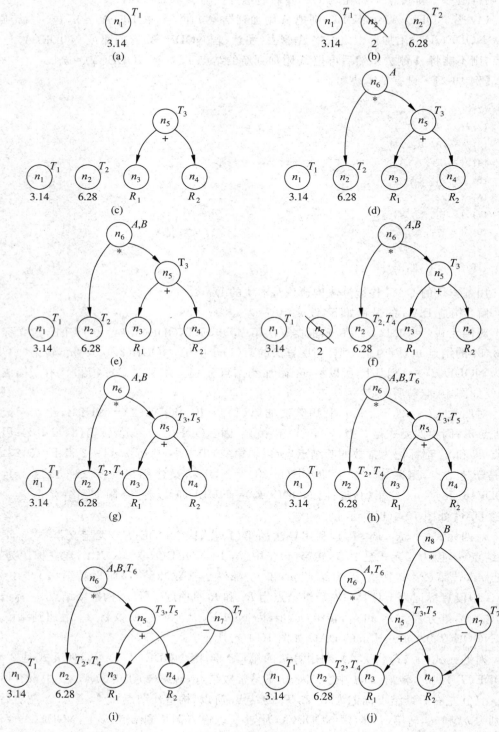

图 10-4　基本块的 DAG

对四元式 $(=, A, \quad , B)$，根据算法第(1)步中①，$NODE(A) = n_6$，转第(4)步，因为 $NODE(B) = NULL$ 为空，所以将 B 附加到结点 n_6 上。构成的 DAG 如图 10-4(e) 所示。

对四元式 $(*, 2, T_1, T_4)$，利用算法的第(1)步，因 $NODE(2)$ 无定义，建立标记为 2 结点 n_7；因为四元式是 2 型，转第(1)步中③；因 $NODE(T_1) = n_1$，转第(2)步中②；因为结点 n_1 和 n_7 都标记为常数的叶结点，所以转第(2)步中④，执行 $3.14 * 2$ 得 P=6.28，因 n_7 是新建结点，删除 n_7，$NODE(6.28) = n_2$，转第(4)步；因 $NODE(T_4) = NULL$，所以将 T_4 附加到结点 n_2 上，置 $NODE(T_4) = n_2$。构成的 DAG 如图 10-4(f) 所示。

对四元式 $(+, R_1, R_2, T_5)$，利用算法的第(1)步中③，转第(2)步中②：因 $NODE(R_1)$ 和 $NODE(R_1)$ 不是常数结点，转第(3)步中②；因为有结点 n_5 标记为 +，且其左右后继分别标记为 R_1 及 R_2，即检查出冗余表达式，所以，$n = n_5$，转第(4)步；因 $NODE(T_5) = NULL$，所以将 T_5 附加到 n_5 结点上。构成的 DAG 如图 10-4(g) 所示。

对四元式 $(*, T_4, T_5, T_6)$，利用算法的第(1)步中③，因 $NODE(T_4) = n_2$，四元式是 2 型，$NODE(T_5) = n_5$，转第(2)步中②；因 n_5、n_2 不都是常数结点，转第(3)步中②；DAG 中有标记为 * 的结点 n_6 且其左右后继结点标记为 T_4 和 T_5，即检查出冗余表达式，所以，$n = n_6$，转第(4)步；因 $NODE(T_6)$ 为空，所以将 T_6 附加到结点 n_6 上，$NODE(T_6) = n_6$。构成的 DAG 如图 10-4(h) 所示。

对四元式 $(-, R_1, R_2, T_7)$，利用算法的第(1)步，因 $NODE(R_2) = n_3$，四元式是 2 型，$NODE(R_2) = n_4$，转第(2)步中②；因 n_3、n_4 不是常数结点，转第(3)步中②；DAG 中没有标记为 - 且其左右后继结点标记为 R_1 和 R_2 的结点，所以，构造新结点 n_7 标记为 -，左右后继分别为 n_3 和 n_4，转第(4)步；因 $NODE(T_7)$ 为空，所以将 T_7 附加到结点 n_7 上，$NODE(T_7) = n_7$。构成的 DAG 如图 10-4(i) 所示。

对四元式 $(*, T_5, T_7, B)$，利用算法的第(1)步中③，因 $NODE(T_5) = n_5$，四元式是 2 型，$NODE(T_7) = n_7$，转第(2)步中②；因 n_5、n_7 不都是常数结点，转第(3)步中②；DAG 中没有标记为 * 且其左右后继结点标记为 T_5 和 T_7 的结点，所以，建新结点 n_8，转第(4)步；因 $NODE(B) = n_6$，因 n_6 没有前驱，也不是叶结点，所以将 B 从结点 n_6 的附加标识符集中去掉，附加到结点 n_8 上，并设 $NODE(B) = n_8$。构成的 DAG 如图 10-4(j) 所示。

10.1.4 基本块优化的实现

将四元式表示成相应的 DAG 后，就可以利用 DAG 对基本块进行优化。实际上，在对基本块执行算法 2 的过程中，已经完成了对基本块进行优化的一系列准备工作。从例 10-2 的 DAG 构造过程中，可进行下列优化。

(1) 对于任何一个四元式，如果参与运算的对象都是常数或编译时的已知量，则在算法的第(2)步，将直接执行此运算，并产生以运算结果为标记的叶结点，而不再产生执行运算的内部结点(见图 10-4(b) 和图 10-4(f))。所以算法的第(2)步进行了常数合并的优化。

(2) 对于执行同一运算四元式的多次出现，仅对第一次出现的四元式产生执行此运算的内部结点，而对以后出现的四元式只把那些被赋值的变量标识符附加到该结点上(见图 10-4(g) 和图 10-4(h))。所以算法的第(3)步起到了检查冗余子表达式的作用，这样可以删除冗余子表达式。

（3）对于在基本块内已被赋值的变量，如果在它被引用之前又被再次赋值，则根据算法的第（4）步，把该变量从具有前一个值的结点上删除（见图 10-4(j)）。算法的第（4）步起到删除无用赋值的优化作用。

由此可见，在一个基本块使用 DAG 构造算法生成相应的 DAG 的过程中，同时进行了一些基本块的优化工作。然后，可以利用这样的 DAG，重新生成原基本块的一个优化的四元式序列。按照图 10-4(j) 的 DAG 的结点顺序，优化后生成的程序如下：

(1) $(=, 3.14, \quad, T_1)$
(2) $(=, 6.28, \quad, T_2)$
(3) $(=, 6.28, \quad, T_4)$
(4) $(+, R_1, R_2, T_3)$
(5) $(=, T_3, \quad, T_5)$
(6) $(*, 6.28, T_3, A)$
(7) $(=, A, \quad, T_6)$
(8) $(-, R_1, R_2, T_7)$
(9) $(*, T_5, T_7, B)$

将优化后的程序与优化前的对比，可以看出原来四元式（2）和（6）的已知量在优化后的程序中已经合并，原四元式（3）和（7）的表达式 $R_1 + R_2$ 在新程序中只在四元式（4）计算了一次，原来的四元式（5）属于无用赋值，在优化后的程序中去掉了。

显然，在对一个基本块按 DAG 构造算法构造该基本块的 DAG 后，还可以得到下列信息。

（1）在基本块外被定值并在基本块内被引用的所有变量，是作为叶结点上标记的那些变量，如图 10-4(j) 中的 R_1 和 R_2；

（2）在基本块内被定值且该值能在基本块后面被引用的所有变量，是 DAG 各结点上的附加标识符，如图 10-4(j) 中的 A、B 和 T_1、T_2、…变量。

这些信息可用于循环优化和全局优化。

10.2 循环内的优化

循环是程序中的重要的数据结构，程序中常有循环出现，程序运行时花费在循环上的时间往往占整个运行时间的很大部分，因此，对循环的优化是提高程序运行效率的重要途径。简单循环的机制会因语言而异。有的循环体总是至少执行一次，有的循环可执行零次或多次。另外，对于循环控制参数也会有不同的限制，这些都必须在循环优化技术中予以考虑。在某些语言中，在循环体内改变循环变量是非法的，但在另一些语言中，这样的改变却是合法的，如 Visual Basic 就允许改变循环变量。

10.2.1 循环结构的定义

为了进行循环内的优化，首先就要查找程序中的循环。通常人们把循环理解为程序中一段可重复执行的代码，但按照这种理解去查找程序中的循环来进行优化很不方便。

在 10.1.1 节中已介绍了基本块的划分,同时也介绍了程序流图。有了程序流图,就可以给出循环结构的定义。

在程序流图中,具有下列性质的结点序列构成一个循环。

(1) 这组结点是强连通的。即组内任意两个结点之间必有一条通路,特别是当这组结点仅含一个结点时,必有一条从该结点到自身的有向边。

(2) 在这组结点中,只有一个结点是入口结点。入口结点是指序列外的某结点有一条有向边指向的序列内的结点。入口结点就是程序流图的首结点。

简单地说,循环就是程序流图中具有唯一入口结点的强连通子图。从循环外要进入循环,首先必须经过循环的入口结点。

观察图 10-5 中的程序流图,根据定义,结点序列 $\{6\}$、$\{4,5,6,7\}$ 和 $\{2,3,4,5,6,7\}$ 都是循环;而结点序列 $\{2,4\}$、$\{2,3,4\}$、$\{4,6,7\}$ 和 $\{4,5,7\}$ 虽然都是强连通的,但因为它们的入口结点不唯一;如对序列 $\{2,3,4\}$,有序列外的结点 1 和结点 7 分别指向结点 2 和结点 4,所以,这些结点序列不能构成循环。

由此可见,构成循环必须具备两个条件,这两个条件实际上规定了程序流图中构成循环的一组结点应满足的控制关系。

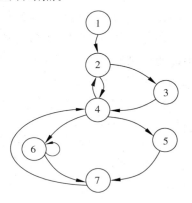

图 10-5 程序流图

10.2.2 循环的查找

为了找出程序流图中的循环,需要分析流图中结点的控制关系。为此,引入必经结点和必经结点集的定义。

在程序流图中,如果从首结点出发到达某一结点 n 的所有通路都经过结点 t,则称 t 是 n 的必经结点,记作 $t\ \mathrm{DOM}\ n$。程序流图中结点 n 的所有必经结点组成的集合称为结点 n 的必经结点集,记作 $D(n)$。程序流图中的每个结点都是它自己的必经结点,而循环入口结点肯定是该循环内的每个结点的必经结点。

如果将 DOM 看成流图结点集上的一个二元关系,则 DOM 具有如下性质。

(1) 自反性:$a\ \mathrm{DOM}\ a$。

(2) 传递性:若 $a\ \mathrm{DOM}\ b,b\ \mathrm{DOM}\ c$,则 $a\ \mathrm{DOM}\ c$。

(3) 反对称性:若 $a\ \mathrm{DOM}\ b,b\ \mathrm{DOM}\ a$,则 $a=b$。

对于图 10-5 中的 7 个结点,其必经结点集分别为:

$D(1)=\{1\}$

$D(2)=\{1,2\}$

$D(3)=\{1,2,3\}$

$D(4)=\{1,2,4\}$

$D(5)=\{1,2,4,5\}$

$D(6)=\{1,2,4,6\}$

$D(7) = \{1, 2, 4, 7\}$

查找程序流图中循环的方法是利用已经求得的必经结点集，求得流图中的回边，再利用回边就可找出流图中的循环。

回边的定义：假设 t 是结点 n 的必经结点（t DOM n），若在流图中存在着从 n 到 t 的有向边（n DOM t），则称 $n{\rightarrow}t$ 是流图中的一条回边。

从图 10-5 的程序流图中可以看出：有向边 $6{\rightarrow}6$、$7{\rightarrow}4$、$4{\rightarrow}2$ 是回边，因为有 6 DOM 6、4 DOM 7、2 DOM 4。

下面给出利用回边查找循环的方法。

设 $n{\rightarrow}t$ 为一回边，则在程序流程图中，结点 n 和 t 以及那些不经过 t 而能到达 n 的所有结点一起构成了流图中的一个循环。其中结点 t 是该循环的唯一入口结点，结点 n 是它的一个出口。

对于图 10-5 的流图，根据已经求得的回边和查找循环的方法，可分别求得流图中包含各回边的循环如下：

包含回边 $6{\rightarrow}6$ 的循环是结点序列$\{6\}$；

包含回边 $7{\rightarrow}4$ 的循环是结点序列$\{4, 5, 6, 7\}$；

包含回边 $4{\rightarrow}2$ 的循环是结点序列$\{2, 3, 4, 5, 6, 7\}$。

10.2.3   循环优化的实现

在找出程序流图的循环之后，就可以针对循环进行优化工作。循环优化在整个代码优化中占有重要的地位，因为与其他优化相比，循环优化的效果往往更加显著。下面介绍循环优化的三种主要技术：外提循环中的不变表达式、削减运算强度及删除归纳变量。

1. 外提循环中的不变表达式

所谓外提循环中的不变表达式，是指该表达式的值不随循环的重复执行而改变。对于这样的表达式，可以将它提到循环的前面。把不变表达式外提后，程序的执行顺序有所改变，但程序的运行结果仍保持不变，更重要的是提高了运行速度。为了实现循环中不变表达式的外提，需解决如下三个问题：

（1）如何查找循环中的不变表达式；

（2）找到的不变表达式是否可以外提；

（3）把不变表达式提到循环外什么地方。

在给出查找循环中不变表达式和外提不变表达式的方法之前，首先介绍一些相关概念。

（1）变量的"定值点"是指在四元式序列中变量被赋值或输入值的某一四元式的位置。

（2）变量的"引用点"是指在四元式序列中变量被引用的某一四元式的位置。

（3）"定值到达点"是指变量在某点定值后到达的一点。在流图上，此通路上没有该变量的其他定值。

（4）"活跃变量"是指在流图中，从某一点 P 出发的通路上有该变量的引用点，则称变量在 P 点是活跃的。

(5)"循环的前置结点"是指在循环的入口结点前面建立一个新结点(基本块)。循环前置结点以循环入口结点为其唯一后继,原来流图中从循环外引到循环入口结点的有向边,改成引到循环前置结点。

有了相关概念后,下面给出查找循环中不变表达式的算法。假定 L 为所要处理的循环。

(1)依次查看 L 中的每一个四元表达式。如果它的各运算对象为常数,或者是定值点在 L 之外的变量,则将此四元式标记为"不变运算"。

(2)重复第(3)步,直到没有新的四元式被标记为止。

(3)对于 L 中尚未标记的四元式,若它的各运算对象为常数,或者是定值点在 L 之外的变量,或者只有一个"到达一定值点"且该点上的四元式以被标记为"不变运算",则被查看的四元式标记为"不变运算"。

经过上述算法后, L 中已经被标记的所有四元式即为所要查找的不变运算,即不变表达式。

由于规定了每个循环只有唯一的入口,这就为外提不变表达式提供了一个唯一的位置,这个位置就是在循环的入口结点之前。在实际代码外提时,在循环的入口结点之前建立一个新结点(基本块),称为前置结点。此结点以循环的入口结点为其唯一的直接后继。原来流图中从循环外引向循环入口结点的有向边,改成引向循环的前置结点(如图 10-6 所示)。这样,循环中所有可以外提的不变表达式都可移到循环的前置结点中。

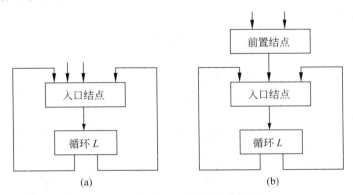

图 10-6　在循环 L 前设置前置结点

考虑如下程序,其程序流图如图 10-7 所示。

```
        A=0;
        i=1;
L1: B=j+1;
        C=B+i;
        A=C+A;
        if i=100 goto L2;
        i=i+1;
        goto L1;
    L2: …
```

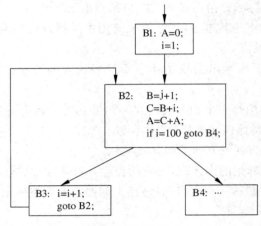

图 10-7　程序流图

观察图 10-7 所示的流图，其中 B3→B2 是一条回边且 B2 DOM B3，所以{B2,B3}构成一个循环，B2 是循环的入口结点。在这个循环中，B2 中的语句 B＝j＋1，由于循环内没有对 j 定值，所以 j 的所有引用的定值点都在循环外，它是循环的不变表达式，可提到前置结点 B0 中，如图 10-8 所示。

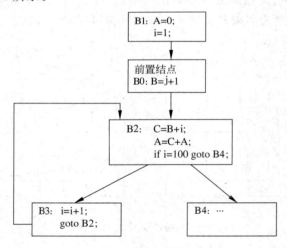

图 10-8　外提不变表达式

是否任何情况下，都可以把不变表达式外提呢？答案是不一定，为了说明这一问题，观察图 10-9 的程序流图。

其中，结点集{B2,B3,B4}构成一个循环，B2 是循环的入口结点，B4 是循环的出口结点（即该结点有一条有向边指向循环外的结点）。B3 中 i＝2 是循环不变表达式，那么 i＝2 是否可以外提呢？

在这段程序中，变量 j 的值与 x、y 的取值有关。

如果 x＝10，y＝20，那么执行路径为 B2→B3→B4→B5，j＝2；

如果 x＝30，y＝22，则执行路径为 B2→B4→B2→B4→B5，j＝1；

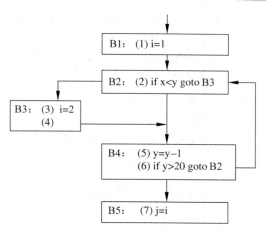

图 10-9　程序流图一

如果将 B3 中的不变表达式 i＝2 外提到 B2 之前，B1 之后，则不论 x、y 取何值，j 的值始终是 2，显然，这样一来就改变了原来程序的运行结果，因此，不变表达式 i＝2 不能外提。其原因就在于 B3 不是循环出口结点的必经结点，且当循环退出时，变量 i 在出口结点 B4 的后继结点 B5 中是活跃的。

但是，当不变表达式所在的基本块是循环出口的必经结点时，该不变运算就一定能外提吗？答案仍是否定的。

假设将图 10-9 中的 B2 改为：

```
i=3
if x<y goto B3
```

此时，i＝3 是一个不变表达式，它所在的结点 B2 是循环出口 B4 的必经结点，但 i＝3 仍不能外提。这是因为循环中除 B2 有 i 的定值点外，B3 也对 i 定值。假定程序的执行路径为 B2→B3→B4→B2→B4→B5，如果 i＝3 不外提，到达 B5 时对 i 的值是 3，但如果外提，则到达 B5 时对 i 的值是 2，因此，不变表达式 i＝3 还是不能外提。

再看看图 10-10 的程序流图。

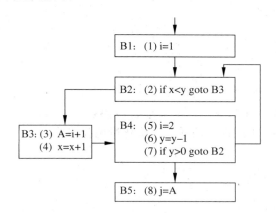

图 10-10　程序流图二

结点 B4 中的 i＝2 是循环不变变量，且 B4 是循环的唯一出口结点，同时循环中，除 B4 外没有 i 的其他定值点，但 i＝2 仍然不能外提。这是因为循环中 B3 有 i 的引用点，不仅 B4 中 i 的定值能到达，而且 B1 中 i 的定值也能到达。假定程序执行路径为 B2→B3→B4→B2→ B4→B5，则外提和不外提 i＝2 所求的 A 的值分别为 3 和 2，所以 i＝2 不能外提。

综上所述，给出不变表达式外提算法如下。

（1）求出循环 L 中的所有不变表达式。

（2）对求得的每个不变表达式 S（如 A＝B 或 A＝OP B 或 A＝B OP C），检查它是否满足以下条件①和②。

① 条件①包括以下 3 点。

    a. S 所在的结点是 L 的所有出口结点的必经结点。

    b. A 在 L 中其他地方未再定值。

    c. L 中所有 A 的引用点只有 S 中 A 的定值才能到达。

② A 在离开 L 之后，不再是活跃的（即 A 在 L 的任何出口结点的后继结点的入口处不是活跃的），并且条件①中的条件 b 和条件 c 成立。

（3）按不变表达式求得的顺序，依次把符合（2）的条件①或②的不变表达式 S 外提到 L 的前置结点中。如果 S 的运算对象（B 或 C）是在 L 中定值的，则只有当这些定值四元式都外提到前置结点中时，才能把 S 也外提到前置结点中。

2. 强度削弱

强度削弱优化技术是指将一种执行时间较长的运算用另一种需用较少执行时间的运算来代替，从而达到提高目标程序执行效率的目的。

在大多数计算机上，乘法运算比加法运算需用更多的执行时间，如果将某些乘法运算代之以加法运算，则可节省时间。另一个明显的可能进行强度削弱的形式是将计算 X^2 的函数调用代之以花时间较少的乘法，即计算 $X*X$。而正定点数的对于 2 的幂次方数的乘法和除法可通过移位操作来实现效率更高。

为了确定何时才能把强度削弱用于乘法运算，必须对表达式定位。一般能进行强度削弱的表达式形式为 $T＝K*I＋C$、$I＝I＋N$，其中 I 是递推变量，K、C 和 N 是循环不变量，且循环中没有其他的 T 的定值点，那么，T 与 I 为线性关系，可进行 $T＝T＋K$ 优化。例如，优化前的代码为：

```
    I=0;
L1: J=I*4;
    I=I+1;
    if I<100 goto L1;
```

对于语句 $J＝I*4$ 和 $I＝I＋1$，表示 J 的值呈线性关系 $J＝4*I$，因此，可用语句 $J＝-4$ 和 $J＝J＋4$ 代替，并将 $J＝-4$ 放置在循环前。优化后的代码为：

```
    I=0;
    J=-4;
L1: J=J+4;
    I=I+1;
    if I<100 goto L1;
```

3. 删除归纳变量

如果在循环 L 中对变量只有唯一的递归赋值 $I=I+C$，其中 C 为循环不变量，则称 I 为循环中的基本归纳变量。

如果 I 是循环中的一个基本归纳变量，而变量 $J=C1*I+C2$，其中 C1、C2 为循环不变量，则称 J 是归纳变量，且与 I 同族。一个基本归纳变量也是一个归纳变量，如果循环中的某个变量，其值随着循环的每次重复都是增加或减少某个固定的量，则这个变量就是循环的归纳变量。

由于在执行循环时，同族的各归纳变量的值同步变化，那么，当同族的归纳变量有多个时，就可以删除一些归纳变量的计算，从而提高目标程序的效率。

例如，有程序代码如下，该程序流图如图 10-11 所示。

```
       A=0;
       I=1;
L1:    B=J+1;
       C=B+I;
       A=C+A;
       if I=100 goto L2;
       I=I+1;
       goto L1;
L2: …
```

观察图 10-11 流图可知，{B2,B3} 是一个循环，该循环可进行以下优化。

首先外提不变表达式，B=J+1 是循环不变表达式，可外提。接下来删除归纳变量。

循环内，I 是基本归纳变量，C 是归纳变量，与 I 同族，且 C、I 的关系为 C=B+I。那么，I=100可用 C=B+100 代替，I=I+1 可用 C=C+1 代替，将新出现的不变表达式外提后，得到的流图如图 10-12 所示。

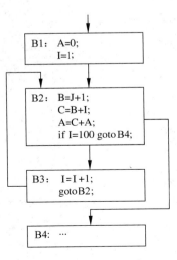

图 10-11   程序流图

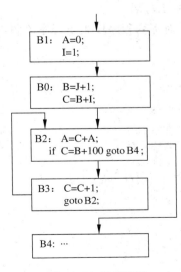

图 10-12   程序流图

　　删除归纳变量和强度削弱两种优化的处理可合在一起，下面给出进行强度削弱和删除归纳变量算法的主要步骤：

　　（1）根据循环不变运算信息，找出循环中所有的基本归纳变量；

　　（2）查找循环中其他归纳变量，并找出它们与同族基本归纳变量之间的线性关系；

　　（3）对于第（2）步找出的每个归纳变量进行强度削弱优化；

　　（4）删除对归纳变量的无用赋值；

　　（5）对某些基本归纳变量，如果它在循环中仅用于计算同族的归纳变量和控制循环（如上例中的 I），则可从同族的归纳变量中选取某个归纳变量来替换基本归纳变量进行条件控制（如上例中的 C），同时，从循环中删除对基本归纳变量递归赋值的代码。

习　　题

1. 对下列基本块应用 DAG 进行优化。

$(=,3,,B)$

$(+,A,C,D)$

$(*,A,C,E)$

$(+,D,E,F)$

$(*,B,F,G)$

$(+,A,C,H)$

$(*,A,C,I)$

$(+,H,I,J)$

$(*,B,5,K)$

$(+,K,J,L)$

$(=,L,,M)$

2. 对下列程序段画出程序流图，并进行循环优化。

```
    I=1;
    J=10;
    K=5;
L1: X=K*I;
    Y=J*I;
    Z=X*Y;
    I=I+1;
    if I<100 goto L1;
```

附录 A　TEST 语言文法规则

A.1　TEST 语言词法规则

TEST 语言的单词符号如下。

标识符。字母打头,后接字母数字,识别出的标识符用 ID 标记。

保留字(它是标识符的子集)。if、else、for、while、do、int、write、read 识别出的保留字直接用该保留字标记。

无符号整数。由数字组成,用 NUM 标记。

分界符。+、-、*、/、(、)、;、,、>、<、{、}、! 等单分界符,直接用单分界符标记。

　　　　>=、<=、!=、== 等双字符分界符,直接用双分界符标记。

注释符。用/ * 和 * /括起来。

为了从源程序字符流中正确识别出各类单词符号,相邻的标识符、整数或保留字之间至少要用一个空格分开。TEST 语言的各类单词符号的正则文法规则如下:

<identifier>::=<letter>|<identifier><letter>|<identifier><digit>

<number>::=<digit>|<number> <digit>

<letter>::=a|b|…|z|A|B|…|Z

<digit>::=1|2|…|9|0

<singleword>::=+|-| * |/|=|(|)|{|}|:|,|;|<|>|!

<doubleword>::=>=|<=|!=|==

<comment_first>::=/ *

<comment_last>::= * /

A.2　TEST 的语法规则

TEST 的语法规则如下。

(1) <program>::={<declaration_list><statement_list>}

(2) <declaration_list>::=<declaration_list><declaration_stat>|ε

(3) <declaration_stat>::=int ID;

(4) <statement_list>::=<statement_list><statement>|ε

(5) ＜statement＞∷＝＜if_stat＞|＜while_stat＞|＜for_stat＞|＜read_stat＞
　　　　　　　　|＜write_stat＞|＜compound_stat＞|＜expression_stat＞

(6) ＜if_stat＞∷＝if（＜expression＞）＜statement＞［else ＜statement＞］

(7) ＜while_stat＞∷＝while（＜expression＞）＜statement＞

(8) ＜for_stat＞∷＝for（＜expression＞,＜expression＞,＜expression＞）＜statement＞

(9) ＜write_stat＞∷＝write ＜expression＞;

(10) ＜read_stat＞∷＝read ID;

(11) ＜compound_stat＞∷＝{＜statement_list＞}

(12) ＜expression_stat＞∷＝＜expression＞;|;

(13) ＜expression＞∷＝ID＝＜bool_expr＞|＜bool_expr＞

(14) ＜bool_expr＞∷＝＜additive_expr＞|＜additive_expr＞
　　　　　　　　（＞|＜|＞＝|＜＝|＝＝|！＝）＜additive_expr＞

(15) ＜additive_expr＞∷＝＜term＞{（＋|－）＜term＞}

(16) ＜term＞∷＝＜factor＞{（ ＊ |/）＜factor＞}

(17) ＜factor＞∷＝（＜expression＞）|ID|NUM

注意，规则(1)和规则(11)中的符号"{"、"}"为终结符号，不是元符号，而规则(6)、(7)、(8)和(17)中出现的符号"("和")"也是终结符号，不是元符号。

为了便于理解规则中的每个符号含义，对应上面的每条规则，给出如下中文表达形式：

(1) ＜程序＞∷＝{＜声明序列＞＜语句序列＞}

(2) ＜声明序列＞∷＝＜声明序列＞＜声明语句＞|ε

(3) ＜声明语句＞ ∷＝int ＜标识符＞;

(4) ＜语句序列＞∷＝＜语句序列＞＜语句＞|ε

(5) ＜语句＞∷＝＜if 语句＞|＜while 语句＞|＜do 语句＞|＜for 语句＞
　　　　　　|＜read 语句＞|＜write 语句＞|＜复合语句＞|＜表达式语句＞

(6) ＜if 语句＞∷＝if（＜表达式＞）＜语句＞［else ＜语句＞］

(7) ＜while 语句＞∷＝while（＜表达式＞）＜语句＞

(8) ＜for 语句＞∷＝for（＜表达式＞;＜表达式＞;＜表达式＞）＜语句＞

(9) ＜write_语句＞∷＝write ＜表达式＞;

(10) ＜read_语句＞∷＝read ＜标识符＞;

(11) ＜复合语句＞∷＝{＜语句序列＞}

(12) ＜表达式语句＞∷＝＜表达式＞;|;

(13) ＜表达式＞∷＝＜标识符＞＝＜布尔表达式＞|＜布尔表达式＞

(14) ＜布尔表达式＞∷＝＜算术表达式＞
　　　　　　　　　　|＜算术表达式＞（＞|＜|＞＝|＜＝|＝＝|！＝）＜算术表达式＞

(15) ＜算术表达式＞∷＝＜项＞{（＋|－）＜项＞}

(16) ＜项＞∷＝＜因子＞{（ ＊ |/）＜因子＞}

(17) ＜因子＞∷＝（＜表达式＞）|＜标识符＞|＜无符号整数＞

A.3　TEST 的语义和代码生成

与语法规则相比,只有部分规则需要添加动作符号,下面我们列出添加了动作符号的规则。

1. $<\text{declaration\_stat}>_{\downarrow \text{vartablep,datap}} \rightarrow \text{int ID}_{\uparrow n} @\text{name-def}_{\downarrow n,t}$;

动作解释:

vartablep 指出符号表的最后一个记录的下一个位置,即第一个空白记录位置。每当有一个记录加入符号表,该值加 1;datap 表示已经分配的地址空间,它开始时为 0,每声明一个变量,该值则根据变量类型累加,如整型加 2,实型加 4,等等。

@name-def$_{\downarrow n,t}$ 的动作:查询符号表,从 vartablep 所指的前一个位置起往回查,直到第一个记录,若没有,将标识符名 n 及类型 1、datap 的值填入符号表 vartablep 所指的位置,然后 vartablep 加 1,datap 根据类型 t 增加;若有,报告错误:变量重复定义。

2. $<\text{expression\_stat}> ::= <\text{expression}>@\text{pop};|$;

3. $<\text{expression}> ::= \text{ID}_{\uparrow n}@\text{LOOK}_{\downarrow n \uparrow d}@\text{ASSIGN}=<\text{bool\_expr}>@\text{STO}_{\downarrow d}|<\text{bool\_expr}>$

4. $<\text{bool\_expr}> ::= <\text{additive\_expr}>$
$\quad\quad\quad\quad |<\text{additive\_expr}>><\text{additive\_expr}>@\text{GT}$
$\quad\quad\quad\quad |<\text{additive\_expr}><<\text{additive\_expr}>@\text{LES}$
$\quad\quad\quad\quad |<\text{additive\_expr}>>=<\text{additive\_expr}>@\text{GE}$
$\quad\quad\quad\quad |<\text{additive\_expr}><=<\text{additive\_expr}>@\text{LE}$
$\quad\quad\quad\quad |<\text{additive\_expr}>==<\text{additive\_expr}>@\text{EQ}$
$\quad\quad\quad\quad |<\text{additive\_expr}>!=<\text{additive\_expr}>@\text{NOTEQ}$

5. $<\text{additive\_expr}> ::= <\text{term}>\{(+<\text{term}>@\text{ADD}|-<项>@\text{SUB})\}$

6. $<\text{term}> ::= <\text{factor}>\{(* <\text{factor}>@\text{MULT}|/<\text{factor}>@\text{DIV})\}$

7. $<\text{factor}> ::= (<\text{expression}>)|\text{ID}_{\uparrow n}@\text{LOOK}_{\downarrow n \uparrow d}@\text{LOAD}_{\downarrow d}|\text{NUM}_{\uparrow i}@\text{LOADI}_{\downarrow i}$

规则 2～6 中的动作符号解释如下:

@LOOK$_{\downarrow n \uparrow d}$:查符号表 n,给出变量地址 d;若没有,变量未定义。

@ASSIGN:超前读一个符号,如果是＝,则表示进入赋值表达式;如果不是＝,则选择<比较表达式>,然后还要将超前读的这个符号退回。

@STO$_{\downarrow d}$:输出指令代码 STO d,且 codep＋＋(因产生了指令,所以指令记数加 1)。

@LOADI$_{\downarrow i}$:输出指令代码 LOADI i,且 codep＋＋。

@LOAD$_{\downarrow d}$:输出指令代码 LOAD d,且 codep＋＋。

@GT、@ADD 等:输出后的指令代码 GT、ADD 等。

@POP:输出指令代码 POP。

8. $<\text{if\_stat}> ::= \text{if}(<\text{expression}>)@\text{BRF}_{\downarrow \text{label1}}<\text{statement}>@\text{BR}_{\downarrow \text{label2}}$
$\quad\quad\quad\quad @\text{SETlabel}_{\downarrow \text{label1}}[\text{else}<\text{statement}>]@\text{SETlabel}_{\downarrow \text{label2}}$

动作符号解释如下:

@BRF$_{\uparrow label1}$：输出 BRF label1，codep++。

@BR$_{\uparrow label2}$：输出 BR label2，codep++。

@SETlabel$_{\downarrow label1}$：设置标号 label1。

@SETlabel$_{\downarrow label2}$：设置标号 label2。

9. ＜while_stat＞∷＝while @SETlabel$_{\uparrow label1}$（＜expression＞）@BRF$_{\uparrow label2}$

　　　　　　　　＜statement＞@BR$_{\downarrow label1}$ @SETlabel$_{\downarrow label2}$

动作符号解释如下：

@SETlabel$_{\uparrow label1}$：设置标号 label1。

@BRF$_{\uparrow label2}$：输出 BRF label2，codep++。

@BR$_{\downarrow label1}$：输出 BR label1，codep++。

@SETlabel$_{\downarrow label2}$：设置标号 label2。

10. ＜for_stat＞∷＝for（＜expression＞@POP；

　　　　　　　@SETlabel$_{\uparrow label1}$＜expression＞@BRF$_{\uparrow label2}$ @BR$_{\uparrow label3}$；

　　　　　　　@SETlabel$_{\uparrow label4}$＜expression＞@POP @BR$_{\downarrow label1}$）

　　　　　　　@SETlabel$_{\downarrow label3}$＜statement＞@BR$_{\downarrow label4}$ @SETlabel$_{\downarrow label2}$

动作符号解释如下：

@SETlabel$_{\downarrow label1}$：设置标号 label1。

@BRF$_{\uparrow label2}$：输出 BRF label2，codep++。

@BR$_{\uparrow label3}$：输出 BR label3，codep++。

@SETlabel$_{\downarrow label4}$：设置标号 label4。

@BR$_{\uparrow label1}$：输出 BR label1，codep++。

@SETlabel$_{\downarrow label3}$：设置标号 label3。

@BR$_{\uparrow label4}$：输出 BR label4，codep++。

@SETlabel$_{\downarrow label2}$：设置标号 label2。

@POP：输出指令代码 POP。

11. ＜write_stat＞∷＝write＜expression＞@OUT；

动作符号解释如下：

@OUT：输出 OUT。

12. ＜read_stat＞∷＝read ID$_{\uparrow n}$ LOOK$_{\downarrow n \uparrow d}$@IN @STO$_{\downarrow d}$@POP；

动作符号解释如下：

@LOOK$_{\downarrow n \uparrow d}$：查符号表 n，给出变量地址 d；若没有，则变量未定义。

@IN：输出 IN。

@STO$_{\downarrow d}$：输出指令代码 STI d。

@POP：输出指令代码 POP。

附录 B　词法分析程序

B.1　词法分析程序

```
#include<stdio.h>
#include<ctype.h>
//下面定义保留字表,为简化程序,使用字符指针数组保存所有保留字
//如果想增加保留字,可继续添加,并修改保留字数目 keywordSum
#define keywordSum  8
char * keyword[keywordSum]={ "if","else","for","while","do","int","read","write"};
//下面定义纯单分界符,如需要可添加
char singleword[50]="+- * (){};,:";
//下面定义双分界符的首字符
char doubleword[10]=">< =!";
extern char Scanin[300], Scanout[300];
//用于接收输入输出文件名,在 test_main.c中定义
extern FILE * fin, * fout;          //用于指向输入输出文件的指针,在 test_main.c中定义
int TESTscan()                      //词法分析函数
{
   char ch,token[40];               //ch 为每次读入的字符,token 用于保存识别出的单词
   int es=0,j,n;                     //es 错误代码,0 表示没有错误
                                     //j,n 为临时变量,控制组合单词时的下标等
   printf("请输入源程序文件名(包括路径):");
   scanf("%s",Scanin);
   printf("请输入词法分析输出文件名(包括路径):");
   scanf("%s",Scanout);
   if((fin=fopen(Scanin,"r"))==NULL)          //判断输入文件名是否正确
   {
      printf("\n 打开词法分析输入文件出错!\n");
      return(1);                              //输入文件出错返回错误代码 1
   }
   if((fout=fopen(Scanout,"w"))==NULL)        //判断输出文件名是否正确
   {
      printf("\n 创建词法分析输出文件出错!\n");
      return(2);                              //输出文件出错返回错误代码 2
```

```
    }
    ch=getc(fin);
    while(ch!=EOF)
    {
        while(ch==' '||ch=='\n'||ch=='\t') ch=getc(fin);
        if(isalpha(ch))                              //如果是字母,则进行标识符处理
        {
            token[0]=ch; j=1;
            ch=getc(fin);
            while(isalnum(ch))                       //如果是字母数字则组合标识符
                                                     //如果不是则标识符组合结束

            {
                token[j++]=ch;                       //组合的标识符保存在 token 中
                ch=getc(fin);                        //读下一个字符
            }
            token[j]='\0';                           //标识符组合结束
            //查保留字
            n=0;
            while((n<keywordSum) && strcmp(token,keyword[n])) n++;
            if(n>=keywordSum)                        //不是保留字,输出标识符
                fprintf(fout,"%s\t%s\n","ID",token); //输出标识符符号
            else                                     //是保留字,输出保留字
                fprintf(fout,"%s\t%s\n",token,token); //输出保留字符号
        }else if(isdigit(ch))                        //数字处理
        {
            token[0]=ch; j=1;
            ch=getc(fin);                            //读下一个字符
            while(isdigit(ch))              //如果是数字则组合整数;如果不是则整数组合结束
            {
                token[j++]=ch;                       //组合整数保存在 token 中
                ch=getc(fin);                        //读下一个字符
            }
            token[j]='\0';                           //整数组合结束
            fprintf(fout,"%s\t%s\n","NUM",token);    //输出整数符号
        }else if(strchr(singleword,ch)>0)            //单分界符处理
        {
            token[0]=ch; token[1]='\0';
            ch=getc(fin);                            //读下一个符号以便识别下一个单词
            fprintf(fout,"%s\t%s\n",token,token);    //输出单分界符符号
        }else if(strchr(doubleword,ch)>0)            //双分界符处理
        {
            token[0]=ch;
            ch=getc(fin);                            //读下一个字符判断是否为双分界符
```

```
        if(ch=='=')                              //如果是=,组合双分界符
        {
         token[1]=ch;token[2]='\0';              //组合双分界符结束
         ch=getc(fin);                           //读下一个符号以便识别下一个单词
        }else                                    //不是=则为单分界符
         token[1]='\0';
        fprintf(fout,"%s\t%s\n",token,token);    //输出单或双分界符符号
       }else if(ch=='/')                         //注释处理
       {
          ch=getc(fin);                          //读下一个字符
          if(ch=='*')                            //如果是*,则开始处理注释
          {char ch1;
             ch1=getc(fin);                      //读下一个字符
             do
             {  ch=ch1;ch1=getc(fin); }          //删除注释
             while((ch!='*' || ch1!='/')&&ch1!=EOF);
                                                 //直到遇到注释结束符*或文件尾
             ch=getc(fin);                       //读下一个符号以便识别下一个单词
          }else                                  //不是*则处理单分界符
          {
             token[0]='/'; token[1]='\0';
             fprintf(fout,"%s\t%s\n",token,token);  //输出单分界符
          }
       }else                                     //错误处理
        {
          token[0]=ch;token[1]='\0';
          ch=getc(fin);                          //读下一个符号以便识别下一个单词
          es=3;                                  //设置错误代码
          fprintf(fout,"%s\t%s\n","ERROR",token);  //输出错误符号
        }
     }
     fclose(fin);                                //关闭输入输出文件
     fclose(fout);
     return(es);                                 //返回主程序
}
```

B.2　主　程　序

```
#include<stdio.h>
#include<ctype.h>
extern int TESTscan();
char Scanin[300],Scanout[300];                   //用于接收输入输出文件名
```

```
FILE * fin, * fout;                              //用于指向输入输出文件的指针
void main(){
    int es=0;
    es=TESTscan();                               //调词法分析
    if(es>0) printf("词法分析有错,编译停止!");
    else printf("词法分析成功!\n");
}
```

附录 C　语法分析程序

C.1　语法分析程序

```c
#include<stdio.h>
#include<ctype.h>
#include<conio.h>
int TESTparse();
int program();
int compound_Stat();
int statement();
int expression_Stat();
int expression();
int bool_expr();
int additive_expr();
int term();
int factor();
int if_stat();
int while_stat();
int for_stat();
int write_stat();
int read_stat();
int declaration_stat();
int declaration_list();
int statement_list();
int compound_stat();
char token[20],token1[40];          //token保存单词符号,token1保存单词值
extern char Scanout[300];           //保存词法分析输出文件名
FILE * fp;                          //用于指向输入文件的指针
//语法分析程序
int TESTparse()
{
  int es=0;
  if((fp=fopen(Scanout,"r"))==NULL)
  {
```

```
        printf("\n 打开%s 错误!\n",Scanout);
    es=10;
}

if(es==0) es=program();
printf("=====语法分析结果!======\n");
switch(es)
{
    case 0: printf("语法分析成功!\n");break;
    case 10: printf("打开文件 %s 失败!\n",Scanout);break;
    case 1: printf("缺少{!\n");break;
    case 2: printf("缺少}!\n");break;
    case 3: printf("缺少标识符!\n");break;
    case 4: printf("少分号!\n");break;
    case 5: printf("缺少 (!\n");break;
    case 6: printf("缺少 )!\n");break;
    case 7: printf("缺少操作数!\n");break;
}
fclose(fp);
return(es);
}
//<程序>::={<声明序列><语句序列>}
//program::={<declaration_list><statement_list>}
int program()
{
    int es=0;
    fscanf(fp,"%s %s\n",token,token1);
    printf("%s %s\n",token,token1);
    if(strcmp(token,"{"))              //判断是否为'{'
    {
        es=1;
        return(es);
    }
    fscanf(fp,"%s %s\n",&token,&token1);
    printf("%s %s\n",token,token1);
    es=declaration_list();
    if(es>0) return(es);
    es=statement_list();
    if(es>0) return(es);
    if(strcmp(token,"}"))              //判断是否为'}'
    {
        es=2;
        return(es);
    }
```

```
    return(es);
}
//<声明序列>::=<声明序列><声明语句>|<声明语句>
//<declaration_list>::=
//<declaration_list><declaration_stat>|ε
//改成<declaration_list>::={<declaration_stat>}
int declaration_list()
{
  int es=0;
  while(strcmp(token,"int")==0)
  {
      es=declaration_stat();
      if(es>0) return(es);
  }
  return(es);
}
//<声明语句>::=int<变量>;
//<declaration_stat>::=int ID;
int declaration_stat()
{
  int es=0;
  fscanf(fp,"%s %s\n",&token,&token1);
  printf("%s %s\n",token,token1);
  if(strcmp(token,"ID"))      return(es=3);      //不是标识符
  fscanf(fp,"%s %s\n",&token,&token1);
  printf("%s %s\n",token,token1);
  if(strcmp(token,";") )      return(es=4);
  fscanf(fp,"%s %s\n",&token,&token1);
  printf("%s %s\n",token,token1);
  return(es);
}
//<语句序列>::=<语句序列><语句>|ε
//<statement_list>::=<statement_list><statement>|ε
//改成<statement_list>::={<statement>}
int statement_list()
{
  int es=0;
  while(strcmp(token,"}"))
  {
    es=statement();
    if(es>0) return(es);
  }
  return(es);
}
```

```
//<语句>::=<if 语句>|<while 语句>|<for 语句>|<read 语句>
//             |<write 语句>|<复合语句>|<表达式语句>
//<statement>::=<if_stat>|<while_stat>|<for_stat>
//                 |<compound_stat>|<expression_stat>

int statement()
{
  int es=0;
  if(es==0 && strcmp(token,"if")==0) es=if_stat();           //<if 语句>
  if(es==0 && strcmp(token,"while")==0) es=while_stat();      //<while 语句>
  if(es==0 && strcmp(token,"for")==0) es=for_stat();          //<for 语句>
  //可在此处添加 do 语句调用
  if(es==0 && strcmp(token,"read")==0) es=read_stat();        //<read 语句>
  if(es==0 && strcmp(token,"write")==0) es=write_stat();      //<write 语句>
  if(es==0 && strcmp(token,"{")==0) es=compound_stat();       //<复合语句>
  if(es==0 &&(strcmp(token,"ID")==0||strcmp(token,"NUM")==0 ||strcmp(token,
  "(")==0))
      es=expression_stat();                                   //<表达式语句>
  return(es);
}
//<if 语句>::=if(<表达式>)<语句> [else<语句>]
//<if_stat>::=if(<expression>)<statement> [else<statement>]

int if_stat(){
  int es=0;                                                   //if
  fscanf(fp,"%s %s\n",&token,&token1);
  printf("%s %s\n",token,token1);
  if(strcmp(token,"("))       return(es=5);                   //少左括号
  fscanf(fp,"%s %s\n",&token,&token1);
  printf("%s %s\n",token,token1);
  es=expression();
  if(es>0) return(es);
  if(strcmp(token,")"))       return(es=6);                   //少右括号
  fscanf(fp,"%s %s\n",&token,&token1);
  printf("%s %s\n",token,token1);
  es=statement();
  if(es>0) return(es);
  if(strcmp(token,"else")==0)                                 //else 部分处理
  {
    fscanf(fp,"%s %s\n",&token,&token1);
    printf("%s %s\n",token,token1);
    es=statement();
    if(es>0) return(es);
  }
  return(es);
```

```
}
//<while 语句>::=while(<表达式>)<语句>
//<while_stat>::=while(<expr>)<statement>
int while_stat()
{
  int es=0;
  fscanf(fp,"%s %s\n",&token,&token1);
  printf("%s %s\n",token,token1);
  if(strcmp(token,"("))      return(es=5);                    //少左括号
  fscanf(fp,"%s %s\n",&token,&token1);
  printf("%s %s\n",token,token1);
  es=expression();
  if(es>0) return(es);
  if(strcmp(token,")"))       return(es=6);                   //少右括号
  fscanf(fp,"%s %s\n",&token,&token1);
  printf("%s %s\n",token,token1);
  es=statement();
  return(es);
}


//<for 语句>::=for(<表达式>;<表达式>;<表达式>)<语句>
//<for_stat>::=for(<expression>;<expression>;<expression>)<statement>
int for_stat()
{
  int es=0;
  fscanf(fp,"%s %s\n",&token,&token1);
  printf("%s %s\n",token,token1);
  if(strcmp(token,"("))      return(es=5);                    //少左括号
  fscanf(fp,"%s %s\n",&token,&token1);
  printf("%s %s\n",token,token1);
  es=expression();
  if(es>0) return(es);
  if(strcmp(token,";"))       return(es=4);                   //少分号
  fscanf(fp,"%s %s\n",&token,&token1);
  printf("%s %s\n",token,token1);
  es=expression();
  if(es>0) return(es);
  if(strcmp(token,";"))       return(es=4);                   //少分号
  fscanf(fp,"%s %s\n",&token,&token1);
  printf("%s %s\n",token,token1);
  es=expression();
  if(es>0) return(es);
  if(strcmp(token,")"))       return(es=6);                   //少右括号
  fscanf(fp,"%s %s\n",&token,&token1);
```

```
        printf("%s %s\n",token,token1);
        es=statement();
        return(es);


}
//<write_语句>::=write<表达式>;
//<write_stat>::=write<expression>;
int write_stat()
{
    int es=0;
    fscanf(fp,"%s %s\n",&token,&token1);
    printf("%s %s\n",token,token1);
    es=expression();
    if(es>0) return(es);
    if(strcmp(token,";"))      return(es=4);              //少分号
    fscanf(fp,"%s %s\n",&token,&token1);
    printf("%s %s\n",token,token1);
    return(es);
}
//<read_语句>::=read<变量>;
//<read_stat>::=read ID;
int read_stat()
{
    int es=0;
    fscanf(fp,"%s %s\n",&token,&token1);
    printf("%s %s\n",token,token1);
    if(strcmp(token,"ID"))     return(es=3);              //少标识符
    fscanf(fp,"%s %s\n",&token,&token1);
    printf("%s %s\n",token,token1);
    if(strcmp(token,";"))      return(es=4);              //少分号
    fscanf(fp,"%s %s\n",&token,&token1);
    printf("%s %s\n",token,token1);
    return(es);
}
//<复合语句>::={<语句序列>}
//<compound_stat>::={<statement_list>}
int compound_stat(){                                     //复合语句函数
    int es=0;
    fscanf(fp,"%s %s\n",&token,&token1);
    printf("%s %s\n",token,token1);
    es=statement_list();
    return(es);
}
//<表达式语句>::=<<表达式>;|;
```

```
//<expression_stat>::=<expression>;|;
int expression_stat()
{
  int es=0;
  if(strcmp(token,";")==0)
  {
    fscanf(fp,"%s %s\n",&token,&token1);
    printf("%s %s\n",token,token1);
    return(es);
  }
  es=expression();
  if(es>0) return(es);
  if(es==0 && strcmp(token,";")==0)
  {
    fscanf(fp,"%s %s\n",&token,&token1);
    printf("%s %s\n",token,token1);
    return(es);
  }else
  {
    es=4;
    return(es);                                    //少分号
  }
}
//<表达式>::=<标识符>=<布尔表达式>|<布尔表达式>
//<expression>::=ID=<bool_expr>|<bool_expr>
int expression()
{
  int es=0,fileadd;
  char token2[20],token3[40];
  if(strcmp(token,"ID")==0)
  {
    fileadd=ftell(fp);                             //记住当前文件位置
    fscanf(fp,"%s %s\n", &token2,&token3);
    printf("%s %s\n",token2,token3);
    if(strcmp(token2,"=")==0)                      //'='
    {
      fscanf(fp,"%s %s\n",&token,&token1);
      printf("%s %s\n",token,token1);
      es=bool_expr();
      if(es>0) return(es);
    }else
    {
      fseek(fp,fileadd,0);              //若非'=',则文件指针回到'='前的标识符
      printf("%s %s\n",token,token1);
```

```
        es=bool_expr();
        if(es>0) return(es);
      }
  }else es=bool_expr();
  return(es);
}
//<布尔表达式>::=<算术表达式>|<算术表达式>(>|<|>=|<=|==|!=)
                //<算术表达式>
//<bool_expr>::=<additive_expr>
//            |<additive_expr>(>|<|>=|<=|==|!=)<additive_expr>
int bool_expr()
{
  int es=0;
  es=additive_expr();
  if(es>0) return(es);
  if(strcmp(token,">")==0 || strcmp(token,">=")==0
    ||strcmp(token,"<")==0||strcmp(token,"<=")==0
    ||strcmp(token,"==")==0||strcmp(token,"!=")==0)
  {
    fscanf(fp,"%s %s\n",&token,&token1);
    printf("%s %s\n",token,token1);
    es=additive_expr();
    if(es>0) return(es);
  }
  return(es);
}
//<算术表达式>::=<项>{(+|-)<项>}
//<additive_expr>::=<term>{(+|-)<term>}
int additive_expr()
{
  int es=0;
  es=term();
  if(es>0) return(es);
  while(strcmp(token,"+")==0 || strcmp(token,"-")==0)
  {
    fscanf(fp,"%s %s\n",&token,&token1);
    printf("%s %s\n",token,token1);
    es=term();
    if(es>0) return(es);
  }
  return(es);
}
//<项>::=<因子>{(*|/)<因子>}
//<term>::=<factor>{(*|/)<factor>}
```

```
int term()
{
  int es=0;
  es=factor();
  if(es>0) return(es);
  while(strcmp(token,"*")==0 || strcmp(token,"/")==0)
  {
    fscanf(fp,"%s %s\n",&token,&token1);
    printf("%s %s\n",token,token1);
    es=factor();
    if(es>0) return(es);
  }
  return(es);
}
//<因子>::=(<表达式>)|<标识符>|<无符号整数>
//<factor>::=(<expression>)| ID|NUM

int factor()
{
  int es=0;

  if(strcmp(token,"(")==0)
  {
    fscanf(fp,"%s %s\n",&token,&token1);
    printf("%s %s\n",token,token1);
    es=expression();
    if(es>0) return(es);
    if(strcmp(token,")"))      return(es=6);              //少右括号
    fscanf(fp,"%s %s\n",&token,&token1);
    printf("%s %s\n",token,token1);
  }else
  {

    if(strcmp(token,"ID")==0||strcmp(token,"NUM")==0)
    {
      fscanf(fp,"%s %s\n",&token,&token1);
      printf("%s %s\n",token,token1);
      return(es);
    }else
    {
      es=7;                                              //缺少操作数
      return(es);
    }
  }
```

```
    return(es);
}
```

C.2 主 程 序

主函数设计：假设词法分析的结果保存在文件中，打开词法分析输出文件，调用语法分析函数，如果语法分析正确，输出语法分析成功；否则，输出错误信息。为了简化程序，该语法分析程序没有进行错误处理，发现语法错误即返回，并报告错误。

```
//主程序
#include<stdio.h>
#include<ctype.h>
extern int TESTscan();
extern int TESTparse();
char Scanin[300],Scanout[300];               //用于接收输入输出文件名
FILE * fin, * fout;                          //用于指向输入输出文件的指针
void main(){
  int es=0;
  es=TESTscan();                             //调词法分析
  if(es>0) printf("词法分析有错,编译停止!");
  else printf("词法分析成功!\n");
  if(es==0)
  {
    es=TESTparse();                          //调语法分析
    if(es==0) printf("语法分析成功!\n");
    else    printf("语法分析错误!\n");
  }
}
```

注意：如果调试语法分析程序，需要将附录 B 中的词法分析程序 TESTscan() 函数所在的文件加到语法分析的项目中。

附录 D 语义及代码生成程序

D.1 语法、语义及代码生成程序

```
//语法、语义分析及代码生成
#include<stdio.h>
#include<ctype.h>
#include<conio.h>
#define maxvartablep 500                    //定义符号表的容量
int TESTparse();
int program();
int compound_stat();
int statement();
int expression_stat();
int expression();
int bool_expr();
int additive_expr();
int term();
int factor();
int if_stat();
int while_stat();
int for_stat();
int write_stat();
int read_stat();
int declaration_stat();
int declaration_list();
int statement_list();
int compound_stat();
int name_def(char * name);
char token[20],token1[40];                  //token 保存单词符号,token1 保存单词值
extern char Scanout[300],Codeout[300];      //保存词法分析输出文件名
FILE * fp, * fout;                          //用于指向输入输出文件的指针
struct{                                     //定义符号表结构
    char name[8];
    int address;
```

```
}vartable[maxvartablep];              //改符号表最多容纳 maxvartablep 个记录
int vartablep=0,labelp=0,datap=0;

//插入符号表动作@name-def↓n,t的程序如下：
int name_def(char * name)
{
    int i,es=0;
    if(vartablep>=maxvartablep) return(21);
    for(i=vartablep-1;i==0;i--)                    //查符号表
    {
        if(strcmp(vartable[i].name,name)==0)
        {
            es=22;                                 //22 表示变量重复声明
            break;
        }
    }
    if(es>0) return(es);
    strcpy(vartable[vartablep].name,name);
    vartable[vartablep].address=datap;
    datap++;                                       //分配一个单元,数据区指针加 1
    vartablep++;
    return(es);
}
//查询符号表返回地址
int lookup(char * name,int * paddress)
{
    int i,es=0;
    for(i=0;i<vartablep;i++)
    {
        if(strcmp(vartable[i].name,name)==0)
        {
            * paddress=vartable[i].address;
            return(es);
        }
    }
    es=23;                                         //变量没有声明
    return(es);
}

//语法、语义分析及代码生成程序
int TESTparse()
{
    int es=0;
    if((fp=fopen(Scanout,"r"))==NULL)
```

```
    {
      printf("\n打开%s错误!\n",Scanout);
      es=10;
      return(es);
    }
    printf("请输入目标文件名(包括路径): ");
    scanf("%s",Codeout);
    if((fout=fopen(Codeout,"w"))==NULL)
    {
      printf("\n创建%s错误!\n",Codeout);
      es=10;
      return(es);
    }
    if(es==0) es=program();
    printf("==语法、语义分析及代码生成程序结果==\n");
    switch(es)
    {
        case 0: printf("语法、语义分析成功并抽象机汇编生成代码!\n");break;
        case 10: printf("打开文件 %s 失败!\n",Scanout);break;
        case 1: printf("缺少{!\n");break;
        case 2: printf("缺少}!\n");break;
        case 3: printf("缺少标识符!\n");break;
        case 4: printf("少分号!\n");break;
        case 5: printf("缺少(!\n");break;
        case 6: printf("缺少)!\n");break;
        case 7: printf("缺少操作数!\n");break;
        case 21: printf("符号表溢出!\n");break;
        case 22: printf("变量重复定义!\n");break;
        case 23: printf("变量未声明!\n");break;

    }
    fclose(fp);
    fclose(fout);
    return(es);
}

//program::={<declaration_list><statement_list>}
int program()
{
    int es=0,i;
    fscanf(fp,"%s %s\n",token,token1);
    printf("%s %s\n",token,token1);
    if(strcmp(token,"{"))                           //判断是否'{'
    {
```

```
            es=1;
            return(es);
        }
        fscanf(fp,"%s %s\n",&token,&token1);
        printf("%s %s\n",token,token1);
        es=declaration_list();
        if(es>0) return(es);
        printf("     符号表\n");
        printf("     名字      地址\n");
        for(i=0;i<vartablep;i++)
            printf("     %s    %d\n",vartable[i].name,vartable[i].address);
        es=statement_list();
        if(es>0) return(es);
        if(strcmp(token,"}"))//判断是否'}'
        {
            es=2;
            return(es);
        }
        fprintf(fout,"     STOP\n");                    //产生停止指令
        return(es);
    }


//<declaration_list>::=<declaration_list><declaration_stat>|<declaration_stat>
//改成<declaration_list>::={<declaration_stat>}
int declaration_list()
{
    int es=0;
    while(strcmp(token,"int")==0)
    {
        es=declaration_stat();
        if(es>0) return(es);
    }
    return(es);
}


//<declaration_stat>↓vartablep,datap,codep→int ID↑n@name-def↓n,t;
int declaration_stat()
{
    int es=0;
    fscanf(fp,"%s %s\n",&token,&token1);printf("%s %s\n",token,token1);
    if(strcmp(token,"ID"))   return(es=3);           //不是标识符
    es=name_def(token1);                             //插入符号表
    if(es>0) return(es);
    fscanf(fp,"%s %s\n",&token,&token1);printf("%s %s\n",token,token1);
```

```
    if(strcmp(token,";") )   return(es=4);
    fscanf(fp,"%s %s\n",&token,&token1);printf("%s %s\n",token,token1);
    return(es);
}


//<statement_list>::=<statement_list><statement>|<statement>
//改成<statement_list>::={<statement>}
int statement_list()
{
    int es=0;
    while(strcmp(token,"}"))
    {
        es=statement();
        if(es>0) return(es);
    }
    return(es);
}


//<statement>::=<if_stat>|<while_stat>|<for_stat>
//              |<compound_stat>|<expression_stat>

int statement()
{
    int es=0;
    if(es==0 && strcmp(token,"if")==0) es=if_stat();            //<IF 语句>
    if(es==0 && strcmp(token,"while")==0) es=while_stat();      //<while 语句>
    if(es==0 && strcmp(token,"for")==0) es=for_stat();          //<for 语句>
    //可在此处添加 do 语句调用
    if(es==0 && strcmp(token,"read")==0) es=read_stat();        //<read 语句>
    if(es==0 && strcmp(token,"write")==0) es=write_stat();      //<write 语句>
    if(es==0 && strcmp(token,"{")==0) es=compound_stat();       //<复合语句>
    if (es==0 && (strcmp(token,"ID")==0||strcmp(token,"NUM")==0||strcmp
    (token,"(")==0))
    es=expression_stat();                                       //<表达式语句>
    return(es);
}


//<if_stat>::=if(<expr>)<statement>[else<statement>]
/*
if(<expression>)@BRF↑label1<statement>@BR↑label2@SETlabel↓label1
                [else<statement>] @SETlabel↓label2
```

其中动作符号的含义如下

@BRF↑label1：输出 BRF label1

```
    @BR↓label2：输出 BR label2
    @SETlabel↓label1：设置标号 label1
    @SETlabel↓label2：设置标号 label2
*/
int if_stat(){
    int es=0,label1,label2;                              //if
    fscanf(fp,"%s %s\n",&token,&token1);
    printf("%s %s\n",token,token1);
    if(strcmp(token,"("))    return(es=5);               //少左括号
    fscanf(fp,"%s %s\n",&token,&token1);
    printf("%s %s\n",token,token1);
    es=expression();
    if(es>0) return(es);
    if(strcmp(token,")"))    return(es=6);               //少右括号
    label1=labelp++;                                     //用 label1 记住条件为假时要转向的标号
    fprintf(fout,"         BRF LABEL%d\n",label1);       //输出假转移指令
    fscanf(fp,"%s %s\n",&token,&token1);
    printf("%s %s\n",token,token1);
    es=statement();
    if(es>0) return(es);
    label2=labelp++;                                     //用 label2 记住要转向的标号
    fprintf(fout,"        BR LABEL%d\n",label2);         //输出无条件转移指令
    fprintf(fout,"LABEL%d:\n",label1);                   //设置 label1 记住的标号
    if(strcmp(token,"else")==0)                          //else 部分处理
    {
        fscanf(fp,"%s %s\n",&token,&token1);
        printf("%s %s\n",token,token1);
        es=statement();
        if(es>0) return(es);
    }
    fprintf(fout,"LABEL%d:\n",label2);                   //设置 label2 记住的标号
    return(es);
}


//<while_stat>::=while(<expr>)<statement>
//<while_stat>::=while @SETlabel↓label1 (<expression>) @BRF↓label2
//                <statement>@BR↓label1 @SETlabel↓label2
//动作解释如下：
//@SETlabel↓label1：设置标号 label1
//@BRF↓label2：输出 BRF label2
//@BR↓label1：输出 BR label1
//@SETlabel↓label2：设置标号 label2
int while_stat()
{
```

```
    int es=0,label1,label2;
    label1=labelp++;
    fprintf(fout,"LABEL%d:\n",label1);              //设置 label1 标号
    fscanf(fp,"%s %s\n",&token,&token1);
    printf("%s %s\n",token,token1);
    if(strcmp(token,"("))  return(es=5);            //少左括号
    fscanf(fp,"%s %s\n",&token,&token1);
    printf("%s %s\n",token,token1);
    es=expression();
    if(es>0) return(es);
    if(strcmp(token,")"))  return(es=6);            //少右括号
    label2=labelp++;
    fprintf(fout,"      BRF LABEL%d\n",label2);      //输出假转移指令
    fscanf(fp,"%s %s\n",&token,&token1);
    printf("%s %s\n",token,token1);
    es=statement();
    if(es>0) return(es);
    fprintf(fout,"      BR LABEL%d\n",label1);       //输出无条件转移指令
    fprintf(fout,"LABEL%d:\n",label2);              //设置 label2 标号
    return(es);
}


//<for_stat>::=for(<expr>,<expr>,<expr>)<statement>
/*
<for_stat>::=for(<expression>@POP;
             @SETlabel↓label1<expression>@BRF↑label2@BR↑label13;
             @SETlabel↓label14<expression>@POP@BR↓label1)
             @SETlabel↓label13<语句>@BR↓label4@SETlabel↓label2
```

动作解释:
1. @SETlabel↓label1：设置标号 label1
2. @BRF↑label2：输出 BRF label2
3. @BR↑label13：输出 BR label3
4. @SETlabel↓label14：设置标号 label4
5. @BR↑label1：输出 BR label1
6. @SETlabel↓label13：设置标号 label3
7. @BR↑label14：输出 BR label4
8. @SETlabel↓label12：设置标号 label2

```
*/
int for_stat()
{
    int es=0,label1,label2,label3,label4;
    fscanf(fp,"%s %s\n",&token,&token1);
    printf("%s %s\n",token,token1);
    if(strcmp(token,"("))  return(es=5);            //少左括号
```

```
        fscanf(fp,"%s %s\n",&token,&token1);
        printf("%s %s\n",token,token1);
        es=expression();
        if(es>0) return(es);
        fprintf(fout,"          POP\n");                     //输出出栈指令
        if(strcmp(token,";"))      return(es=4);             //少分号
        label1=labelp++;
        fprintf(fout,"LABEL%d:\n",label1);                   //设置 label1 标号
        fscanf(fp,"%s %s\n",&token,&token1);
        printf("%s %s\n",token,token1);
        es=expression();
        if(es>0) return(es);
        label2=labelp++;
        fprintf(fout,"          BRF LABEL%d\n",label2);       //输出假条件转移指令
        label3=labelp++;
        fprintf(fout,"          BR LABEL%d\n",label3);        //输出无条件转移指令
        if(strcmp(token,";"))   return(es=4);                //少分号
        label4=labelp++;
        fprintf(fout,"LABEL%d:\n",label4);                   //设置 label4 标号
        fscanf(fp,"%s %s\n",&token,&token1);
        printf("%s %s\n",token,token1);
        es=expression();
        if(es>0) return(es);
        fprintf(fout,"          POP\n");                     //输出出栈指令
        fprintf(fout,"          BR LABEL%d\n",label1);        //输出无条件转移指令
        if(strcmp(token,")"))   return(es=6);                //少右括号
        fprintf(fout,"LABEL%d:\n",label3);                   //设置 label3 标号
        fscanf(fp,"%s %s\n",&token,&token1);
        printf("%s %s\n",token,token1);
        es=statement();
        if(es>0) return(es);
        fprintf(fout,"          BR LABEL%d\n",label4);        //输出无条件转移指令
        fprintf(fout,"LABEL%d:\n",label2);                   //设置 label2 标号
        return(es);

}


//<write_stat>::=write<expression>;
//<write_stat>::=write<expression>@OUT;
//动作解释:
//@OUT: 输出 OUT


int write_stat()
{
```

```
    int es=0;
    fscanf(fp,"%s %s\n",&token,&token1);
    printf("%s %s\n",token,token1);
    es=expression();
    if(es>0)return(es);
    if(strcmp(token,";"))   return(es=4);                    //少分号
    fprintf(fout,"        OUT\n");                           //输出 OUT 指令
    fscanf(fp,"%s %s\n",&token,&token1);
    printf("%s %s\n",token,token1);
    return(es);
}


//<read_stat>::=read ID;
//<read_stat>::=read ID↑nLOOK↓n↑d@ IN@ STO↓d@ POP;
//动作解释:
//@LOOK↓n↑d:查符号表 n,给出变量地址 d; 若没有,则变量未定义
//@IN: 输出 IN
//@STI↓d:输出指令代码 STI   d


int read_stat()
{
    int es=0,address;
    fscanf(fp,"%s %s\n",&token,&token1);
    printf("%s %s\n",token,token1);
    if(strcmp(token,"ID"))   return(es=3);                  //少标识符
    es=lookup(token1,&address);
    if(es>0) return(es);
    fprintf(fout,"        IN    \n");                       //输入指令
    fprintf(fout,"        STO    %d\n",address);            //输出 STO 指令
    fprintf(fout,"        POP\n");
    fscanf(fp,"%s %s\n",&token,&token1);
    printf("%s %s\n",token,token1);
    if(strcmp(token,";"))   return(es=4);                   //少分号
    fscanf(fp,"%s %s\n",&token,&token1);
    printf("%s %s\n",token,token1);
    return(es);
}


//<compound_stat>::={<statement_list>}
int compound_stat(){                                        //复合语句函数
    int es=0;
    fscanf(fp,"%s %s\n",&token,&token1);
    printf("%s %s\n",token,token1);
```

```
    es=statement_list();
    return(es);
}


//<expression_stat>::=<expression>@POP;|;
int expression_stat()
{
    int es=0;
    if(strcmp(token,";")==0)
    {
        fscanf(fp,"%s %s\n",&token,&token1);
        printf("%s %s\n",token,token1);
        return(es);
    }
    es=expression();
    if(es>0) return(es);
    fprintf(fout,"        POP\n");                    //输出 POP 指令
    if(strcmp(token,";")==0)
    {
        fscanf(fp,"%s %s\n",&token,&token1);
        printf("%s %s\n",token,token1);
        return(es);
    }else
    {
        es=4;
        return(es);                                   //少分号
    }
}


//<expression>::=ID↑n@LOOK↓n↑d@ASSIGN=<bool_expr>@STO↓d@POP|<bool_expr>
int expression()
{
    int es=0,fileadd;
    char token2[20],token3[40];
    if(strcmp(token,"ID")==0)
    {
        fileadd=ftell(fp);                            //@ASSIGN 记住当前文件位置
        fscanf(fp,"%s %s\n", &token2,&token3);
        printf("%s %s\n",token2,token3);
        if(strcmp(token2,"=")==0)                     //'='
        {
            int address;
            es=lookup(token1,&address);
            if(es>0) return(es);
```

```
            fscanf(fp,"%s %s\n",&token,&token1);
            printf("%s %s\n",token,token1);
            es=bool_expr();
            if(es>0) return(es);
            fprintf(fout,"         STO %d\n",address);
        }else
        {
            fseek(fp,fileadd,0);                    //若非'='则文件指针回到'='前的标识符
            printf("%s %s\n",token,token1);
            es=bool_expr();
            if(es>0) return(es);
        }
    }else es=bool_expr();

    return(es);
}



//<bool_expr>::=<additive_expr>
//           |<additive_expr>(>|<|>=|<=|==|!=)<additive_expr>
/*
<bool_expr>::=<additive_expr>
|<additive_expr>><additive_expr>@GT
|<additive_expr><<additive_expr>@LES
|<additive_expr>>=<additive_expr>@GE
|<additive_expr><=<additive_expr>@LE
|<additive_expr>==<additive_expr>@EQ
|<additive_expr>!=<additive_expr>@NOTEQ
*/
int bool_expr()
{
    int es=0;
    es=additive_expr();
    if(es>0) return(es);
    if(strcmp(token,">")==0||strcmp(token,">=")==0
        ||strcmp(token,"<")==0||strcmp(token,"<=")==0
        ||strcmp(token,"==")==0||strcmp(token,"!=")==0)
    {
        char token2[20];
        strcpy(token2,token);                       //保存运算符
        fscanf(fp,"%s %s\n",&token,&token1);
        printf("%s %s\n",token,token1);
        es=additive_expr();
        if(es>0) return(es);
```

```
            if(strcmp(token2,">")==0)fprintf(fout,"        GT\n");
            if(strcmp(token2,">=")==0)fprintf(fout,"       GE\n");
            if(strcmp(token2,"<")==0)fprintf(fout,"        LES\n");
            if(strcmp(token2,"<=")==0)fprintf(fout,"       LE\n");
            if(strcmp(token2,"==")==0)fprintf(fout,"       EQ\n");
            if(strcmp(token2,"!=")==0)fprintf(fout,"       NOTEQ\n");
        }
        return(es);
}


//<additive_expr>::=<term>{(+|-)<term>}
//<additive_expr>::=<term>{(+<term>@ADD|-<项>@SUB)}

int additive_expr()
{
    int es=0;
    es=term();
    if(es>0) return(es);
    while(strcmp(token,"+")==0||strcmp(token,"-")==0)
    {
        char token2[20];
        strcpy(token2,token);
        fscanf(fp,"%s %s\n",&token,&token1);
        printf("%s %s\n",token,token1);
        es=term();
        if(es>0) return(es);
        if(strcmp(token2,"+")==0)fprintf(fout,"        ADD\n");
        if(strcmp(token2,"-")==0)fprintf(fout,"        SUB\n");
    }
    return(es);
}


//<term>::=<factor>{(*|/)<factor>}
//<term>::=<factor>{(*<factor>@MULT|/<factor>@DIV)}

int term()
{
    int es=0;
    es=factor();
    if(es>0) return(es);
    while(strcmp(token,"*")==0||strcmp(token,"/")==0)
    {
        char token2[20];
        strcpy(token2,token);
```

```
        fscanf(fp,"%s %s\n",&token,&token1);
        printf("%s %s\n",token,token1);
        es=factor();
        if(es>0) return(es);
        if(strcmp(token2," * ")==0)fprintf(fout,"          MULT\n");
        if(strcmp(token2,"/")==0)fprintf(fout,"          DIV\n");
    }
    return(es);
}


//<factor>::=(<additive_expr>)|ID|NUM
//<factor>::=(<expression>)|ID↑n@LOOK↓n↑d@LOAD↓d|NUM↑i@LOADI↓i

int factor()
{
    int es=0;

    if(strcmp(token,"(")==0)
    {
        fscanf(fp,"%s %s\n",&token,&token1);
        printf("%s %s\n",token,token1);
        es=expression();
        if(es>0) return(es);
        if(strcmp(token,")"))   return(es=6);              //少右括号
        fscanf(fp,"%s %s\n",&token,&token1);
        printf("%s %s\n",token,token1);
    }else
    {

        if(strcmp(token,"ID")==0)
        {
            int address;
            es=lookup(token1,&address);              //查符号表,获取变量地址
            if(es>0) return(es);                     //变量没声明
            fprintf(fout,"          LOAD %d\n",address);
            fscanf(fp,"%s %s\n",&token,&token1);
            printf("%s %s\n",token,token1);
            return(es);
        }
        if(strcmp(token,"NUM")==0)
        {
            fprintf(fout,"          LOADI %s\n",token1);
            fscanf(fp,"%s %s\n",&token,&token1);
            printf("%s %s\n",token,token1);
```

```
        return(es);
    }else
    {
        es=7;                                      //缺少操作数
        return(es);
    }
}
return(es);
}
```

D.2　主　程　序

主函数设计：假设词法分析的结果保存在文件中，打开词法分析输出文件，调用语法分析函数，如果语法分析正确，输出语法分析成功；否则，输出错误信息。为了简化程序，该语法分析程序没有进行错误处理，发现语法错误即返回，并报告错误。

```
//主程序
#include<stdio.h>
#include<ctype.h>
extern int TESTscan();
extern int TESTparse();
char Scanin[300],Scanout[300];                 //用于接收输入输出文件名
FILE * fin, * fout;                            //用于指向输入输出文件的指针
void main(){
    int es=0;
    es=TESTscan();                             //调用词法分析
    if(es>0) printf("词法分析有错,编译停止!");
    else printf("词法分析成功!\n");
    if(es==0)
    {
        es=TESTparse();                        //调用语法分析
        if(es==0)     printf("语法分析成功!\n");
        else    printf("语法分析错误!\n");
    }
}
```

注意：如果调试语法分析程序，需要将附录 B 中的词法分析程序 TESTscan（）函数所在的文件加到语法分析的项目中。

附录 E　TEST 抽象机
模拟器完整程序

E.1　TESTmachine 函数

```
#include<stdio.h>
#include<ctype.h>
#include<stdlib.h>
int TESTmachine();

int TESTmachine()
{
    int es=0,i,k=0,codecount,stack[1000],stacktop=0;
    char Codein[300],code[1000][20],data[1000];        //用于接收输入文件名
    int label[100]={0};
    char lno[4];
    FILE * fin;                                         //用于指向输入输出文件的指针
    printf("请输入目标文件名(包括路径):");
    scanf("%s",Codein);
    if((fin=fopen("ccc.t","r"))==NULL)
    {
      printf("\n打开%s错误!\n",code);
      es=10;
      return(es);
    }
    codecount=0;
    i=fscanf(fin,"%s",&code[codecount]);
    while(!feof(fin))
    {
        printf("0000  %d   %s \n",codecount,code[codecount]);
        i=strlen(code[codecount])-1;
        if(code[codecount][i]==':')
        {
```

```
            i=i-5;
            strncpy(lno,&code[codecount][5],i);
            lno[i]='\0';
            label[atoi(lno)]=codecount;              //用 label 数组记住每个标号的地址
            printf("label[  %d]=  %d \n",atoi(lno),label[atoi(lno)]);
            code[codecount][0]=':';
            code[codecount][1]='\0';
            strcat(code[codecount],lno);
            k++;
        }


        codecount++;
        i=fscanf(fin,"%s",&code[codecount]);
    }
    fclose(fin);
    for(i=0;i<10;i++)
        printf("label%d  %d  \n",i,label[i]);



    for(i=0;i<codecount;i++)
    {
        int l;
        l=strlen(code[i]);
        printf("label[2]=%d   %d  %s  %d\n",label[2],i,code[i],l);

        if((l>1)&&(code[i][1]=='A'))
        {

            strncpy(lno,&code[i][5],l-5);
            printf("1111111111label[2]=%d lno=%s\n",label[2],lno);
            lno[l-5]='\0';
            itoa(label[atoi(lno)],code[i],10);
        }


    }

    for(k=0;k<5;k++)
            printf("label%d  %d  \n",k,label[k]);

    i=0;
    while(i<codecount)                              //执行每条指令
```

```
{
    printf("code %d  %s \n",i,code[i]);
    if(strcmp(code[i],"LOAD")==0)          //LOAD D 将 D 中的内容加载到操作数栈
    {
        i++;
        stack[stacktop]=data[atoi(code[i])];
        stacktop++;
    }
    if(strcmp(code[i],"LOADI")==0)         //LOADI a 将常量 a 压入操作数栈
    {
        i++;
        stack[stacktop]=atoi(code[i]);
        stacktop++;
    }
    //STO D 将操作数栈栈顶单元内容存入 D,且栈顶单元内容保持不变
    if(strcmp(code[i],"STO")==0)
    {
        i++;
        data[atoi(code[i])]=stack[stacktop-1];
        printf("sto   stack %d\n",stack[stacktop-1]);
        printf("sto   data %d\n",data[atoi(code[i])]);


    }
    //POP 栈顶单元内容出栈
    if(strcmp(code[i],"POP")==0)
    {


        stacktop--;
    }
    //ADD 将次栈顶单元与栈顶单元内容出栈并相加,和置于栈顶
    if(strcmp(code[i],"ADD")==0)
    {
        stack[stacktop-2]=stack[stacktop-2]+stack[stacktop-1];
        printf("add      %d\n",stack[stacktop-1]);
        stacktop--;
    }
    //SUB    将次栈顶单元减去栈顶单元内容并出栈,差置于栈顶
    if(strcmp(code[i],"SUB")==0)
    {
        stack[stacktop-2]=stack[stacktop-2]-stack[stacktop-1];
        stacktop--;
    }
    //MULT   将次栈顶单元与栈顶单元内容出栈并相乘,积置于栈顶
    if(strcmp(code[i],"MULT")==0)
```

```
{
    stack[stacktop-2]=stack[stacktop-2] * stack[stacktop-1];
    stacktop--;
}
//DIV    将次栈顶单元与栈顶单元内容出栈并相除,商置于栈顶
if(strcmp(code[i],"DIV")==0)
{
    stack[stacktop-2]=stack[stacktop-2]/stack[stacktop-1];
    stacktop--;
}
//BR    lab   无条件转移到 lab
if(strcmp(code[i],"BR")==0)
{
    i++;
    i=atoi(code[i]);
}
//BRF   lab   检查栈顶单元逻辑值并出栈,若为假(0)则转移到 lab
if(strcmp(code[i],"BRF")==0)
{
    i++;
    if(stack[stacktop-1]==0) i=atoi(code[i]);
    stacktop--;
}
//EQ   将栈顶两单元做等于比较并出栈,并将结果真或假(1 或 0)置于栈顶
if(strcmp(code[i],"EQ")==0)
{
    stack[stacktop-2]=stack[stacktop-2]==stack[stacktop-1];
    stacktop--;
}
//NOTEQ 将栈顶两单元做不等于比较并出栈,并将结果真或假(1 或 0)置于栈顶
if(strcmp(code[i],"NOTEQ")==0)
{
    stack[stacktop-2]=stack[stacktop-2]!=stack[stacktop-1];
    stacktop--;
}
//GT    次栈顶大于栈顶操作数并出栈,则栈顶置 1,否则置 0
if(strcmp(code[i],"GT")==0)
{
    stack[stacktop-2]=stack[stacktop-2]>stack[stacktop-1];
    stacktop--;
}
//LES  次栈顶小于栈顶操作数并出栈,则栈顶置 1,否则置 0
if(strcmp(code[i],"LES")==0)
{
```

```
        stack[stacktop-2]=stack[stacktop-2]<stack[stacktop-1];

        stacktop--;
}
//GE    次栈顶大于等于栈顶操作数并出栈,则栈顶置1,否则置0
if(strcmp(code[i],"GE")==0)
{
        stack[stacktop-2]=stack[stacktop-2]>=stack[stacktop-1];
        stacktop--;
}
//LE    次栈顶小于等于栈顶操作数并出栈,则栈顶置1,否则置0
if(strcmp(code[i],"LE")==0)
{
        stack[stacktop-2]=stack[stacktop-2]<=stack[stacktop-1];
        stacktop--;
}
//AND    将栈顶两单元做逻辑与运算并出栈,并将结果真或假(1或0)置于栈顶
if(strcmp(code[i],"AND")==0)
{
        stack[stacktop-2]=stack[stacktop-2] && stack[stacktop-1];
        stacktop--;
}
//OR    将栈顶两单元做逻辑或运算并出栈,并将结果真或假(1或0)置于栈顶
if(strcmp(code[i],"OR")==0)
{
        stack[stacktop-2]=stack[stacktop-2]||stack[stacktop-1];
        stacktop--;
}
//NOT    将栈顶的逻辑值取反
if(strcmp(code[i],"NOT")==0)
{
        stack[stacktop-1]=!stack[stacktop-1];
}
//IN    从标准输入设备(键盘)读入一个整型数据,并入栈
if(strcmp(code[i],"IN")==0)
{

        printf("请输入数据: ");
        scanf("%d",&stack[stacktop]);
        stacktop++;

}
//OUT    将栈顶单元内容出栈,并输出到标准输出设备上(显示器)
if(strcmp(code[i],"OUT")==0)
{
```

```
        printf("程序输出%d\n",stack[stacktop-1]);
        stacktop--;
    }
    //STOP 停止执行
    if(strcmp(code[i],"STOP")==0)
    {
        break;
    }
    i++;
    //显示栈内容
    //for(k=stacktop-1;k>=0;k--)
    //  printf("     %d\n",stack[k]);
    printf("     %d    %d\n",data[0],data[1]);


    }
    return(es);
}
```

E.2　主　程　序

```
//主程序
#include<stdio.h>
#include<ctype.h>
extern int TESTmachine();
void main()
{
    int es=0;
    es=TESTmachine();                    //调用抽象机模拟器
}
```